„Du siehst Dinge und fragst ‚Warum?‘,
doch ich träume von Dingen und sage ‚Warum nicht?‘“

– George Bernard Shaw –

Martin Wehrle

Die 50 kreativsten Coaching-Ideen

Das große Workbook für Einsteiger und Profis zur Entwicklung der eigenen Coaching-Fähigkeiten

managerSeminare Verlags GmbH, Edition Training aktuell

Martin Wehrle
Die 50 kreativsten Coaching-Ideen
Das große Workbook für Einsteiger und Profis zur Entwicklung der eigenen Coaching-Fähigkeiten

Endenicher Str. 41, D-53115 Bonn
Tel: 0228-97791-0, Fax: 0228-616164
info@managerseminare.de
www.managerseminare.de/shop

Printed in Germany

Herausgeber der Edition Training aktuell:
Ralf Muskatewitz, Jürgen Graf, Nicole Bußmann

ISBN: 978-3-941965-93-5

Lektorat: Ralf Muskatewitz
Cover: Fotolia
Zeichnungen: Birte Schröder
Druck: Kösel GmbH und Co. KG, Krugzell

Inhalt

„Was fällt Ihnen ein, Coach?"

- Szene 1: Hufe klappern in der Nacht, ein Bote reitet vor. Schöne Grüße vom Coach bestellt er – und übermittelt dem Klienten drei Fragen, um den Coaching-Termin am nächsten Tag vorzubereiten. Das Pferd scharrt mit den Hufen; der Klient hat nur drei Minuten, um zu antworten. Und er kommt auf den Punkt!

- Szene 2: Die Eurovisions-Musik hebt an, Applaus flutet den Saal, „Wetten, dass ...?" beginnt. Auf dem Wett-Sofa sitzt ein Prominenter, der eine ungewöhnliche Wette formuliert: Er beschreibt bildhaft, was der Klient erreichen will. Und begründet, warum er an ihn glaubt und auf ihn setzt. Top, die Wette gilt!

- Szene 3: Die Klientin schließt die Augen, lehnt sich an einen seltsamen Apparat, und auf einmal spürt sie einen Sog, der ihre Gedanken mitreißt – von der Gegenwart in die Zukunft. Sie reist in einer Zeitmaschine, besichtigt das Land ihrer Zukunft und kommt mit einem Koffer voller Erkenntnisse zurück.

- Szene 4: Derselbe Klient, der gerade noch im Würgegriff seines Problems japste, springt als Kabarettist auf eine Bühne. Die bunten Pfeile seines Humors zielen auf sein eigenes Problem und die Art, wie er damit umgeht. Je näher er dem Lachen kommt, desto näher kommt er der Lösung.

- Szene 5: Die Klientin steht bei der letzten Sitzung vor einem reißenden Fluss, von dem sie weiß, dass sie ihn im Coaching überquert hat. Und nun sammelt sie am Ausgangsufer noch einmal ihre Ressourcen ein, baut daraus ein Floß und sonnt sich dann am Ufer der Lösung. Zugleich fasst sie Vorsätze für den Praxistransfer.

Fünf Szenen, eine Gemeinsamkeit: Es handelt sich um kreative Coaching-Methoden, um Gedanken- und Rollenspiele aus diesem Buch. Mag sein, diese Methoden klingen verspielt und märchenhaft – als wäre das Coaching ein Spielplatz, auf dem sich zwei Erwachsene treffen, um mit dem Sand ihrer Fantasie neue Burgen zu formen. Als wäre das Coaching keine „ernste Angelegenheit", sondern eine lockere Begegnung, bei der nach Herzenslust gelacht und über die Stränge gedacht werden darf.

Genau so ist es! Gedanken lockern und Ideen locken, das soll ein professionelles Coaching. Das Anliegen, mit dem ein Mensch zu Ihnen kommt, ist ernst genug; Problemgedanken kleben daran wie an einem Fliegenfänger. Nun stellt sich die Gretchenfrage: Gehen Sie mit dem Klienten so an sein Anliegen heran, wie er selbst es schon getan hat: mit dem Brecheisen der Logik, verbissen und ernsthaft? Oder probieren Sie es auf andere Weise: mit dem Sesam-öffne-dich der Kreativität, fantasiereich und humorvoll?

Wer sich für den Weg der nüchternen Ernsthaftigkeit entscheidet, riskiert eine Wiederholungsschleife im Kopf des Klienten, einen Triumphzug des Problems. Wenn der Klient in gleicher Stimmung (also ernst) über die gleichen Fragen (also ernste und konventionelle) nachdenkt wie vor dem Coaching: Warum sollte er dann zu neuen Erkenntnissen kommen? Albert Einstein sagte: „Probleme kann man niemals mit derselben Denkweise lösen, durch die sie entstanden sind."

Das gilt auch für das Klima, in dem gedacht wird. Wenn Sie es schaffen, eine spielerische und kreative Atmosphäre herzustellen, wird Ihr Klient neue Ideen anprobieren, als wären es Kleidungsstücke, mit denen er an Karneval experimentiert (denn er weiß, er kann sie wieder abstreifen, es ist nur ein Spiel!). Dann kapituliert sein einschränkendes Eltern-Ich, Bremssätze verstummen, und die Ziel-Einflüsterungen von außen werden durch die treffsichere Stimme der eigenen Intuition abgelöst.

Jedes Coaching kann ein unvergessliches Erlebnis sein, ein Abenteuer für den Geist. Aber noch regieren in den meisten Coachings Nüchternheit und Konvention. Denn muss ein Coaching nicht handwerklichen Ansprüchen genügen? Muss es nicht zählbare Ergebnisse bringen? Und setzt all das nicht eine Seriosität voraus, die durch kindhafte Spielerei gefährdet wird?

Diese Überlegung sieht das Coaching als Wasserlauf mit zwei Ufern, und der Coach muss sich für eines entscheiden. Entweder steht er auf der Seite der Ernsthaftigkeit, seriös und gediegen. Oder er begibt sich an das Ufer der Verspieltheit, kindlich und spontan. Aber was, wenn die Breite des Wasserlaufes es erlaubt, dass Sie gleichzeitig an jedes Ufer einen Fuß setzen? Was, wenn es Ihnen gelingt, spielerisch und ernsthaft zugleich zu sein? Spielerisch, um den Klienten aufzulockern und neue Gedanken in seinem Kopf zu wecken; und ernsthaft, um den

Coaching-Prozess zu verantworten und Verbindlichkeit für den Praxistransfer herzustellen? Dann können Sie perfekt coachen!

Beim Coaching ist es wie in der Kunst: U (Unterhaltung) und E (Ernsthaftes) lassen sich nicht sauber trennen. Im Gegenteil, jeder Literaturfreund weiß: Große Romane sind immer auch unterhaltsame Romane. Inhaltliche Tiefe erfordert unterhaltsame Form, um Menschen zu erreichen. Das gilt ebenso im Coaching. Spielerische Mondfahrten des Geistes sind seriöse Arbeit. Aber sie dürfen sich nicht wie Arbeit anfühlen. Nicht für Ihren Klienten!

Nur wenn es Ihnen gelingt, dass ein Mensch sein Gehirn in den Alphazustand schaltet, dass seine Kognitionen über die gängigen Ufer seines Denkens schwappen – nur dann gelingen durchschlagende Erfolge.
Die Kreativitätsforschung weiß, dass die originellsten Gedanken nicht kommen, wenn man sie sucht, sondern in unerwarteten Momenten: wenn man am Strand döst, durch einen Wald joggt oder nachts über eine leere Autobahn fährt. Oft gehen wir mit einem Problem ins Bett – und wachen mit einer Lösung auf. Das Gehirn will nur (unbewusst) mit den richtigen Fragen gefüttert sein – dann arbeitet es wie von alleine. Dagegen verschließt es sich, wenn der Druck zu hoch wird.

Kreative Methoden erfordern handwerkliches Können: Als Coach müssen Sie wissen, wie Sie Rollenspiele einfädeln, Gedankenreisen anleiten und Menschen für ungewöhnliche Methoden gewinnen. Ihr Klient darf sich nicht wie ein Versuchskaninchen vorkommen – weshalb Sie ihn auch nie zu einem „Experiment“ einladen, sondern ihm ein „Gedankenspiel“ in Aussicht stellen sollten. Vor allem muss er wissen, worauf er sich einlässt. Wenn ihm klar ist, welchen Zweck eine Methode verfolgt, wird er seinen Geist unbewusst aufs Ziel programmieren. Dann kommt der Fluss zwischen den beiden Coaching-Ufern, dann kommen seine Gedanken ins Fließen.

Je kreativer Sie ans Werk gehen, desto mehr Kreativität wird sich im Verhalten Ihrer Klienten spiegeln. Die 35 Coaching-Methoden dieses Buches, vom „Angeln im Wunschteich“ bis zum „Märchen-Coaching“, regen Sie an, das wichtigste aller Coaching-Tools zu nutzen: die Fantasie. Jede Methode beschreibe ich an einem realen Fall (mit veränderten Namen), damit Sie verfolgen können, wie man das Tool auf ein Anliegen abstimmt und mit Erfolg einsetzt. Bitte verstehen Sie meine Beschreibungen als Vorlage für Ihre Kreativität, als Einladung, die Methoden für sich selbst maßzuschneidern.

Doch nicht nur das Wie, auch das Wo entscheidet über den Erfolg: Unkonventionelle Coachings sollten nicht nur an konventionellen Orten stattfinden. Es gibt viele Alternativen zu Büros und Konferenzräumen: Wie wäre es, wenn Sie mit Ihrem Klienten mal an einen Flughafen gingen, um seine Gedanken abheben zu lassen? Wenn Sie mit ihm zum Joggen gingen, um die Kreativität auf Trab zu bringen; in einen Wald, um ihn nach seinen Wurzeln suchen zu lassen; auf den Jahrmarkt, wo er vom Riesenrad auf sein Leben blickt; oder auf einen Spielplatz, wo er Lösungen mit derselben Leichtigkeit formen kann, wie die Kinder ihre Burgen aus Sand?

Beachten Sie die systemische Wechselwirkung zwischen Ort und Mensch: Wer die Umgebung wechselt, wechselt auch die Gedanken. Niemand bringt es fertig, von einem Berggipfel in die aufgehende Sonne zu blicken und dabei genauso kleinkariert zu denken, wie er es vielleicht in seinem Büro aus schlechter Gewohnheit tut (oder liegt es an den klein karierten Tapeten dort?).

Darum stelle ich Ihnen im zweiten Teil des Buches zehn alternative Coaching-Orte vor und erkläre im Detail, wie Sie dort arbeiten, den Ort als Metapher nutzen und Ihrem Klienten reale (Impact-)Erlebnisse verschaffen können.

Den Abschluss des Buches bildet ein Thema, das mir besonders am Herzen liegt: Tausende von Coachs führen ein Geschäft, ohne wirklich im Geschäft zu sein. Mit verwechselbaren Angeboten gehen sie an den Markt – und wundern sich, dass die Klienten immer nur bei den Etablierten anklopfen. Von den Teilnehmern meines Ausbildungsgangs zum Karrierecoach weiß ich: Wer eine Coaching-Ausbildung absolviert, will danach mit Klienten arbeiten – so wie ein Musiker, der ein Instrument perfekt beherrscht, eines Tages vom stillen Kämmerlein auf die Bühne vors Publikum treten möchte.

Im Abschlusskapitel erfahren Sie, wie Sie sich als Coach auf kreative Weise ein Spezialthema erschließen, damit Schlagzeilen machen und zur Nummer eins in Ihrem Markt aufsteigen. Dabei werde ich Ihnen auch meine Geschichte erzählen. Denn damals, als ich antrat, sprach nichts dafür, dass ich einmal in der ersten Reihe des Marktes laufen würde – und erst recht nicht, dass mir der „Stern" eine Titelgeschichte widmet, ich als Coach meine eigene Kolumne in der „Zeit" bekomme und meine Bücher über Jahre hinweg in der Spiegel-Bestsellerliste mitmischen. Ich verspreche Ihnen: Die kreativen Marketing-Ansätze, auf denen mein Erfolg beruht, werden bei Ihnen ebenfalls funktionieren.

Möge die Lektüre dieses Buches eine Abenteuerreise für Sie werden, bei der Sie methodisches Neuland entdecken und für sich erschließen! Erinnern Sie sich an die Überschrift dieser Einleitung „Was fällt Ihnen ein, Coach?"? Ich hoffe, Sie können bald antworten: „Ganz viel – und immer etwas Neues!"

Allzeit kreative Coaching-Ideen

wünscht Ihnen

Ihr

Martin Wehrle

PS: Schreiben Sie mir gerne, wie Ihnen dieses Buch gefällt und welche (kreativen) Gedanken Ihnen bei der Lektüre kommen. Sie erreichen mich über meine Homepage www.karriereberater-akademie.de. Dort finden Sie unter der Rubrik „Bücher" auch Bonusmaterial zu diesem Buch, unter anderem eine Anleitung für Rollenspiele und zusätzliche Lösungen.

Teil 1

Kreativ coachen – so geht´s!

1. Guter Start: „Worum geht es Ihnen?“

Jeder Mensch ist wie ein Haus. Ehe das erste Coaching beginnt, stehen Sie vor der verschlossenen Tür. Nur einer kann Ihnen aufmachen: der Klient. Aus welchen Räumen sein Leben besteht, welche Themen dort lagern und aus welchen Fenstern er auf die Welt schaut, das kann er Ihnen zeigen. Oder auch nicht, denn wer garantiert, dass er genug Distanz zu seinem Leben hat? Vor lauter Themen werden Kernthemen übersehen. Also brauchen Sie Methoden und Fragen, die den Blick schnell aufs Wesentliche lenken. Je kreativer Sie Ihren Klienten ansprechen, desto aufgeschlossener wird er antworten. Diese sechs Türöffner erschließen Ihnen die Anliegen eines Menschen.

Zeichnung 1: Was einem Menschen auf dem Herzen liegt, finden Sie durch kreative Fragen und Übungen heraus. Fantasie lenkt die Gedanken auf neue Bahnen und kann sie ihren üblichen Problemschleifen entreißen.

1. Das Themen-Kartenspiel: Wie Sie Ihrem Klienten seine Themen als Karten auf den Tisch legen und erstaunlich schnell sortieren lassen.

2. Der reitende Web-Bote: Wie ein fiktiver Bote, den Sie am Vorabend zum Klienten reiten lassen, Ihnen die wichtigsten Infos im Galopp serviert.

3. Ernten im Bildergarten: Wie Sie mit Bildkarten erreichen, dass Ihre Klientin sich und ihr Anliegen in neuem Licht und mit schärferen Augen sieht.

4. Angeln im Wunschteich: Wie sich Wünsche, die unter der Oberfläche schwimmen, mit einer Angel-Metapher einfangen lassen.

5. Der abgesagte Coaching-Termin: Warum Sie viel Nützliches erfahren, wenn Sie nachfragen, unter welchen Umständen Ihre Klientin das Coaching abgesagt hätte.

6. Die Theaterbühne: Wie Sie Ihre Klientin zur Regisseurin machen – und die Darsteller des Anliegens übersichtlich auf die Coaching-Bühne holen.

1.

Das Themen-Kartenspiel

Kartenlegen im Coaching? Warum nicht! Gemeint ist eine seriöse Methode: Lassen Sie Ihren Klienten seine Themen als Kartenspiel sortieren. Schnell und effektiv kann er zum Kern vordringen. Wetten, dass diese Methode wie ein Joker sticht!

Ziele

- Der Klient sichtet und gewichtet seine Coaching-Themen.
- Er erkennt Schlüssel-Anliegen.
- Er denkt in Wünschen statt Problemen.

Fallbeispiel

Guido Wrobel (38) leitet eine Produktionshalle in Hamburg. Immer wieder kommt es zu Unfällen, weil seine Mitarbeiter an den Maschinen unvorsichtig sind. Oder liegt es an der Geschwindigkeit, mit der die Maschinen laufen? Weil die Geschäftsleitung Personal gekürzt hat, müssen immer weniger Mitarbeiter dieselbe Arbeit bewältigen. Außerdem sind die Maschinen alt und nicht auf dem neusten Sicherheitsstand. Wrobel überlegt, ob er das Gespräch mit seinem Chef suchen oder gleich die Firma wechseln soll. Seine Frau plädiert für einen Wechsel: Sie möchte zurück nach München, ihre Heimat. Zugleich spielt Wrobel mit dem Gedanken, eines Tages selbst ein Geschäft aufzubauen.

Die Idee

Jemand spaziert ins Coaching, nennt sein Thema, und los geht's – so läuft das nur in der Theorie. Die Realität ist komplexer: Einen ganzen Strauß aus Themen bringen die Menschen mit. Manches wuchert durcheinander, und wer sagt Ihnen eigentlich, dass der Strauß alles Wichtige enthält?

Dass ein Anliegen auf den ersten Blick herausragt, muss nicht heißen, dass es auch das wichtigste ist; vielleicht ist es nur das dringendste. Und wie hängen die Themen eigentlich zusammen? Gibt es Gruppen? Welche beeinflussen sich? Und welche stehen auf einem anderen Blatt?

Themen sichten und gewichten: Darauf kommt es zu Beginn an. Erst danach kann der Klient entscheiden, worum es gehen soll. Das Themen-Kartenspiel ermöglicht einen Überblick. Der Klient legt die Karten und damit seine Anliegen auf den Tisch – ein spielerischer Vorgang, der Gedanken sortiert, Zusammenhänge aufzeigt und Klarheit erzeugt. So kann er seine Energie bündeln und mit hoher Motivation ins Coaching starten.

Schritte zum Erfolg

1. Bieten Sie Ihrem Klienten ein Themen-Kartenspiel an. Dazu drücken Sie ihm einen kleinen Stapel von Karten im A6-Format in die Hand und erläutern die Methode:

„Nun höre ich schon: Da kreisen etliche Anliegen in Ihrem Kopf. Und sicher ist es Ihnen wichtig, Ihre Energie auf die wichtigsten Themen zu richten. Deshalb mein Vorschlag: Schreiben Sie Ihre Themen in Stichwörtern auf diese Karten. Jede Karte steht für ein Thema. Bitte beginnen Sie mit dem Schreiben in der Mitte des Papiers. Oben brauchen wir noch Platz, später kommen Überschriften hinzu."

Helfen Sie dem Klienten durch Ihre Fragen, seine Themen und Anliegen zu strukturieren. Im Gespräch mit Guido Wrobel begann das etwa so:

Coach: „Ich habe herausgehört, dass Sie die Zahl der Unfälle senken wollen. Was spielt da alles rein?"
Klient: „Die Leute müssen endlich lernen, das Wort ‚Arbeitssicherheit' zu buchstabieren. Ich sehe da noch zu viel Leichtfertigkeit."
Coach: „Ist das für Sie ein Thema? Wenn ja, schreiben Sie gerne ein paar Stichwörter dazu auf eine Karte."

Der Klient greift sich eine Karte, nimmt einen Stift und schreibt auf: „Arbeitssicherheit erhöhen, Schulungen abhalten, Bewusstsein wecken, keine selbst verschuldeten Unfälle mehr!"

Coach: „Wäre für Sie denn alles in Butter, wenn die Leute vorsichtiger ans Werk gingen?"

Klient: „Nein, bestimmt nicht! Fehler sind menschlich. Ich glaube, die Zahl der Schichtdienste ist einfach zu hoch, seit diesen dämlichen Personalkürzungen."
Coach: „Sind die Personalkürzungen und alles, was damit zusammenhängt, ein eigenes Thema?"
Klient: „Das sind sie! Denn das verdirbt mir ja die Lust an der Arbeit hier. Das ist der Grund, warum ich immer wieder an einen Wechsel denke."
Coach: „Da klingt mir jetzt nach zwei Themen-Karten: eine für den Umgang mit Personalkürzungen und eine für den Wunsch nach einem Wechsel."

Der Klient nickt und schreibt die jeweiligen Themen in Stichwörter auf. Im Laufe des Gespräches kommen noch fünf weitere Karten auf den Tisch. Am Ende sitzt er vor acht Themenkarten.

2. Nun laden Sie den Klienten ein, seine Karten mit Überschriften zu versehen. Geben Sie ihm die ersten drei Worte vor: „Ich wünsche mir ..." Damit ist gewährleistet, dass die Überschrift nicht das Problem manifestiert, sondern die Richtung zum Ziel weist. Auf den acht Karten stehen am Ende folgende Überschriften:

- Ich wünsche mir ... dass die Mitarbeiter vorsichtiger werden.
- Ich wünsche mir ... dass mein Chef die Personalstärke realistischer plant.
- Ich wünsche mir ... Klarheit, ob ich wechseln oder bleiben soll.
- Ich wünsche mir ... eine Aussprache mit meiner Frau, wo wir leben wollen.
- Ich wünsche mir ... eine Entscheidung, ob ich selbst Unternehmer werden will.
- Ich wünsche mir ... eine überfällige Gehaltserhöhung.
- Ich wünsche mir ... mehr persönliche Führungskompetenz.
- Ich wünsche mir ... einen besseren Kontakt zum Betriebsrat.

3. Jetzt dreht der Klient die Karten um und mischt sie. Dann soll er jeweils zwei Karten ziehen und sich für das wichtigere Thema, den Joker, entscheiden. Dieses Spiel geht so lang, bis nur noch eine Karte als Oberjoker übrig ist – offenbar das wichtigste Thema. Zur Überraschung von Guido Wrobel läuft es hinaus auf: „Ich wünsche mir ... Klarheit, ob ich wechseln oder bleiben soll." Diese Karte darf er nun mit einem gelben Textmarker als Oberjoker kennzeichnen.

4. Laden Sie den Klienten ein, seine Karten auf dem Tisch zu gruppieren. Welche Themen hängen mit dem Oberjoker zusammen? Sofort schiebt Wrobel die Karte mit der realistischen Personalplanung durch seinen Chef neben den Wechsel. „Denn davon hängt es ab, ob ich hier auf Dauer bleibe. Ich möchte keinen Mangel verwalten." Ebenso rückt er die Karte „Aussprache mit meiner Frau" neben den Oberjoker: „Ich muss jetzt endlich klären, ob sie überhaupt bereit wäre, auf Dauer mit mir in Norddeutschland zu bleiben. So richtig deutlich haben wir das noch nie besprochen."

Die Karte zu den Mitarbeitern, die vorsichtiger sein sollen, lässt er auch in Richtung Oberjoker wandern, nur in größerem Abstand: „Ich denke, das ist ein Unterthema. Erst einmal muss ich den Leuten meine Hand reichen, indem ich eine höhere Zahl von Arbeitern durchsetze. Und dabei kann mir der Betriebsrat helfen." Er schiebt die Betriebsrats-Karte dicht an die realistische Personalplanung. Seine Idee, selbst ein Unternehmen zu gründen, legt er neben die Karte „Gehaltserhöhung": „Wenn ich nach Leistung verdienen will, muss ich auf lange Sicht raus aus dem Angestelltenverhältnis."

So entsteht auf dem Tisch eine Themenlandschaft, die dem Klienten einen schnellen Überblick verschafft, welche Anliegen er hat, wie sie zusammenhängen und worin ein Schlüsselthema bestehen könnte.

5. Der Coach bittet den Klienten, die einzelnen Themengruppen jeweils mit einer bestimmten Farbe zu markieren – so bleibt der Zusammenhang sichtbar, falls die Karten im weiteren Verlauf verschoben werden.

6. Nun darf der Klient wählen, welches Thema im Mittelpunkt des Coachings stehen soll: „Jetzt haben Sie Ihre Themen auf den Tisch gebracht. Machen Sie doch einmal einen Vorschlag, mit welchem davon wir anfangen sollen, um Sie in der entscheidenden Frage weiterzubringen. Es darf der Ober-Joker sein, muss es aber nicht."

Der Klient schlägt vor: „Wir sollten unbedingt über mein Verhältnis zur Geschäftsführung sprechen. Denken wir noch in eine Richtung? Wie kann ich das klären? Davon hängt die ganze Zukunft ab, auch ob ich wechseln werde oder nicht." (Er tippt mit dem Zeigefinger auf die Wechsel-Karte.) „Falls ich wechseln würde, dann sicher in den Süden. Damit wäre auch das Umzugsthema mit meiner Frau geklärt." (Er tippt die Umzugskarte an.)

Diese Methode stellt sicher, dass Sie mit Ihrem Klienten alle Themen im Blick behalten – und an den wichtigsten arbeiten. Bei allen Wünschen, die sich auf andere Personen beziehen („Mein Chef soll ..."), wird das Coaching den Beitrag des Klienten herausarbeiten. Bei Folgesitzungen können Sie die Karten erneut auf den Tisch legen und die Fortschritte analysieren – meist wirkt sich eine Entwicklung bei einem Thema auch positiv auf andere aus.

Weitere Fragen

- Manchmal stecken Karten im Ärmel und werden übersehen: Gibt es bei Ihnen vielleicht noch ein verborgenes Thema?
- Schauen Sie die Karten einmal an: Fallen Ihnen vielleicht Nebenthemen ein, die da reinspielen?
- Angenommen, ich könnte Ihren engsten Mitarbeiter befragen: Welches Thema würde er vielleicht noch auf den Tisch legen?
- Angenommen, Ihre Frau säße hier und dürfte eine Karte hinzufügen: Haben Sie eine Idee, welche das sein könnte?
- Gibt es zwei Themen, die Sie jetzt mit Abstand auf den Tisch gelegt haben, die aber doch heimlich zusammenhängen?
- Schauen Sie die Überschriften Ihrer Karten einmal an: Gibt es Grundthemen, die sich durch Ihr Leben ziehen?
- Wie haben sich diese Themen in den letzten Jahren entwickelt?
- Und wie sollen sie sich in den nächsten Jahren entwickeln?
- Nun gibt es ja den Spruch, dass Karten neu gemischt werden. Welche von diesen Karten könnten Sie auch in der Zukunft akzeptieren?
- Und welche Themen hätten Sie gerne geklärt oder mit einer neuen Überschrift versehen?

Varianten

Bringen Sie als Ergänzung ein Spielkarten-Set mit. Und nun darf der Klient jeweils ein Symbol zu den Karten mit seinen Anliegen legen. Welches ist das wichtigste Thema, das er vielleicht mit einem Ass versehen will? Welches ist sein Herzensthema, für das er zur Herz-Dame greift? Und welche Themen sind ihm nur eine Sieben wert? Er darf die Karten aussuchen und seine Wahl begründen. Diese Arbeit mit Bildsymbolen spricht die Kreativität an.

Profi-Tipp

Gehen Sie davon aus, dass der Klient im ersten Anlauf nicht alle Themen auf den Tisch bringt, auch wenn er das meint. Immer wieder tauchen im Verlauf neue Themen auf. Dann sollten Sie auf das Kartenspiel hinweisen und ihn fragen: „Brauchen Sie eine neue Themenkarte?“

Und geben Sie Ihrem Klienten die Karten mit nach Hause. Dann kann er im Kopf weiterarbeiten und seine Vorsätze leichter verwirklichen. Zum nächsten Termin bringt er die Karten wieder mit. Wenn viel passiert ist, sollte er sie neu sortieren. Wo liegen jetzt die Prioritäten?

Risiken

Wie gehen Sie damit um, wenn am Ende 20 Themen auf dem Tisch liegen – und das Themenchaos, das Sie beseitigen wollten, gewachsen ist?

Übung: Entwickeln Sie drei Vorschläge, bevor Sie weiterlesen:

1.) ______________________________

2.) ______________________________

3.) ______________________________

Mein Vorschlag:

1.) Lassen Sie den Klienten eine möglichst kleine Zahl von Oberthemen bilden (farblich hervorgehoben), denen Nebenthemen zugeordnet werden.

2.) Laden Sie den Klienten ein, Themen mit augenblicklich geringer Relevanz vorerst vom Tisch zu nehmen – er darf sie gerne zu einem späteren Zeitpunkt wieder einbringen.

3.) Fragen Sie vor jedem neuen Termin, ob sich eines der Themen erledigt habe. Das zeigt sich zum Beispiel dann, wenn er die Karten neu auslegt (was bei einer hohen Themenzahl sinnvoll sein kann).

Umsetzungs-Plan

Notieren Sie bitte, wann und wie Sie diese Methode einsetzen wollen:

____

____

2.

Der reitende Web-Bote

Drei Auskünfte ebnen den Weg zum Coaching-Erfolg: Woher kommt der Klient? Wohin will er? Und mit welchen Kräften kann er den Weg bewältigen? Diese Methode lädt ihn ein, den Scheinwerfer seiner Aufmerksamkeit schnell aufs Wesentliche zu richten.

Ziele

- Der Klient priorisiert Informationen.
- Er denkt an Lösungen und Ressourcen.
- Eine fundierte Basis für den Fortgang des Coachings entsteht.

Fallbeispiel

Der Amtsrat Udo Schleier (34) langweilt sich bei seiner Arbeit als Kommunal-Beamter. Am liebsten würde er schon mittags nach Hause gehen, doch er muss seine Zeit absitzen. Diese Situation macht ihn immer griesgrämiger. Er hadert mit sich, eine Beamtenlaufbahn eingeschlagen zu haben – wovon er zu Beginn des Coachings ausführlicher erzählt. Seine Gedanken bewegen sich in großen Sprüngen, mal spricht er von seinem Studium, dann wieder von einer frustrierenden Situation im Alltag. Der Coach überlegt, wie er ihn dazu bringen kann, das Anliegen knapper und strukturierter zu schildern.

Die Idee

Je mehr ein Mensch erlebt hat, desto schwerer fällt es ihm, Bedeutendes von Unbedeutendem zu unterscheiden. Jeder Klient bringt eine Geschichte mit, die über Jahre dauert, voll von Ereignissen ist und in den Tag des ersten Coachings mündet. Groß ist die Gefahr, dass er vom Hölzchen zum Stöckchen kommt – und das Coaching nicht in die Gänge. Eine Fantasieübung kann als Abkürzung zum Wesentlichen dienen: Lassen Sie den Klienten sich ausmalen, er sollte einen reitenden Boten zum Coach schicken. Nur: Dieser Bote muss in exakt drei Minuten wieder abreiten. Welche Informationen würde er ihm mitgeben?

Schritte zum Erfolg

1. Der Coach erklärt, warum er diese Übung vorschlägt. Der Klient muss sich in seiner bisherigen Ausführlichkeit gewürdigt fühlen. Dabei hilft eine anschauliche Ich-Botschaft des Coachs, die seinen Informationsbedarf hervorhebt:

„Vielen Dank, dass Sie so offen und so ausführlich aus Ihrem Leben erzählen. Alles, was Sie bisher erlebt haben, kann wichtig für Ihre nächsten Schritte sein. Diesen Bogen zur Vergangenheit werden wir noch öfter schlagen.

Wissen Sie, wie es mir bei unserem Coaching-Starttermin geht? Ich komme mir vor wie ein Fernsehzuschauer, der zum allerersten Mal in eine spannende Serie schaltet – die Serie Ihres Lebens. Sie spielt seit 34 Jahren, und jeder Tag war eine Episode. Es wird unmöglich sein, dass ich alles bisher Geschehene erfahre. Wahrscheinlich würde mich das sogar verwirren, weil es einfach zu viel ist. Aber den Kern muss ich kennen, um verstehen zu können: Wie soll es weitergehen? Und auch für Sie ist es wichtig, zu diesem Kern vorzudringen.

Eine kleine Übung kann Sie unterstützen, die wichtigsten Informationen auf den Punkt zu bringen. Ein Bote und ein Pferd spielen dabei eine wichtige Rolle. Neugierig darauf?"

2. Nun stellt der Coach die Methode vor. Er bittet den Klienten, sich abseits des Coaching-Tisches entspannt hinzusetzen, seine Gedanken treiben zu lassen und sich folgende Szene vorzustellen. Der Coach spricht dabei langsam und rhythmisch, seine Stimme klingt ruhig und tief:

„Malen Sie sich einmal aus, ich hätte mich gestern überraschend bei Ihnen gemeldet und am Telefon gesagt: ‚Herr Schleier, eines hatte ich noch vergessen: Heute Abend kommt ein reitender Bote bei Ihnen vorbei. Er wird nur drei Minuten Ihrer Zeit beanspruchen. Und er bringt drei Fragen von mir mit. Wenn Sie darauf antworten, galoppiert er mit den Antworten sofort zu mir. Das wird uns helfen, morgen schnell zum Kern des Themas vorzudringen.'

Der gestrige Abend. Stellen Sie sich vor, wo Sie sich befinden (Pause). Natürlich warten Sie voller Neugier: Kommt tatsächlich ein Bote? Und, wenn ja: Welche Fragen wird er stellen? Haben Sie vielleicht schon eine Ahnung, wie die Fragen lauten? (Pause) Welche Fragen hätten Sie an seiner Stelle gestellt? (Pause)

Tatsächlich hören Sie eine halbe Stunde später die Hufe klappern. Ein Bote reitet bei Ihnen vor. Bitte gestatten Sie, dass ich jetzt in diese Rolle schlüpfe: Ich bin der Bote – und dieser Stuhl, auf den ich mich rücklings setze, ist mein Pferd. Und jetzt, da ich bei Ihnen vorgeritten bin, sage ich:

'Mein Auftraggeber, der Coach, hat mir die WEB-Formel mit auf den Weg gegeben – hinter jedem dieser Buchstaben verbirgt sich eine Frage.

- W steht für: Was soll passieren?
- E steht für: Eigenanteil – welchen Beitrag dazu leisten Sie?
- B steht für: Bester Lösungsversuch, der Ihnen bisher gelungen ist?

Ich weiß, ich überfalle Sie mit meinem Besuch. Deshalb müssen Sie mir keine druckreifen Antworten geben. Sprechen Sie einfach aus dem Bauch, was Ihnen dazu einfällt – vielleicht werde ich kurz nachfragen. Nur haben wir wenig Zeit: In drei Minuten muss ich wieder aufbrechen, um rechtzeitig bei meinem Chef, dem Coach, zu sein – Sie haben pro Frage eine Minute.'"

Bitte beachten Sie, dass der Coach nach dem ersten Absatz vom Konjunktiv auf das Präsens umschaltet. Damit wird die kleine Fantasiereise noch eindringlicher – die Handlung findet im Kopf des Klienten statt und bleibt nicht nur eine Möglichkeit.

3. Der Coach, hier reitender Bote, stellt seine W-Frage:

Reitender Bote: „Fangen wir mit dem W an: Was, Herr Schleier, soll passieren?"
Klient (braucht einige Sekunden, ehe er Worte findet): „Ich möchte raus aus dieser Langeweile. Ich habe das Gefühl, ich führe ein falsches Leben."
Reitender Bote: „Langeweile soll nicht mehr passieren. Das notiere ich für den Coach. Aber was passiert stattdessen?"
Klient: „Ich möchte eine Aufgabe haben, an der ich wachsen kann. Ich möchte jeden Tag dazulernen. Ich möchte die Perspektive haben, mehr Verantwortung zu übernehmen – statt immer nur im Schneckentempo meiner Dienstjahre voranzukommen."
Reitender Bote: „Darf ich dem Coach also ausrichten, dass Sie einen anderen Arbeitsplatz suchen?"
Klient: „Ja, definitiv! Ich weiß nur noch nicht, ob ich in die freie

Wirtschaft will und wie das gehen soll – oder ob es für mich in der Beamtenlaufbahn noch Herausforderungen gibt."

Reitender Bote: „Mein Pferd scharrt schon mit den Hufen, eine Frage noch: Welche möglichen Herausforderungen sehen Sie da?"
Klient: „Die freie Wirtschaft scheint mir sehr riskant. Interessanter wären zwei Beamtenkarrieren: als Bürgermeister oder Landtagsabgeordneter. Also politische Ämter."

Die W-Frage orientiert sich an der Lösung: Der Klient soll nicht berichten, was er beseitigen will – sonst spräche er über sein Problem. Vielmehr soll er seinen Blick auf sein Ziel richten. Dorthin lenkt ihn der Coach durch seine Nachfrage („... was passiert stattdessen?")

In dieser Rolle haben Sie es leicht: Erstens sind Sie nur der Übermittler – also kann Ihnen der Klient die enge Zeitvorgabe nicht übelnehmen. Und zweitens scharrt Ihr Pferd schon mit den Hufen: Auf spielerische Art können Sie den Klienten anregen, seine Auskünfte zu verdichten.

4. Der Coach, immer noch reitender Bote, geht zur zweiten Frage über.

Reitender Bote: „Und jetzt sind wir beim E von WEB: Wie sieht Ihr Eigenbeitrag aus? Der Coach wird mich fragen, was Sie zu tun bereit sind, um an dieses Ziel zu gelangen. Bitte wieder ganz kurz, wir haben eine Minute."
Klient: „Ich komme schon mal ins Coaching. Auch noch auf eigene Kosten. Das ist doch ein Anfang."
Reitender Bote: „Sie investieren Zeit und Geld – offenbar bedeutet Ihnen die Veränderung viel. Was können Sie noch dafür tun?"
Klient: „Ich werde mich informieren über die politischen Ämter. Vielleicht kann ich mal einen Bürgermeister interviewen: Wie ist er auf die Idee gekommen, für das Amt zu kandidieren? Und wie hat er seinen Wahlkampf geführt?"
Reitender Bote: „Dann richte ich dem Coach aus, dass Sie wichtige Informationen einholen. Was können Sie darüber hinaus unternehmen?"
Klient: „Ich muss endlich wissen, was ich will! Im Moment hänge ich in der Schwebe, komme vom Alten nicht los und zum Neuen nicht hin."
Reitender Bote: „Also wären Sie bereit, im Coaching eine verbindliche Entscheidung zu fällen, sofern sie gut vorbereitet ist?"
Klient: „Ja, dazu bin ich bereit. Die Veränderung darf auch ein Risiko bedeuten – nur muss es kalkulierbar sein."

Der Coach hört aktiv zu, fasst die Informationen des Klienten zusammen und leitet mögliche Ressourcen daraus ab. Dieses strukturierte Zuhören wirkt ansteckend und animiert zum strukturierten Erzählen – eine systemische Wechselwirkung.

5. Der Coach, nach wie vor reitender Bote, bringt die dritte und letzte Frage ins Spiel:

Reitender Bote: „Und jetzt will mein Chef, der Coach, noch die Antwort auf das B von WEB: Welches war Ihr bisher bester Lösungsversuch?"
Klient: „Ich weiß gar nicht, ob ich schon etwas zur Lösung unternommen habe."
Reitender Bote: „Denken Sie scharf nach!"
Klient: „Na ja, ich habe mit ein paar Freunden gesprochen. Dabei bin ich auf die Idee mit dem Bürgermeisteramt gekommen. Die meinen alle, ich sei der richtige Typ dafür."
Reitender Bote: „Das heißt, die Gespräche mit Freunden und deren Rückmeldungen bringen Sie voran?"
Klient: „Ja! Das sind die Momente, in denen ich vom Hadern zum Handeln umschalte. Beispielsweise habe ich im Internet schon geschaut, wann und wo hier in der Gegend die nächsten Bürgermeisterwahlen sind."
Reitender Bote: „Was wurde dadurch anders?"
Klient: „Na ja, zunächst war die Idee nur eine Spinnerei. Aber durch die Rückmeldung der Freunde und die Recherche im Internet wurde es auf einmal realistischer."
Reitender Bote: „Darf ich meinem Chef, dem Coach, also rückmelden: Sie haben mit Erfolg Ihr Netzwerk genutzt, um eine Lösungsidee zu entwickeln. Und Sie haben bei einer ersten Recherche Mut geschöpft?"
Klient: „Ja, das trifft es."

Nach den beiden ersten Fragen hat sich der Klient ans komprimierte Antworten gewöhnt. Als ihm kein Lösungsversuch einfällt, bringt ihn der reitender Bote jovial mit einem „Denken Sie scharf nach!" auf die Spur. Eine solche Ansprache hätte aus der Rolle des Coachs heraus nicht unbedingt funktioniert. Doch ein Bote des Chefs darf so sprechen. Seine Natürlichkeit färbt ab.

6. Als der Bote abreitet, hat sich in nur drei Minuten ein klares Bild herausgeschält. Nun erklärt der Coach das Rollenspiel für beendet und begibt sich mit dem Klienten zurück an den Tisch. Dort sagt er: „Mein

reitender Bote hat mir schon von Ihnen berichtet. Ich sage Ihnen einmal, was bei mir angekommen ist ..."

Oft ist der Botenbericht so präzise, dass der Klient nur noch ein paar Hintergründe erläutern muss – was die Einstiegsphase verkürzt und den Übergang zur Situationsklärung erleichtert.

Weitere Fragen

- Unter uns, ich bin ja nur der Bote: Was erwarten Sie eigentlich von meinem Chef, dem Coach?
- Und was soll er auf keinen Fall tun?
- Gibt es andere Menschen, die ebenfalls erwarten, dass etwas in Ihrem Leben geschehen soll – und wenn ja, was?
- Wo sehen Sie die Schnittfläche zwischen Ihrer Erwartung und den Erwartungen der anderen?
- Und wo einen Widerspruch? Wie wollen Sie damit umgehen?
- Wenn Sie morgen als Superheld aufwachen würden und plötzlich ungeheuer viel Mut und Kraft hätten: Was würden Sie dann unternehmen?
- Was davon, natürlich in kleiner Dosis, wäre jetzt schon realistisch?
- Auf welche Weise haben Sie in der Vergangenheit solche Herausforderungen bewältigt?
- Wenn Sie sich eine Scheibe davon für die Gegenwart abschneiden dürften – wie wäre diese Scheibe beschaffen?

Varianten

Lassen Sie Ihren Boten mit der Gondel vorfahren (sofern Ihre Klientin ein Venedig-Fan ist), im Oldtimer vors Haus knattern (sofern Ihr Klient alte Autos mag), mit einem Fallschirm aus allen Wolken fallen (sofern Ihr Klient diesen Sport liebt) oder gar als Engel einfliegen. Erlaubt ist alles, was Ihren Klienten gefällt und Wind unter die Flügel der Fantasie bringt.

Profi-Tipp

Tun Sie alles, um die Szenerie mit dem reitenden Boten realistisch erscheinen zu lassen.

Übung: Welche schauspielerischen Mittel, optisch und akustisch, fallen Ihnen ein, um den reitenden Boten noch realistischer darzustellen? Bitte entwickeln Sie drei Ideen.

1.)

2.)

3.)

Mein Vorschlag:

1.) Täuschen Sie mit Ihren Schuhen, die Sie rhythmisch auf den Boden klacken lassen, den Galopp eines Pferdes vor.

2.) Nehmen Sie ein Seil mit, das Sie dem Stuhl, sprich Ihrem Pferd, als Zügel umlegen.

3.) Streicheln Sie Ihrem Pferd zwischendurch den Kopf und sagen Sie: „Ruhig, Brauner!"

Je fantasievoller und spielerischer Sie an die Übung herangehen, desto mehr Fantasie und Spielfreude wird auch Ihr Klient entwickeln.

Risiken

Der Klient redet sich in Details fest, während die Uhr tickt. Helfen Sie ihm, indem Sie nach dem Kern seines Anliegens fragen. Und geben Sie ihm Orientierung, wie viel Zeit ihm bleibt. Eine Uhr in der Tischmitte, mit Sekundenanzeige, hilft weiter. Die Kombination aus beidem – lenkenden Fragen und Zeitansage – verdichtet die Antworten, auch bei assoziativen Klienten. Die letzten 20 Sekunden der Minute sind in der Regel am produktivsten.

Umsetzungs-Plan

Notieren Sie bitte, wann und wie Sie diese Methode einsetzen wollen:

3.

Ernten im Bildergarten

Ehe Ihre Klientin losläuft, um eine Lösung zu finden, sollte sie prüfen: Wo stehe ich im Moment? Und was leite ich daraus ab? Bilderkarten regen dazu an, alte Zusammenhänge in neuem Licht zu sehen. Metaphern erleichtern Veränderung.

Ziele

- Die Klientin verfremdet ihre Situation, was einen neuen Blickwinkel verschafft.
- Mit der Sichtweise verändert sich die Bewertung, was zu Lösungsideen führt.
- Bildkarten regen spielerische Kreativität und Metaphern-Sprache an.

Fallbeispiel

Beate Dinges (62) ist als freiberufliche Grafikerin gut im Geschäft. Sie gestaltet Homepages, Flyer und Imagebroschüren. Doch in letzter Zeit verspürt sie eine immer stärkere Unlust, Aufträge anzunehmen. Manchmal täuscht sie Auslastung vor, obwohl sie noch freie Kapazitäten hätte. Zugleich sagt sie: „Ich muss noch mindestens bis zum 67. Lebensjahr arbeiten, sonst reicht meine Alterssicherung nicht." Ihr Wunsch ans Coaching: „Ich möchte meiner Motivation auf die Sprünge helfen. Eigentlich mache ich meinen Beruf ja gerne."

Die Idee

Die Motive, die einen Menschen anschieben oder bremsen, schwimmen nicht an der Oberfläche seines Bewusstseins, sondern tiefer. Auf die Frage, was sie zu neuer Arbeitslust motivieren könnte, zuckt Beate Dinges mit den Schultern. Ebenso wenig kann sie sagen, was ihre Arbeitslust bremst. Solche Fragen hat sie sich selbst schon gestellt, ohne Antworten zu finden. Wer im Coaching dieselbe Fährte einschlägt, kann in die Sackgasse laufen, an den Lösungen vorbei.

Neue Gedanken erfordern neue Impulse, die nicht nur den Verstand, sondern auch die Intuition ansprechen. Bilderkarten sind ein Trumpf, um die Kreativität zu aktivieren. Jedes Bild regt im Kopf weitere Bilder, ja ganze Geschichten an. Die Karten eines Lebens werden neu gemischt. Die Klientin fängt an, ihre Situation in einem neuen Zusammenhang zu sehen. Motive werden klarer, Lösungen sichtbar. Am Ende stehen ganz eigene Bilder – vom Weg zum Ziel.

Schritte zum Erfolg

1. Machen Sie Ihre Klientin auf die Arbeit mit den Bildkarten neugierig, gerne auf spielerische Weise, die im wohltuenden Kontrast zu den oft ernsten Anliegen steht – etwa so: „Wundern Sie sich nicht: Ich möchte Ihnen jetzt die Karten legen."

Damit ist Ihnen höchste Aufmerksamkeit sicher. Nun legen Sie ein Set mit etwa 50 Bilderkarten auf den Tisch. Ich verwende ein gekauftes Bilderset. Als Hobbyfotograf können Sie auch mit 50 Abzügen eigener Bilder arbeiten. Es sollten Motive aus allen Bereichen des Lebens sein, ob ein Vogel am Himmel, ein Stau in der Stadt oder eine Schaumkrone auf dem Meer.

Blättern Sie vor den Augen der Klientin etwa zehn Motive auf den Tisch. Sie verfolgt den Vorgang mit einer kindlichen Neugier.

2. Bitten Sie die Klientin, sich für eine Karte zu entscheiden, die ihre Ausgangssituation symbolisiert. Bieten Sie ihr an, erst die Karten auf dem Tisch durchzuschauen und dann, falls sich nichts Passendes findet, die weiteren Karten durchzublättern. Beate Dinges muss nicht lange überlegen: Spontan greift sie einen alten Holzkahn, der am Ufer eines Sees liegt und mit Wasser vollgelaufen ist.

3. Der Coach bittet sie, eine Weile über dieses Motiv nachzudenken. Warum hat sie sich gerade dafür entschieden? Wo liegen die Parallelen zu ihrer Situation? Welches könnte die Geschichte dieses Bildes sein? Und welche Gemeinsamkeiten zu ihrer Situation gibt es?

Klientin: „Ich würde mal sagen: Dieses Boot ist leckgeschlagen. Wahrscheinlich lag es den ganzen Winter draußen. Und es hat schon viele Rudermeilen auf dem Buckel."
Coach: „Finden Sie das Boot schön?"

Klientin: „Ja, so ein Holzboot hat schon was. Das ist individuell, nicht nur Kunststoff."
Coach: „Welches Boot braucht mehr Pflege: eines aus Kunststoff oder eines aus Holz?"
Klientin: „Holz natürlich! Dieses Material arbeitet."
Coach: „Das fertige Boot verändert sich noch?"
Klientin: „Klar, es saugt Wasser auf. Oder es kann spröde werden, wenn man es nicht streicht. Oder es platzt auf, wenn das aufgesaugte Wasser im Winter gefriert."
Coach: „Wo liegen die Parallelen zu Ihrer Situation: Sind Sie ein Holz- oder ein Plastikboot?"
Klientin: „Ein Holzboot! Ich verändere mich ständig. In jungen Jahren gab es nur die Arbeit; heute möchte ich ein erfülltes Leben. Vielleicht bin ich ein zu schlecht gepflegtes Holzboot. Denn ich sehe mich ja ebenfalls unter Wasser."
Coach: „Das ist spannend! Damit sagen Sie ja indirekt: Wäre das Boot besser gepflegt worden, würde es vielleicht noch majestätisch über den See gleiten."
Klientin: „Schon möglich. Ich glaube, ich habe mich in den letzten Jahren überfordert. Zum Beispiel habe ich mehrfach den Urlaub verschoben und dann sausen lassen, nur weil neue Aufträge reinkamen."
(...)

Die Metapher des Holzbootes ist so wirksam, weil die Klientin sich selbst dafür entschieden hat. Je länger sie auf das Bild schaut, desto klarer kann sie ihre eigene Situation in Worte fassen: In den letzten Jahren hat sie sich zu wenig um sich selbst gekümmert und zu sehr um ihre Arbeit. Der Coach arbeitet durch seine Fragen die Parallelen zu dem Boot heraus, wobei er den Fokus auf die Lösung lenkt.

4. Laden Sie die Klientin ein, das Motiv in Gedanken zu verändern: „Mal angenommen, Sie sollten dieses Boot noch einmal fotografieren – und zwar so, dass es sich von seiner schönsten Seite zeigt. Welches Motiv schwebt Ihnen dann vor? Und was müsste vorher mit dem Boot passieren?"

Klientin: „Das Boot gleitet über den See in einen Sonnenuntergang. Daneben schwimmt ein stolzer Schwan. Und an Bord sitzen zwei Menschen, natürlich ein Liebespaar."
Coach: „Aber noch ist das Boot gar nicht seetüchtig!"

Klientin: „Man müsste es vorher in die Bootswerft bringen. Man müsste es nicht nur flicken, sondern überholen lassen. Und künftig besser pflegen."
Coach: „Übertragen auf Ihr Lebensboot: Angenommen, Sie würden eine Werft um Rat bitten, wie Sie es wieder flottbekommen – was würde man Ihnen wohl sagen?"
Klientin: „Ich glaube, die würden sagen: Gönnen Sie dem Boot mal eine Pause! Es ist doch schon 62 Jahre im Einsatz. Da kann man leicht ermüden."
Coach: „Also: Das Boot muss gar nicht repariert werden, sondern sich nur regenerieren?"
Klientin: „Ja, das glaube ich. Und vielleicht ist das Boot auf dem Bild ja gar nicht leckgeschlagen – vielleicht ist das Regenwasser. Also bei mir, glaube ich, ist es eher Regenwasser. Das lässt sich auch wieder abschöpfen."
Coach: „Angenommen, Sie sollten die erste Kelle ausschöpfen – was genau würden Sie dazu tun, am besten morgen schon?" (...)

Im weiteren Gespräch kommt der Coach immer wieder auf das Wunschbild der Klientin zurück: Was könnte der stolze Schwan sein, der ihr Leben bereichert? (Sie nennt ein paar Fernreiseziele, die sie schon lange anvisiert!) Woraus besteht der Sonnenuntergang? (Sie sagt: Aus einem frühen Feierabend, nach dem ich noch am Fluss joggen gehe.) Und welches Liebespaar sitzt in Ihrem Boot? (Sie nimmt sich vor, die leicht erstarrte Beziehung zu ihrem Lebensgefährten wieder zu beleben.)

Das muntere Springen zwischen der Bildkarte, der fantasierten Bildkarte und der eigenen Situation erhöht die Kreativität der Klientin, lässt sie mit spielerischem Vergnügen ihre Zukunft entwerfen und die Problemhypnose überwinden.

5. Die Klientin legt sich fest, welche Maßnahmen sie bis zum kommenden Coaching-Termin in zwei Wochen ergreifen wird, um ihr Lebensboot auszuschöpfen und sich dem idealen Bild anzunähern. Sie beschließt, in diesen Wochen jeweils nur drei Tage zu arbeiten und den Rest der Zeit für ihre Hobbys und ihren Partner zu nutzen.

Sie sagt unter anderem: „In den letzten Wochen saß ich oft von morgens bis abends vorm Computer, ohne wirklich etwas zu tun – ich habe nur an meinem schlechten Gewissen gearbeitet. Damit ist mein Boot immer voller gelaufen. Jetzt probiere ich es mal mit mehr Entspannung." Ein erster und vielversprechender Schritt, ihr Lebensboot wieder flott zu bekommen.

Weitere Fragen

Übung: Bitte denken Sie sich mindestens fünf Fragen aus, die Ihnen bei der Arbeit mit Bildkarten sinnvoll erscheinen, ehe Sie meine Vorschläge lesen.

Mein Vorschläge:

- Nun haben Sie über die Parallelen zwischen dieser Bildkarte und Ihrem Leben gesprochen: Wo liegen eigentlich die gravierenden Unterschiede?
- Angenommen, jemand anders hätte eine Karte aussuchen können, zum Beispiel Ihr Lebenspartner: Wofür hätte er sich wohl entschieden?
- Angenommen, ich hätte Sie in Ihrer glücklichsten Stunde des letzten Monats getroffen: Welches Motiv hätten Sie dann gewählt?
- Wie bewerten Sie es, dass für dieselbe Ausgangslage je nach Zeitpunkt unterschiedliche Motive zutreffend sind?
- Gehen wir mal davon aus, ein Fotograf hätte Sie in den letzten Monaten begleitet: Welches wäre das schönste Bild Ihres Lebens gewesen, das er für unsere Bilderkarten-Sammlung hätte schießen können?
- Was haben Sie zu diesem Bild beigetragen?
- Woher wüsste der Fotograf, wann er eine solche Aufnahme noch mal machen kann?
- Wie könnten Sie ihn dabei unterstützen?

Varianten

Lassen Sie die Klientin mehrere Bildkarten auswählen: eine, die ihr Problem symbolisiert – und eine für ihre Lösung. Arbeiten Sie erst mit der Metapher des Problems, um dann zur Lösung überzugehen. Zum Beispiel wählt die Klientin für ihr Problem ein Unfallauto am Straßenrand. Ihre Lösung sieht sie hingegen durch ein Flugzeug symbolisiert. Nun kann das Coaching auf die Unterschiede zwischen den Motiven eingehen und diese auf das Leben der Klientin übertragen. Woran merkt sie zum Beispiel in ihrem Alltag, ob sie gerade fliegt, nur fährt oder gar im Graben liegt? Welches ist ihr persönlicher Treibstoff, der sie in Bewegung bringt? Usw.

Profi-Tipp

Bitten Sie die Klientin, eine Stunde vor dem Termin bei Ihnen vorbeizukommen. Nun drücken Sie ihr eine Digitalkamera in die Hand und bitten sie, draußen ein paar Dutzend Fotos von Motiven zu machen, die ihr vor die Linse kommen. Die Arbeit mit solchen Bildern ist besonders wirksam. Erstens macht es der Klientin Spaß, über ihre eigenen Bilder zu sprechen. Zweitens wird ihr bewusst, dass die Fotos nicht zufällig entstanden sind, sondern zu tun haben mit ihrem Blick auf die Welt und damit auch mit ihrem Anliegen. Und drittens können Sie Ihre Klientin bei der nächsten Sitzung bitten, erneut am selben Ort zu fotografieren – und mit ihr prüfen, was sich an ihrem Blickwinkel verändert hat, eventuell auch bei dem Motiv, mit dem Sie im Coaching gearbeitet haben.

Risiken

Bei Menschen, die in Bildern denken, etwa einer Grafikerin, fällt diese Arbeit sehr leicht. Dagegen kann es bei weniger bilderaffinen Klientinnen passieren, dass sie immer wieder auf ihre Situation zurückkommen, ohne die Parallele zu der Bildkarte im Kopf zu behalten. Dann ist es notwendig, dass Sie das Motiv im wahrsten Sinn hochhalten: Nehmen Sie die Karte in die Hand, zeigen Sie sie der Klientin und schlagen Sie durch erinnernde Fragen („Jetzt vergleichen Sie ja ...“) die Brücke zwischen Bildkarte und Realität. Spätestens nach zehn Minuten finden sich die meisten Klientinnen gut mit der Methode zurecht.

Umsetzungs-Plan

Notieren Sie bitte, wann und wie Sie diese Methode einsetzen wollen:

4.

Angeln im Wunschteich

Wünsche sind wie Fische: Sie bewegen sich unter der Oberfläche. Wer sie einfangen will, muss erst einmal wissen, wie sie aussehen und was sie anlockt. Mit dieser Methode geben Sie Ihren Klienten ein Echolot für (verborgene) Anliegen an die Hand.

Ziele

- Unterstützen Sie den Klienten dabei, seine Bedürfnisse zu erforschen.
- Befähigen Sie ihn, zwischen inneren Wünschen und äußeren Anforderungen zu unterscheiden.
- Lassen Sie ihn eine langfristige Vision entwickeln.

Fallbeispiel

Der BWL-Professor Theo Petermeier (45) wird von einem diffusen Unbehagen ins Coaching getrieben: Vor drei Jahren hat er endlich eine Professur an einer Fachhochschule ergattert – wie sein Vater, der auch Hochschullehrer war. Doch seit er es erreicht hat, verliert das vermeintliche Lebensziel immer mehr an Glanz. Er kommt sich im wissenschaftlichen Betrieb „fehl am Platze" vor. Und er meint: „Das kann nicht alles gewesen sein. Oder etwa doch?"

Die Idee

Die meisten Menschen fühlen sich unwohl, wenn sie entgegen ihren Wünschen und Bedürfnissen leben. Ihre Konzentration richtet sich dann auf das Unbehagen – womit sie sich noch unwohler fühlen. Damit werden die Kräfte, die eine Lösung herbeiführen könnten, durch negatives Denken gelähmt.

Besser lenken Sie den Blick in die Gegenrichtung: Welche unerfüllten Wünsche stehen hinter einem Problem, welche Hoffnungen und Träume? Was kann der Klient tun, um sie zu erkennen und in sein Leben zu integrieren? Solche Fragen lassen sich nur schwer abstrakt besprechen, weil der Klient sich selbst schon hundert Mal gefragt hat: „Was will ich eigentlich?“ – meist ohne befriedigende Antwort.

Wenn Sie im Coaching eine neue Methode anbieten, das Angeln im Wunschteich, weckt das die Neugier Ihres Klienten. Vor allem weiß er: Wer Fische angelt, wird nicht immer etwas fangen – das ist keine Schande. So kann er im Teich seiner Wünsche ohne Erfolgsdruck angeln, mit spielerischer Freude. Gerade diese Entspannung führt ihm die nötige Kreativität während des Coachings zu.

Schritte zum Erfolg

Übung: Bitte entwickeln Sie ein Konzept für den möglichen Ablauf der Übung. In welchen Schritten gehen Sie vor? Mit welchem fantasievollen Sprechtext führen Sie die Metapher ein? Und wie arbeiten Sie mit dem Input des Klienten weiter?

Mein Vorschlag:
1. Bitten Sie Ihren Klienten, die Augen zu schließen, sich vollkommen zu entspannen und sich ein Gewässer seiner Wahl vorzustellen – zum Beispiel einen See, Fluss oder Teich, den er als Kind geliebt und zum Baden besucht hat.

2. Unterstützten Sie ihn, dass er sich diesen Teich mit allen Sinnen vorstellt, indem Sie zum Beispiel fragen: „Wie roch es an diesem Gewässer? Haben Sie noch eine Vorstellung davon? Und wie würden Sie das Gewässer einem Maler beschreiben, der es aufs Papier bringen soll? Welche Details fallen ins Auge? Und welche Geräusche waren dort zu hören?“

Achten Sie darauf, dass Sie zwischen den Fragen genug Zeit für die Antworten lassen. Einige Klienten werden laut auf Ihre Fragen antworten, andere einen Film vor ihrem inneren Auge ablaufen lassen; beides ist in Ordnung.

Meist läuft der Dialog etwas sperrig an, zum Beispiel so:

Coach: „Welche Wünsche könnten sich da unter der Oberfläche tummeln? Erzählen Sie einfach mal, was Sie dort vermuten.“
Klient: „Hmmm. Im Moment kann ich nichts sehen.“
Coach: „Sie können noch nichts sehen. Wie der Angler oft keine Fische sieht. Dennoch sind sie da. Manchmal hinterlassen sie Spuren, zum Beispiel Ringe an der Oberfläche.“

Klient: „Wünsche sind mit Sicherheit da! Fragt sich nur, wo. Und wie sie aussehen."
Coach: „Aus welchem Bereich Ihres Lebens könnten sie herbeischwimmen?"
Klient: „Aus der Arbeit, ganz klar! Da bin ich unzufrieden. Da muss sich etwas tun."
Coach: „Unzufriedenheit bedeutet ja: Ihnen fehlt etwas Schönes! Wie könnte dieses Schöne aussehen? Konzentrieren Sie sich wieder auf das Gewässer vor Ihnen. Welcher Wunsch könnte dort am Grund schwimmen? Beschreiben Sie mal den Umriss."
Klient: „Also, ich könnte mir gut vorstellen, dass ich ..."

3. Versetzen Sie Ihren Klienten in die Rolle des „Wunsch-Anglers":

„Nun stellen Sie sich bitte vor, dass Sie als Angler am Ufer dieses Gewässers sitzen. Sie haben Ihre Schnur mit Haken ausgelegt, und Sie warten darauf, dass Ihr Köder genommen wird. Aber worauf angeln Sie eigentlich? Sie sind kein Fisch-, sondern ein Wunsch-Angler! Und wie ein Angler genau weiß, dass prächtige Fische in diesem Gewässer schwimmen, er sie jedoch erst fangen muss, so wissen Sie genau: Meine geheimsten Wünsche und Sehnsüchte tummeln sich unter der Oberfläche dieses Gewässers."

4. Bringen Sie Ihren Klienten seinen Wünschen näher, indem Sie die Metapher fortführen: „Angler nutzen eine Polarisationsbrille, mit der sie unter Wasser schauen können, denn diese Brille bricht die Spiegelung der Oberfläche. So können sie Fische unter Wasser erkennen, manchmal auch nur die Umrisse. Angenommen, Sie würden jetzt eine solche Brille aufsetzen und in das Gewässer Ihrer Wünsche blicken. Woran erkennen Sie eigentlich Ihre Wünsche? In welchen Situationen sind sie zutraulich, in welchen scheu? Welche Umrisse Ihrer Wünsche könnten sichtbar werden? Welche Sehnsüchte haben Sie früher schon in Ihrem Leben an Land gezogen? Und welche hatten Sie schon mal an der Leine, haben sie aber wieder verloren? Aus welchen Gründen?

Bitte konzentrieren Sie sich vollkommen auf diesen Blick in das Wasser Ihrer Wünsche und merken Sie sich alles, was Sie dort sehen. Welcher Wunsch schwimmt am nächsten? Welcher ist der größte? Gibt es vielleicht einen Wunsch, dessen Erfüllung sich auf Ihr ganzes Leben positiv auswirken könnte?"

5. Versetzen Sie Ihren Klienten nun in eine aktive Rolle, wieder indem Sie die Metapher fortführen: „Angler warten nicht einfach, bis ein Fisch anbeißt – sie helfen ihrem Glück auf die Sprünge, indem sie anfüttern. Sie werfen Futter ins Wasser, das die Fische an den Platz lockt. Wie könnten Sie Ihre Wünsche anfüttern? Welche Voraussetzungen müssten Sie erfüllen, um die Wünsche näher heranzulocken? Denken Sie bitte an die Vergangenheit: Was haben Sie getan, als Sie den Wünschen am nächsten waren? Was davon könnten Sie wieder tun?"

6. Bitten Sie Ihren Klienten, sich den „Fangerfolg" vorzustellen: „Was tun Angler, wenn sie einen tollen Fisch gefangen haben? Sie machen ein Fangfoto, auf dem sie zusammen mit dem Fisch zu sehen sind. Mal angenommen, Sie hätten Ihren Wunsch an Land gezogen und müssten ein Foto Ihres Lebens machen, aus dem hervorgeht: Jetzt hat sich mein Wunsch erfüllt! Welches Foto Ihres Lebens wäre das? Was wäre auf dem Foto des erfüllten Wunsches anders als zuvor? Was haben Sie zu dieser Veränderung beigetragen? Welche Menschen außer Ihnen würden das bemerken? Wie würden sie reagieren?"

Theo Petermeier sah sich bei der Frage nach dem Foto an einem großen Chefschreibtisch sitzen. Hinter ihm hing eine Weltkarte, auf der verschiedene Länder markiert waren – offenbar war das Unternehmen international tätig. Als Wünsche hatte er vorher schon genannt, Strategien zu entwickeln, Märkte zu erobern und interkulturell zu arbeiten. Sein Resümee: „Um meine Wünsche zu erfüllen, muss ich definitiv in die Wirtschaft, als Vorstand oder Geschäftsführer. Das habe ich immer schon gespürt, mir aber nicht eingestanden. Als verbeamteter Professor versaure ich. Bei dieser Berufswahl hat mich offenbar zu sehr das Vorbild meines Vaters geleitet." Der entspannte Blick in den Wunschteich verhalf ihm zu einem kapitalen Erkenntnis-Fang.

Weitere Fragen

- In welcher Tiefe vermuten Sie Ihre Wünsche? Direkt unter der Oberfläche? Oder weiter unten?
- In welchen Situationen wagen sich Ihre Wünsche aus der Deckung? Und was tragen Sie selbst zu solchen Situationen bei?
- Manchmal passiert es, dass zwei Fische gleichzeitig auf den Köder stürmen und sich gegenseitig am Anbeißen hindern. Welche Ihrer Wünsche stehen sich im Weg?
- Was könnten Sie tun, um diese Wünsche in Einklang zu bringen?

- Wer unterstützt Sie dabei, Ihren Wunsch einzufangen? Was können Sie dazu beitragen, diese Unterstützung noch besser zu nutzen?
- Wer behindert Sie dabei? Was können Sie unternehmen, um dieses Sperrfeuer abzustellen?
- Bei Wilhelm Busch heißt es: „Ein jeder Wunsch, wenn er erfüllt, kriegt augenblicklich Junge." Welche Wünsche wären Ihre nächsten, wenn sich dieser wichtige erfüllt hat?

Varianten

Nicht jeder Klient muss seine Wünsche angeln. Manchmal gibt es eine individuelle Variante, die zu den Vorlieben des Klienten passt. Wer zum Beispiel in seiner Freizeit gern Pilze sucht, kann nach seinem persönlichen „Glückspilz" suchen. An welchen Stellen seines Lebens vermutet er ihn? Wie unterscheidet sich dieser Pilz von den alltäglichen Pilzen? Durch welche Umstände wurde dieser Pilz vielleicht schon angefressen?

In jedem Fall ist es gut, die gedankliche Handlung in der Natur spielen zu lassen, denn ihr Bild beruhigt die meisten Menschen (weshalb auch Coachings im Wald so erfolgreich sind, siehe Seite 273 ff.). Dagegen verbinden sie Städte meist mit Arbeit, Stress und Erfolgsdruck.

Profi-Tipp

Geben Sie Ihrem Klienten zu Beginn ein Beispiel, damit er sich die Metapher noch besser vorstellen kann, etwa so: „Ein anderer Klient hat seine Wünsche als dicke Karpfen beschrieben: Sie tauchten immer wieder an der Oberfläche auf, waren deutlich sichtbar – aber sobald er nach ihnen griff, gingen sie wieder auf Tauchstation. Zusammen haben wir eine Strategie entwickelt, wie er diese Wunschkarpfen anlocken könnte. Am Ende hat er seine Erwartung gesenkt, also den Druck auf die Wünsche gemindert – und schon gelang es ihm, sie an Land zu ziehen." Dieser Anstoß setzt eigene Kreativität frei.

Risiken

Es kann dauern, bis sich ein leitender Angestellter auf diese Methode einlässt. Doch die Erfahrung zeigt: Gerade nüchterne Menschen profitieren am meisten, denn ihnen können sich völlig neue Türen öffnen. Außerdem hat jemand, der an eine Methode glaubt, etwas zu verlieren: seinen Glauben daran. Wer dagegen nicht daran glaubt, hat nichts zu verlieren. Völlig unbeschwert kann er an die Übung herangehen. Das sollten Sie ihm auch ausdrücklich sagen, etwa so: „Ich merke, dass Sie keine großen Erwartungen an die Methode haben. So gesehen haben

Sie wenig zu verlieren dabei. Deshalb möchte ich Sie einladen, einfach mal ... Wenn nichts dabei herauskommt, ist das in Ordnung. Aber, wer weiß: Vielleicht werden Sie doch ein klitzekleines Wunschfischlein an Land ziehen ..."

Diese gesenkte Erwartungshürde verlockt auch Skeptiker zum Sprung in die Übung.

Umsetzungs-Plan

Notieren Sie bitte, wann und wie Sie diese Methode einsetzen wollen:

5.

Der abgesagte Coaching-Termin

Ein Ärgernis: Die Klientin sagt ihren Coaching-Termin in letzter Sekunde ab. Doch die Fantasie von einer solchen Absage können Sie nutzen, um Ihrer Klientin schlagartig bewusst zu machen, was sie im Coaching erreichen will.

Ziele

- Das Coaching-Ziel wird schnell und fantasievoll erarbeitet.
- Der Klientin werden die wichtigsten Aspekte des Ziels klar.
- Sie erinnert sich an ihre Eigenkräfte.

Fallbeispiel

Silke Larsen (30) steht vor einer großen Herausforderung: Sie soll für einen Einzelhandelskonzern eine neue Großfiliale aufbauen. Kurz davor hatte sie mit ihrem Mann beschlossen, ihren lange gehegten Kinderwunsch zu erfüllen. Nun quält sie eine Frage: „Hätte ich die Aufgabe unter diesen Umständen überhaupt annehmen dürfen?" Sie kommt sich falsch und unecht vor, gerade gegenüber ihrer Bereichsleiterin, die sie immer gefördert hat. Zugleich meint sie: „Hätte ich abgesagt, hätte das natürlich Fragen aufgeworfen: Hat sie keinen Ehrgeiz? Traut sie es sich nicht zu?" Nun sucht sie nach einer Lösung, wie sie mit der Situation umgehen kann.

Diese Informationen vermittelte sie bei einem Telefonat im Vorfeld. Nun erscheint sie zum ersten Termin.

Die Idee

Ein guter Coach bringt keine Lösungen – er legt sie allenfalls frei. Er kann aus seiner Klientin nur herausholen, was schon da ist. Seine Interventionen regen sie an, die Lage klarer zu sehen, ihre Ressourcen zu erkennen, eine Lösung zu entwickeln und einen Umsetzungsplan aufzustellen. Alle wesentlichen Aufgaben liegen bei ihr selbst!

Aber braucht es dann überhaupt einen Coach? Könnte ein Mensch seine Ziele nicht auch aus eigener Kraft erreichen? Eine produktive Fantasie: Was täte die Klientin, wenn es den Coach nicht gäbe? Wie würde sie ihre Probleme dennoch lösen? Welche vielversprechenden Lösungsversuche würde sie fortsetzen? Welche möglichen Ideen, die sie von einem Coaching erwartet, könnte sie selbst entwickeln? Und wie würde ein Coach ihr Handeln wohl kommentieren, welche Tipps hätte er?

Noch radikaler: Fragen Sie die Klientin, was hätte passieren müssen, dass sie gar nicht erst ins Coaching gekommen wäre – ja vielleicht sogar in letzter Sekunde abgesagt hätte, weil sich ihre Situation gelöst hat. Dabei entsteht eine konkrete Vorstellung, wohin die Coaching-Reise gehen soll.

Schritte zum Erfolg

1. Lassen Sie die Klientin wissen, dass Sie ihr zutrauen, die Herausforderung aus eigenen Kräften zu bewältigen:

„Dass Sie jetzt bei mir sitzen, heißt für mich nicht, dass Sie mich zur Lösung brauchen – es heißt nur, dass Sie die Lösung noch nicht gefunden haben. Eine Lösung, die in Ihnen selbst schon gewachsen ist. Solche Lösungen sind nach meiner Erfahrung wie Pilze im Wald: Manchmal findet man sie – manchmal läuft man direkt an ihnen vorbei, ohne sie zu sehen. Bei der nächsten Suche kann das schon anders sein."

2. Nun stellen Sie der Klientin die Frage, was hätte passieren müssen, damit sie den Coaching-Termin kurzfristig abgesagt hätte, weil ihre Situation schon zuvor gelöst war. Holen Sie mit Worten aus – dann hat die Klientin mehr Zeit, vom Problem- aufs Lösungsdenken umzuschalten und in Gedanken zu reisen:

„Nun möchte ich Ihnen eine Frage stellen, die Sie vielleicht für ungewöhnlich halten. Dennoch bitte ich Sie, nach einer Antwort zu suchen. Also: Stellen Sie sich einmal vor, Sie hätten mich heute Morgen angerufen. Am Telefon wäre mir gleich aufgefallen, wie unbeschwert und fröhlich Sie klingen. Beschwingt hätten Sie gesagt: ‚Herr Wehrle, ich habe zwei Nachrichten für Sie, eine gute und eine schlechte. Welche wollen Sie zuerst hören?‘

Ich hätte mich für die schlechte Nachricht entschieden. Und Sie hätten gesagt: ‚Ich muss unseren Termin für heute Nachmittag leider absagen.‘ – ‚Aber warum?‘, hätte ich gefragt. Und Sie hätten mir, immer noch sehr fröhlich, erläutert: ‚Es ist mir doch noch gelungen, eine Lösung zu finden. Jetzt sehe ich klar und habe alles geregelt. Vielleicht hat mir das Nachdenken vor dem Coaching dabei geholfen. Vielen Dank, dass Sie mir den Termin eingeräumt haben – auch wenn ich ihn jetzt nicht mehr brauche.‘“

Übung: Bitte erörtern Sie, warum der Coach ankündigt, eine „ungewöhnliche Frage“ zu stellen. Welchen psychologischen Effekt soll das haben? Lesen Sie erst nach dem Antworten weiter.

Mein Vorschlag: Der Coach will Druck von der Klientin nehmen: Sie soll spüren, dass keine Blitzantwort erwartet wird – sondern dass sie in aller Ruhe nachdenken kann. Je mehr sie sich bewusst ist, dass sie es mit einer ungewöhnlichen Frage zu tun hat, desto eher findet sie eine ungewöhnliche Antwort. Ihre Spürhunde des Intellekts dürfen ihr übliches Revier überschreiten.

3. Nun führen Sie das Gedankenspiel fort, indem Sie sagen: „Natürlich hätte ich mich am Telefon mit Ihnen gefreut – und Sie sofort gefragt: ‚Welchen großen Fortschritt haben Sie denn gemacht, seit wir unseren Termin vereinbart haben?‘ Was genau hätten Sie mir geantwortet? Welches Ziel hätte erreicht sein müssen? Beschreiben Sie mir das bitte so genau wie möglich!“

Silke Larsen schaut zur Decke, als könnte sie dort die passenden Gedanken finden. Ihr Gesicht wirkt entspannt, auch wenn leichte Falten auf der Stirn andeuten, dass ihr Gehirn gerade auf hohen Touren läuft. Nach einer Weile beginnt sie zu sprechen.

Klientin: „Ich glaube, ich hätte abgesagt, wenn meine Chefin von meiner geplanten Schwangerschaft erfahren und das akzeptiert hätte.“
Coach: „Aha! Das klingt für mich so, als sehnten Sie sich nach klaren Verhältnissen.“
Klientin: „Wohl wahr! Ich bin niemand, der falsch gegenüber den Menschen ist. Ich möchte Klartext reden.“

Coach: „Also: Ihre Chefin weiß davon, dass Sie ein Kind planen. Und Ihre Chefin akzeptiert das. Aber wie hat sie überhaupt davon erfahren?"
Klientin (zögert lange): „Es gibt nur zwei Menschen, die ihr das verraten könnten: mein Mann oder ich. Sonst weiß das niemand."
Coach: „Ist es denkbar, dass Ihr Mann einfach bei der Chefin angerufen und gesagt hat: ‚Wissen Sie eigentlich, dass meine Frau schwanger werden will?'"
Klientin: „Nein, nein, natürlich nicht. Das müsste schon von mir kommen. Eigentlich habe ich zur Bezirksleiterin ja ein wirklich gutes Verhältnis. Sie hat mir damals auch über die Krebserkrankung ihres Mannes erzählt. Gerade deshalb drückt mich mein schlechtes Gewissen."
Coach: „Also, ich halte fest: Direkt vor unserem Coaching-Termin haben Sie mit Ihrer Chefin gesprochen. Aber wie genau ist das Gespräch verlaufen? Wie ist es Ihnen gelungen, eine so positive Reaktion zu erzeugen, dass unser Termin überflüssig wurde?"

Silke Larsen schildert, dass sie es geschafft habe, ihre Mitteilung als Vertrauensbeweis zu platzieren – und dass die Bereichsleiterin, wie erwartet, auf dieselbe Weise reagiert habe: mit Dank für die Offenheit und der Zusage höchster Vertraulichkeit.

4. Der Coach fragt nach, welche weiteren Möglichkeiten es gegeben hätte, dass sich das Problem schon vor dem Coaching erledigt. Der Klientin, die jetzt mit dem Weitblick eines Selbstcoachs agiert, fallen vier Varianten ein:

1. „Mein Mann und ich hätten uns doch gegen ein Kind entschieden."
2. „Mein Mann und ich hätten das Kind noch zwei Jahre nach hinten geschoben."
3. „Ich hätte beschlossen, künftig nur noch Hausfrau zu sein."
4. „Ich hätte es mit meinem Gewissen vereinbaren können, die geplante Schwangerschaft für mich zu behalten – denn auch als Mutter bin ich immer noch eine wertvolle Arbeitskraft."

Im Gespräch stellt sich heraus, dass die letzte Variante ihr nicht umsonst als letzte in den Sinn kam: Sie empfindet das Schweigen über ihre Kinderpläne als Spiel mit falschen Karten – und will den offenen Weg vorziehen.

5. Damit ist es leicht geworden, die Themenlandschaft zu überblicken und ein Ziel fürs Coaching zu formulieren. Die Klientin bringt es auf folgende Formel: „Ich möchte meine Chefin gern ins Vertrauen ziehen – dann kann sie selbst entscheiden, ob ich die Filialleitung übernehmen soll oder nicht. Wichtig ist mir, dass ich die richtigen Worte finde: Sie soll merken, dass diese Mitteilung ein großer Vertrauensbeweis ist. Dann wird sie auch vertraulich damit umgehen, da bin ich sicher – so habe ich es damals auch bei der Krebserkrankung ihres Mannes getan."

Somit ist durch die Ausgangsfrage eine große Zielklarheit erreicht – und die nächsten Schritte im Coaching fallen leicht.

Weitere Fragen

- Inwieweit hätte schon eine Änderung Ihrer inneren Haltung reichen können, das Problem zu lösen und das Coaching abzusagen?
- Angenommen, Ihr Mann hätte für Sie abgesagt: Was hätte dann aus seiner Sicht vorher geschehen müssen?
- Welche Ratschläge, die Sie sich im Coaching versprochen haben, waren Ihnen vielleicht schon im Vorfeld klar?
- In welcher Situation, eventuell schon früher, waren Sie der Lösung am nächsten?
- Stellen Sie sich die Lösung einmal als ein scheues Tier vor, das sich schnell wegduckt: Wie haben Sie es geschafft, sich ihr so dicht zu nähern?
- Angenommen, Sie sollten daraus einen kleinen Leitfaden entwickeln, wie Sie sich der Lösung nähern: Welche Punkte könnte er enthalten?
- Woran würden Sie in einem Jahr erkennen, dass Ihre Lösung eine gute Lösung war?

Varianten

Bieten Sie der Klientin folgendes Gedankenspiel an: „Angenommen, Sie wären gestern Abend ausgegangen, hätten einen wildfremden Coach kennengelernt und wären über Ihre Situation ins Gespräch gekommen. Welche Fragen hätte er Ihnen stellen oder beantworten, welche Tipps geben müssen, damit Sie eine Lösung gefunden und den Termin bei mir für überflüssig gehalten hätten?"

Die Antwort auf diese Frage ist doppelt wertvoll, weil sie Ihnen indirekt zeigt, was die Klientin von Ihnen als Coach erwartet und aus welcher Himmelsrichtung die Sonne der Lösung strahlt.

Profi-Tipp

Diese Frage eignet sich nicht nur für den ersten Coaching-Termin, sondern auch in der Folge: Am Anfang jeder Sitzung können Sie sich erkundigen, was die Klientin erreichen müsste, um das Coaching als beendet zu betrachten. Damit lenken Sie die Gedanken zur Selbstwirksamkeit. Und oft wird der Klientin nach drei oder vier Sitzungen klar, dass sie tatsächlich keinen weiteren Termin ansetzen, sondern erst einmal probieren will, ob sie die vorgenommenen Ziele erreicht. Wer in Gedanken so weit ist, schafft es in aller Regel auch alleine. Je früher ein Coaching mit Erfolg endet, desto besser.

Risiken

Die Klientin kann sich missverstanden fühlen: Nun kommt sie extra zu einem Profi, um ihr Problem zu lösen, doch dieser suggeriert ihr: „Vielleicht bist du hier an der falschen Adresse, vielleicht hättest du alles selbst in den Griff bekommen können!" Einen solchen Eindruck können Sie vermeiden, indem Sie der Klientin mit großer Wertschätzung begegnen. Nutzen Sie die ersten Minuten des Gespräches, indem Sie aktiv zuhören, das Problem würdigen und menschlich mit ihr warm werden. Auf dieser Basis wird sie Ihre Frage richtig interpretieren: als Zeichen der Hochachtung vor ihr und ihren Ressourcen – und nicht als Missachtung ihrer schwierigen Situation.

Umsetzungs-Plan

Notieren Sie bitte, wann und wie Sie diese Methode einsetzen wollen:

Die Theaterbühne

Kein Mensch ist eine Insel. Jedes Anliegen hat zu tun mit anderen Menschen. Aber wer spielt welche Rolle? Auf einer Theaterbühne wird anschaulich, welche Akteure am Werk sind und wie das Stück abläuft. Die Klientin führt Regie.

Ziele

- Die Protagnisten werden in den Raum geholt.
- Systemische Zusammenhänge kommen ans Licht.
- Die Klientin kann bremsende und unterstützende Kräfte erkennen.

Fallbeispiel

Laura Kreibom (39) arbeitet als Fremdsprachenkorrespondentin in einem Handelskonzern. Sie mag ihre Arbeit, leidet aber zunehmend darunter, dass sie sich von ihren Kollegen ausgegrenzt fühlt. Neulich hat sie erfahren, dass die Kollegen sich abends zum Kegeln getroffen haben; sie war nicht eingeladen. Auch passiert es immer wieder, dass sie mittags, wenn alle in die Kantine gehen, „vergessen" wird. Und wie kommt es eigentlich, dass sie sich mit Vorgesetzten siezt, die von fast allen anderen geduzt werden? Sie fühlt sich ins Abseits gedrängt, ohne die Gründe zu kennen. Immer öfter trägt sie ihre schlechte Laune nach Hause, was ihrem Mann und ihren Freunden schon aufgefallen ist. Sie will „klar Schiff machen und endlich wieder dazugehören!".

Die Idee

Hinter einem Menschen, der ins Coaching kommt, stehen viele andere Menschen, die mit seinem Anliegen zu tun haben. Die einen sind unmittelbar in die Handlung verstrickt, hier Kollegen und Vorgesetzte; die anderen sind von den Auswirkungen betroffen, hier Familie und Freunde.

Alle relevanten Menschen sollten Sie auf dem Zettel haben; jeder kann Ressource oder Teil des Problems sein. Welche Kollegen stehen aufseiten der Klientin? Welche Kollegen betreiben die Ausgrenzung? Welche Rolle spielen die Vorgesetzten? Welchen Rat bekommt die Klientin von ihrem Mann und ihren Freunden? Ein solcher Rundblick fügt das systemische Puzzle zusammen. Beziehungsgeflechte und Energiequellen, Hintergründe und Hindernissen können dabei sichtbar werden.

Aber wie lässt sich ein solches System in den Raum holen? Bitten Sie die Klientin, eine Theaterbühne zu eröffnen – und die Darsteller ihres Anliegens auf Stühlen zu platzieren. Als Regisseurin sagt sie, wer aus ihrer Sicht welche Rolle spielt. Dabei handelt es sich nicht um eine absolute, sondern um eine konstruierte Wirklichkeit. Alles, was die Klientin für wahr nimmt, wirkt sich aus auf ihr Fühlen, Denken und Handeln. Deshalb ist es erlaubt, dass sie über die Positionen und Motive der anderen spekuliert.

In einer zweiten Runde kann der Coach diese Rollenbeschreibungen in Frage stellen – und mit der Klientin Wunschrollen entwickeln.

Schritte zum Erfolg

1. Machen Sie Ihrer Klientin die Methode schmackhaft. Versuchen Sie, die Theaterbühne so natürlich wie möglich einzuführen – und zugleich in einfachen Worten zu erläutern, worin die Idee des systemischen Denkens besteht.

Übung: Bitte entwerfen Sie einen solchen Text, gerne schriftlich und in Dialogform – und lesen Sie dann, wie das reale Gespräch abgelaufen ist.

Mein Vorschlag:

Coach: „Das ist ja ein ganz schönes Theater, das sich da bei Ihnen abspielt!“
Klientin: „Ja, das kann man so sagen.“
Coach: „Was halten Sie davon, dass wir mit dieser Metapher arbeiten: dem Theater? Um zu verstehen, welches Stück da gespielt wird, müssen wir herausfinden: Wer tummelt sich eigentlich auf der Bühne? Wer spielt eine Nebenrolle, wer eine Hauptrolle? Und wie sehen die einzelnen Rollen aus?“
Klientin: „Ich verstehe nicht recht, wie mich das vorwärtsbringen soll.“
Coach: „Die Idee basiert auf dem systemischen Denken, es besagt: Kein Mensch handelt unabhängig vom anderen. Alle beeinflussen sich, auch ohne es zu merken und ohne es zu wollen. So wie ein Dominostein,

wenn er umfällt, den anderen bewegt. Zum Beispiel kann es sein, ein Kollege fühlt sich von Ihnen nicht gemocht – und zeigt Ihnen deshalb die kalte Schulter. Und weil er Ihnen die kalte Schulter zeigt, tun es andere auch. Und Sie wiederum spüren diese Ablehnung – und reagieren auf eine bestimmte Weise, die bei den Kollegen wieder etwas auslöst. So hängt in einer menschlichen Gemeinschaft alles miteinander zusammen."

Klientin: „Das finde ich jetzt interessant! Denn ich habe mich schon lange gefragt: Wer steht eigentlich hinter dem Verhalten der Kollegen? Die waren doch jahrelang ganz vernünftig."

Coach: „Das ist eine Frage, der wir nachgehen können. Wir finden jetzt erst mal im Gespräch heraus, welche Menschen mit Ihrer Situation zu tun haben, direkt im Büro oder auch indirekt in Ihrem Privatleben. Und dann richten wir in der Raummitte eine Bühne mit Stühlen ein."

2. Erforschen Sie durch Fragen, wer an der Situation beteiligt ist. Halten Sie jeden dieser Namen in großen Buchstaben auf einem A5-Zettel fest. Zum Beispiel können Sie fragen:

- Welche Kollegen sind die wichtigsten um Sie herum?
- Mit welchen Vorgesetzten haben Sie zu tun?
- Wer, glauben Sie, trägt zu Ihrer Ausgrenzung bei?
- Und wer steht hinter Ihnen?
- Gibt es Mitarbeiter anderer Abteilungen, die Einfluss ausüben könnten?
- Welche Rolle spielen Kunden und Zulieferer?
- Welche Ratschläge gibt Ihnen Ihr Mann?
- Was sagen Ihre Freunde zu der Situation?
- Und gibt es jemanden, vielleicht aus früheren Zeiten, dessen Stimme Sie in dieser Lage beeinflusst?

Am Ende der Übung mit Laura Kreibom stehen 16 Namen auf dem Papier.

3. Lassen Sie die Klientin entscheiden, welche Kollegen in ihrem Stück wichtige Rollen spielen. Sie darf die Namenskarten in drei Rubriken sortieren: Hauptrolle, Rolle und Nebenrolle. Vier Zettel ordnet sie den Hauptrollen zu, vier den Rollen und acht den Nebenrollen. Schlagen Sie vor, die Akteure in der Reihenfolge ihrer Wichtigkeit auf die Bühne zu holen – und nach der ersten Hälfte zu schauen, ob die Akteure mit den Nebenrollen noch auftreten sollen oder verzichtbar sind.

4. Nun platzieren Sie zunächst vier Stühle auf der Bühne und lassen die Klientin die Karten mit den Namen verteilen. Schon dabei kann es zu Erkenntnissen kommen, etwa wenn Sie fragen:

- Welche Darsteller sind sich nah, wer sitzt neben wem?
- Und welche zwei Menschen sitzen am weitesten auseinander?
- Schauen die Stühle alle in dieselbe Richtung?
- Oder gibt es Akteure, die sich zugewandt oder abgewandt sind?
- Gibt es Stuhlgruppen?
- Und wie weit sind die Stühle voneinander entfernt?

Laura Kreibom setzt auf den linken Stuhl ihren direkten Vorgesetzten Frank Gehrke: „Er ist erst ein Jahr im Amt, und seitdem geht es mit meinem Ansehen abwärts." Direkt neben ihn setzt sie Maria Vogel, „seine Lieblingsmitarbeiterin mit einer großen Schleimspur", wie sie spöttisch sagt. Diese beiden Stühle sind sich zugewandt.

Nun schiebt sie den dritten und den vierten Stuhl etwas zur Seite: „Denn die will ich nicht in einen Topf werfen!" Auf Stuhl Nummer drei sitzt Anita Lambert, „meine älteste und beste Kollegin". Und daneben, mit neutraler Blickrichtung, platziert sie „Tobias Sandmann, ein wichtiger Projektleiter, bei dem ich nicht einschätzen kann, ob er mit dem Treiben zu tun hat oder nicht."

5. Der Coach bittet die Klientin, nun die Rolle der Regisseurin einzunehmen – und über das Stück zu sprechen, das bisher nach ihrer Meinung gespielt wird:

Coach: „Ich bitte Sie, dass Sie hinter einen Stuhl treten, so wie ich das jetzt mache, und dann sagen: ‚Also, Frank Gehrke, Sie sind hier Chef, bislang spielen Sie mit Blick auf Frau Kreibom folgende Rolle ...' Und dann dürfen Sie sagen, was Sie als Regisseurin beobachten. Aber auch, was Sie vermuten. Lassen Sie Ihrer Fantasie freien Lauf, wir sind ja im Theater! Und denken Sie daran: Sie blicken als Regisseurin auf die Bühne – und sprechen von sich, von Frau Kreibom, in der dritten Person."

Klientin (tritt hinter den Chefstuhl, während der Coach zur Seite geht): „Ich muss schon sagen, Herr Gehrke, das haben Sie fein hingekriegt: In 1,5 Jahren haben Sie aus Frau Kreibom eine Unperson gemacht. Ich weiß nicht genau, wie Sie diesen Feldzug betreiben. Ich vermute, Sie sprechen am Bühnenrand schlecht über sie. Vielleicht sehen Sie in ihr schon eine alte Schnepfe, die nicht in Ihr U-30-Team passt. Und neulich haben Sie ihr sogar eine Aufgabe zugeschustert, die zuvor von der Azubi erledigt wurde."

6. Die Klientin geht von Stuhl zu Stuhl und spricht ihre Rollenbeschreibungen aus. Der Coach verfolgt die Szenerie und fragt nach, wenn die Klientin stockt oder sich unpräzise ausdrückt. In kurzer Zeit entsteht ein präzises Bild: Laura Kreibom geht von einer Intrige gegen sich aus, die gesponnen wird von ihrem neuen Chef und dessen Lieblingskollegin. Sie vermutet, dass ihre beste Kollegin sich aus diesem schmutzigen Spiel heraushält, aber nicht mutig genug ist, ihr von den Details zu berichten. Und den Projektleiter sieht sie zwischen den Stühlen: Einerseits glaubt sie, dass er sie mag. Andererseits will er es sich mit dem Chef nicht verderben.

7. Der Coach fragt, welche Darsteller der Rollen und Nebenrollen noch wichtige Aspekte einbringen könnten. Die Klientin entscheidet sich für zwei weitere Kollegen, daneben für ihren Mann. Erneut ordnet sie die Stühle auf der Bühne an und beschreibt die Rollen aus der Perspektive der Regisseurin.

8. Es dauert nur 20 Minuten, bis sich das komplexe Anliegen mit Blick auf die Beteiligten sortiert hat. Der Klientin fällt auf, wie wenig sie eigentlich über die Darsteller weiß (oft muss sie spekulieren!), wo es mögliche Bündnisse gibt, welche Menschen sich gegenseitig beeinflussen – auf dieser Basis kann die Arbeit am Ziel beginnen, das immer mit ihrem eigenen Verhalten zu tun haben muss (siehe auch Profi-Tipp).

Weitere Fragen

- Angenommen, Ihr Chef hätte diese Bühne zusammengestellt: Wie hätte er die Rollen womöglich kommentiert?
- Nun gibt es ja auch einen Oscar für die beste Nebenrolle: Wer aus der zweiten Reihe könnte einen größeren Einfluss haben als bisher angenommen?
- Jeder Theaterdarsteller hat Schlüsselszenen während eines Stücks: Beschreiben Sie diese mal für Ihre Protagonisten!
- Im Theater gibt es ja Souffleure: Wer flüstert auf Ihrer Bühne wem ins Ohr? Und was genau?
- Jedes Theaterstück braucht eine Bühnendekoration: Welche Gegenstände oder Sitzordnungen haben Einfluss auf Ihr Anliegen?
- Angenommen, Sie könnten in Ihrer Fantasie eine neue, für Sie sehr nützliche Rolle besetzen: Wer käme dann auf die Bühne?
- Was wäre anders, wenn es diesen Joker gäbe? An Ihrem Verhalten? Und am Verhalten der anderen?

Varianten

Bei Menschen, die sich mit inneren Konflikten plagen, können Sie die gleiche Methode fürs Innere Team (nach Friedemann Schulz von Thun) nutzen: Die Klientin identifiziert, welche inneren Anteile sich zum Thema äußern. Jede dieser Stimmen wird mit einem Namen versehen und bekommt einen Stuhl zugeordnet. Zum Beispiel können die „Heulsuse" („Alle hacken auf mir rum!") und die Tapfere („Sei nicht so empfindlich, vielen Menschen geht es schlechter!") ihre Standpunkte austauschen und in einen konstruktiven Dialog treten. Erst wenn alle inneren Kräfte beteiligt sind, wenn kein Anteil sich mehr übergangen fühlen und deshalb sabotiert, lassen sich schlüssige Entscheidungen fällen und auch umsetzen.

Profi-Tipp

Nutzen Sie die Bühne nicht nur, um die Situation zu klären, sondern auch, um die Ziele zu definieren. Dazu tritt die Klientin erneut hinter die einzelnen Darsteller. Nur weist sie als Regisseurin an, was künftig zu spielen ist. Zum Beispiel sagt sie zu ihrem Chef: „Sie sollen Frau Kreibom respektieren, sie öfter in ihrem Büro besuchen und ihre Arbeit loben. Nutzen Sie doch die hohe Fachkompetenz Ihrer Mitarbeiterin, statt gegen sie zu arbeiten."

Nach jeder Rollenanweisung fragt der Coach: „Was genau können Sie dazu beitragen, dass Ihr Chef (oder Kollege) sich so verhält?" Die Ziele müssen sich aufs Verhalten der Klientin beziehen. Die Übung macht ihr klar: Sie kann Einfluss ausüben. Wenn es ihr gelingt, an einer Stelle des Systems etwas zu verändern, verändert sich das ganze System – wie ein Gewicht, das man auf einer Seite der Waagschale hinzufügt, auch die andere Seite bewegt.

Risiken

Auf der Bühne entsteht ein babylonisches Gewirr, weil sich zu viele Protagonisten breitmachen. Dagegen hilft: Bitten Sie die Klientin, auch die Hauptdarsteller nach Wichtigkeit zu sortieren. Zunächst kommen die drei oder vier wichtigsten auf die Bühne, dann rückt einer nach dem anderen nach. Oft ist das, was einer sagen würde, schon gesagt. Dann kann die Klientin seinen Stuhl neben (oder hinter) einen anderen rücken. Viele Darsteller werden überflüssig. Die Szenerie sortiert sich.

Notieren Sie bitte, wann und wie Sie diese Methode einsetzen wollen:

Umsetzungs-Plan

2. Selbstklärung: „Wer sind Sie eigentlich?"

Jeder Mensch trägt ein Bild von sich im Kopf, einen subjektiven Schnappschuss. Und wie das bei spontanen Fotos so ist: Einige Stellen sind gut belichtet, andere liegen im Dunkeln. Unterstützen Sie Ihren Klienten dabei, dass er sich in einem neuen Licht sieht, dass er alle Seiten seiner Persönlichkeit und seines Anliegens begutachtet. Erst wenn er weiß, wer er eigentlich ist, kann er herausfinden, was er eigentlich will. Lassen Sie ihn mit seinem Selbstbild und seinem Anliegen wie mit einem Puzzle spielen – oft verändert sich dabei das Bild im eigenen Kopf.

Zeichnung 2: Wer bin ich – und wenn ja, wie viele ... Der Coach bietet fantasiereiche Übungen und Fragen an, die dem Klienten bewusst machen, dass sein Selbstbild nur eine Selbstwahrnehmung ist – und damit veränderbar!

7. Der Starverteidiger vor Gericht: Wie Sie Ihre Klientin dazu bringen, ihre Selbstanklagen fallen zu lassen und mit flammenden Plädoyers für sich einzutreten.

8. Die Kontaktanzeige: Wie Ihr Klient mit einen Annoncentext herausfindet, wer er ist und was er (im Berufsleben) wirklich sucht.

9. Der Gebärden-Dolmetscher: Wie Ihre Klientin viel Neues über ihre Situation sagen kann, ohne dabei ein Wort zu sprechen – in Körpersprache.

10. Hallo, ich bin dein Problem: Wie Sie den Klienten auf völlig neue Art ins Gespräch mit seinem Problem bringen – so, dass er es abblitzen lässt.

11. Der Traumdeuter: Warum es sich lohnt, die Wunschträume eines Menschen im Detail zu analysieren und mit der Realität abzugleichen.

12. Hand in Hand mit Widerstand: Warum es klug ist, sich als Coach mit dem Widerstand des Klienten zu verbünden, statt ihm die Stirn zu bieten.

7.

Der Starverteidiger vor Gericht

Wie ein Mensch über sich denkt, bestimmt darüber, was er tut oder lässt. Der innere Monolog („Silent Speech") kann hemmen und beklemmen, wenn er aus Selbstvorwürfen und Anklagen besteht. Wie Sie ihn zum Antrieb verwandeln, zeigt diese Methode.

Ziele

- Die Klientin begegnet sich neutraler und wohlwollender.
- Die Konzentration wandert von den Schwächen auf die Stärken.
- Glaubenssätze drehen sich ins Positive.

Fallbeispiel

Die Architektin Claudia Ulmer (44) sucht seit zwei Jahren nach einem neuen Arbeitsplatz, aber bislang erfolglos. Nach einer Familienpause von zwölf Jahren findet sie keine Festanstellung mehr, das macht ihr zu schaffen. Immer wieder sagt sie Sätze wie: „Ich bin selber schuld, ich hätte nicht ganz aus dem Beruf rausgehen dürfen." Oder: „Ich habe doch alles verlernt, sogar die Software – warum bin ich nicht am Ball geblieben?" Oder: „Ich habe mich halt für die Familie und gegen den Beruf entschieden – jetzt muss ich die Konsequenzen tragen!"

Gramgebeugt sitzt sie auf ihrem Stuhl, wie von den Selbstvorwürfen niedergedrückt. Die Tatsache, dass sie niemand einstellen will, empfindet sie offenbar als gerechte Strafe für ihr (vermeintliches) Fehlverhalten.

Die Idee

Jeder Mensch ist, was er denkt. Wer sich für einen Versager hält, muss damit rechnen, auch als Versager wahrgenommen zu werden. Wer von seinem eigenen Ziel nicht überzeugt ist, kann andere nicht davon überzeugen. Deshalb sollte jedem Anliegen eine Selbstklärung vorangehen: Will die Klientin wirklich, was sie zu wollen vorgibt? Ist sie der Meinung, sie habe es verdient, ihr Ziel zu erreichen? Erfolg wird wahrscheinlicher, wenn sie mit sich selbst im Reinen ist und ihre Energie von der Selbstanklage ins Handeln lenkt.

Der beste Schutz gegen schwere Anklagen? Ein Staranwalt! Er sammelt alle Argumente, die für einen Angeklagten sprechen. Er schmettert Vorwürfe ab und plädiert auf „unschuldig". Wenn Ihre Klientin selbst in die Rolle ihres Verteidigers schlüpft, sieht sie sich objektiver und in einem günstigeren Licht – das schenkt ihr positive Energie und lässt den Muskel ihrer Tatkraft wachsen.

Schritte zum Erfolg

1. Laden Sie die Klientin ein, ihre eigene Verteidigung zu übernehmen. Gehen Sie davon aus, dass es ohnehin eine Stimme in ihr gibt, die zu ihren Gunsten spricht. Und beschreiben Sie ihr, was dieses Rollenspiel bewirken kann:

„Nun habe ich gehört, was Sie sich selbst vorwerfen. Und ich nehme an, es gibt zwei Stimmen in Ihnen: eine, die diesen Vorwürfen eifrig zustimmt – und eine, die Sie selbst dagegen verteidigt. Kann das sein?" (Sie bejaht). „Gerne würde ich Sie einladen, der zweiten Stimme mehr Raum zu geben. Denn ich glaube, Sie müssen hinter Ihrer Biografie und Ihrem Anliegen stehen, um Ihr Ziel zu erreichen. Deshalb möchte ich Sie zu einem Gedankenspiel einladen: Stellen Sie sich einmal vor, Sie wären vor Gericht angeklagt und stünden jenen Vorwürfen gegenüber, die Sie sich selber machen. Und nun eilt Ihnen ein Starverteidiger zur Hilfe – ein cooler Profi, der schon viele Angeklagte rausgehauen hat. Und wissen Sie, wer dieser Anwalt ist? Sie selbst übernehmen diese Rolle! Und jetzt ist es Ihre Aufgabe, sich gegen Ihre Selbstanklagen zu verteidigen – so emotional, so wortgewaltig, so überzeugend wie möglich. Schließlich wollen Sie den Prozess gewinnen!"

2. Doppeln Sie Ihre Klientin in die Rolle des Starverteidigers ein (warum sie als Mann auftritt, erklärt der Profi-Tipp). Dann klären Sie die Vorwürfe, zum Beispiel durch ein vorgeschaltetes Rollenspiel, in dem Sie als Journalist agieren und dem Starverteidiger diverse Fragen zu den Vorwürfen stellen:

- Was wird Ihrer Mandantin vorgeworfen?
- Welcher Vorwurf wiegt am schwersten?
- Gegen welche (ungeschriebenen) Gesetze hat sie verstoßen?

- Inwieweit geht die Staatsanwaltschaft von Vorsatz oder Fahrlässigkeit aus?

Aus der Rolle des Starverteidigers gelingt es der Klientin, ihre Selbstvorwürfe systematisch aufzudecken, ohne emotional von ihnen weggeschwemmt zu werden (wie es in ihrer eigenen Rolle hätte passieren können). Der Journalist schreibt eifrig mit und übergibt dem Starverteidiger danach seine Notizen. Auf dem Block steht:

Vorwürfe der Anklage

- Die Angeklagte hat fahrlässig ihr Berufsleben aufgegeben, statt neben der Erziehung ihrer Kinder eine Teilzeitarbeit anzunehmen (obwohl sie mehrere Ratschläge dieser Art gehört hatte!).
- Die Angeklagte hat darauf verzichtet, als freie Architektin weiterzuarbeiten – dabei hätte sich diese Arbeit mit dem Familienleben vereinbaren lassen, spätestens seit der Schulzeit der Kinder.
- Die Angeklagte hat konsequent darauf verzichtet, Kontakte in ihre alte Firma und zu ihren Kommilitonen zu halten – deshalb verfügt sie heute über keinerlei Netzwerke.
- Die Angeklagte hätte zumindest Fortbildungen besuchen und ihr Software-Wissen auf den neusten Stand bringen müssen.
- Die Angeklagte hat gegen das Gesetz verstoßen, ihren Beruf wichtig zu nehmen. Vielmehr hat sie allzu kurzfristig an die Interessen ihrer Familie gedacht.

3. Die Klientin, Starverteidiger ihrer selbst, wird von Ihnen gebeten, sich mit diesen Vorwürfen zu befassen und ihr Plädoyer vorzubereiten. Sie soll auf Freispruch in allen Punkten plädieren und die Vorwürfe als lächerlich entlarven. Kündigen Sie dem Starverteidiger an, dass er vor einer Jury von Geschworenen sprechen wird, die es von seinem Standpunkt zu überzeugen gilt. Gerne können Sie eine Kanzel für das Plädoyer einrichten, zum Beispiel einen Tisch, und mehrere Stühle im Raum verteilen, um die Geschworenen zu symbolisieren.

Der Staranwalt darf sich Notizen machen und so lange vorbereiten, bis er sich fit für sein Plädoyer fühlt – meist dauert das fünf bis zehn Minuten. Diese Zeit ist gut investiert, weil sich die Klientin den Selbstvorwürfen aus einem völlig neuen Blickwinkel nähert: absoluter Distanz. Bitten Sie die Klientin, im Plädoyer unbedingt in der dritten Person zu sprechen, also von „meiner Klientin“ oder von „der Angeklagten“.

4. Warten Sie, bis der „Staranwalt“ Ihnen ein Zeichen gibt – und dann bitten Sie ihn, zu den Vorwürfen gegen seine Klientin Stellung zu nehmen. In diesem Fall kam es zu folgendem Plädoyer (hier stark verkürzt):

> *„Hohes Gericht! Werte Geschworenen!*
> *Hier stehen ungeheuerliche Vorwürfe gegen meine Klientin im Raum! Es wird behauptet, sie habe sich selbst aus dem Berufsleben ausgeschlossen, fahrlässig oder gar mit Absicht. Aber was hat sie sich eigentlich zu Schulden kommen lassen? Darf man meiner Klientin vorwerfen, dass sie zwei Kinder bekommen hat? Darf man ihr vorwerfen, dass sie die letzten zwölf Jahre für ihre Familie da war? Natürlich nicht! Sie war eine gute Architektin, bevor sie ausgeschieden ist – und sie wird es wieder sein, wenn sie eine neue Herausforderung findet.*
> *Außerdem: Hat sie all diese Jahre nicht weiter als Architektin gearbeitet? Sie war es, die den Ausbau des eigenen Hauses geplant und koordiniert hat! Sie war es, die für Freunde ein Zwei-Familien-Haus entwickelt hat. Sie war es, die an keiner Baustelle vorbeigehen konnte, ohne in Gedanken die Arbeit des Architekten nachzuvollziehen und nicht selten: zu verbessern! Meine Klientin ist im Herzen und von ihrem Können immer eine Architektin geblieben. Darauf kommt es an! Das heutige Handwerkszeug, zum Beispiel die neuste Software, könnte sie schnell dazulernen. Und außerdem …“*

5. Bitten Sie die Klientin, auf einem der Stühle der Geschworenen Platz zu nehmen und sich in diese Rolle zu versetzen. Geben Sie Ihr Zeit, in der neuen Rolle anzukommen und das Plädoyer nachklingen zu lassen. Und jetzt fragen Sie als Richter nach, zum Beispiel:

- Werte Geschworene, welche dieser Argumente haben Sie am meisten überzeugt?
- Welche der Anklagepunkte müssen wir angesichts dieser Beweislage fallen lassen?

- Inwiefern sehen Sie die Situation durch dieses Plädoyer mit neuen Augen?

Usw.

6. Zuletzt darf die Klientin wieder ihre eigene Rolle einnehmen. Setzen Sie sich mit ihr an einer Stelle in den Raum, von wo sie auf die Gerichts-Kulisse blicken kann. Und nun fragen Sie nach, was sich durch dieses Rollenspiel verändert hat: Welche Argumente haben sich stimmig angefühlt? Welche Selbstvorwürfe will sie fallen lassen? Und welche positiven Gedanken, auch mit Blick auf ihr Ziel, könnten an deren Stelle stehen?

Weitere Fragen

Übung: Bitte entwickeln Sie mindestens fünf Fragen, gerne schriftlich, um an das Plädoyer anzuknüpfen und Ihrer Klientin weitere Erkenntnisse zu verschaffen.

Meine Vorschläge:

- Was hat sich verändert, als Sie Ihre Selbstanklagen mit den Augen des Anwalts sahen?
- Welcher Vorwurf schien Ihnen besonders lächerlich?
- Konnten Sie hinter den einzelnen Vorwürfen ein bestimmtes Muster erkennen, eine Art Grundanklage?
- Welche Argumente, die Sie als Staranwalt vorgebracht haben, hatten Sie (innerlich) schon vorher zu Ihrer Verteidigung verwendet?
- Was könnten Sie im Alltag tun, um diesen Argumenten mehr Gewicht zu verleihen?
- Welche Menschen aus Ihrer Umgebung würden diesen Argumenten zu Ihren Gunsten beipflichten?
- Wodurch könnten Sie im Alltag diese Menschen in Ihr Verteidiger-Team einbinden?
- Welche Haltung schiene Ihnen am günstigsten, um eine neue Anstellung zu finden?
- Woran würde ein Beobachter von außen erkennen, dass Sie diese Haltung tatsächlich leben?

Varianten

Es kann passieren, dass eine Klientin sich schwertut damit, Argumente zu ihrer Verteidigung zu finden – als dröhnten die Selbstvorwürfe so laut in ihrem Kopf, dass sie nichts anderes mehr hört. Dann können Sie als Coach die Rolle des Verteidigers übernehmen, während die

Klientin Sie bei der Vorbereitung als Assistentin unterstützt. Sprechen Sie mit ihr durch, welche Vorwürfe Ihnen unberechtigt erscheinen – und probieren Sie, ihr Gegenargumente zu entlocken. Dann halten Sie ein Plädoyer als Starverteidiger, eine Art heimliches Doppeln, während die Klientin die Rolle der Geschworenen einnimmt. Die Erfahrung, verteidigt zu werden, noch dazu mit guten Argumenten, verhilft ihr oft zu neuen Standpunkten.

Mehr über die spannende Technik des Doppels können Sie in meinem Buch „Karriereberatung" (Beltz, 2007) nachlesen.

Profi-Tipp

Manche Leserin wird sich fragen: Warum soll die Klientin eigentlich in die Rolle des „Starverteidigers" schlüpfen – und nicht in die der „Starverteidigerin"? Weil der Wechsel des Geschlechts die Absicht der Übung verstärkt: Die Klientin vergrößert den Abstand zu ihrem gewohnten Ich. Deshalb empfiehlt es sich, das jeweils andere Geschlecht zu wählen, also auch einen Mann zur „Starverteidigerin" zu erklären – zumal dieser Blickwechsel in vielen Fällen zusätzliche Argumente bringt.

Dagegen sollten Sie das Geschlecht beibehalten bei Menschen, die sich mit Rollenspielen und Rhetorik offensichtlich schwertun. Hier könnte die doppelte Verfremdung vom Kern der Übung ablenken.

Risiken

Natürlich kann es passieren, dass die Klientin von ihrer eigenen Verteidigung nicht (restlos) überzeugt ist. Dann empfiehlt es sich, Unterstützung aus dem natürlichen Umfeld der Klientin zu organisieren. Laden Sie sie dazu ein, sich mit der Familie und mit Freunden über die Argumente auszutauschen. Je öfter sie die Denkweise zu ihren Gunsten unterstützt sieht, desto mehr verlieren die Selbstvorwürfe an Gewicht.

Umsetzungs-Plan

Notieren Sie bitte, wann und wie Sie diese Methode einsetzen wollen:

8.

Die Kontaktanzeige

Wer seinen Traumpartner sucht, verfasst eine Kontaktanzeige. Vorher muss er klären: „Wer bin ich eigentlich? Und wen suche ich?“ Inserate dienen der Selbstklärung und schärfen das Ziel – auch im Berufsleben, etwa bei der Personalsuche.

Ziele

- Regen Sie Ihren Klienten zur Selbstklärung an.
- Lassen Sie ihn das Bild eines Partners entwickeln, der zu seinen Werten und Bedürfnissen passt.
- Unterstützen Sie ihn, damit er beim Suchen die richtigen Signale sendet.

Fallbeispiel

Der Ingenieur Jens Sander (39) leitet die Umrüstungsabteilung eines großen Maschinenbauers. Seit über einem Jahr benötigt er einen kompetenten Projektleiter. Doch zwei Kandidaten, die ihm von der Personalabteilung zugespielt wurden, haben sich als komplett ungeeignet erwiesen; sie fanden im Team nicht den nötigen Rückhalt und haben charakterlich nicht in die Abteilung gepasst. Er selbst rasselte mit den beiden mehrfach zusammen. Nun fürchtet er sich vor einem erneuten Fehlgriff und will „unbedingt jemanden finden, der das Projekt packt und unser Team bereichert“.

Die Idee

Wer im Leben etwas sucht, hat zwei Möglichkeiten: Er kann die Regie an den Zufall abtreten. Oder er nimmt die Sache selbst in die Hand. Die Kontaktanzeige ist im Internet-Zeitalter zum beliebtesten Weg der Partnerwahl avanciert. Es macht Spaß, einen solchen Text zu entwerfen. Und es ist spannend, auf die Rückmeldung zu warten.

Interessant zu beobachten: Dieselben Menschen, die es langweilt, ein Personal- oder Stellengesuch zu entwickeln, laufen zur Hochform auf, wenn sie eine „Kontaktanzeige" zum selben Thema entwerfen. Auf einmal denken sie wie Strategen, formulieren wie Werbetexter, haben Spaß. Was Routine war, wird zur Herzensangelegenheit! Mit mehr Liebe zum Detail, mit wachsender Selbstkenntnis und Begeisterung gehen sie ans Werk – was die Erfolgschancen wesentlich erhöht.

Die „Kontaktanzeige" ist eine ideale Vorlage, um Selbstklärung zu betreiben, ein Bild des gesuchten Partners zu entwickeln und daraus Schritte abzuleiten, wie er zu finden ist.

Schritte zum Erfolg

1. Schlagen Sie Ihrem Klienten vor, seine Suchaktion mit einer völlig neuen Strategie anzugehen: „Mal angenommen, Sie würden einen Projektleiter fürs Leben suchen, einen, der perfekt in Ihre Abteilung und zu Ihren Aufgaben passt. Es wäre Ihnen wichtig, eine Herzensangelegenheit. Und Sie schalten eine Kontaktanzeige, wie man es auch in Liebesdingen tut. Und in dieser Anzeige tun Sie dreierlei:

- Sie teilen alles über sich und Ihre Abteilung mit, damit Ihr künftiger Partner sich richtig entscheiden kann – alle Seiten sollen mit der Beziehung glücklich werden.
- Sie lassen ihn genau wissen, was Sie von ihm erwarten und wie Sie sich ihn vorstellen – damit es keine Enttäuschungen gibt.
- Und Sie beschreiben das Umfeld, in dem der Kontakt stattfinden soll, Ihre Abteilung, die Aufgabe und die Kollegen.

Und Sie wissen ja, wie das bei Kontaktanzeigen so ist: Auf der einen Seite muss alles attraktiv und vielversprechend klingen, damit sich der Richtige angesprochen fühlt. Auf der anderen Seite dürfen Sie nicht das Blaue vom Himmel versprechen, auch weil Sie dann die Falschen anziehen. Wie könnte eine solche Kontaktanzeige aussehen?"

2. Bitten Sie Ihren Klienten, zunächst über die drei genannten Punkte zu sprechen. Bleiben Sie dabei in der Terminologie der Kontaktanzeige, dann wird Ihr Klient sich auf dieselbe Sprache einlassen. Nicht nur sein rationales Denken soll mitreden, sondern auch seine Emotionen und seine Intuition. Hilfreich ist es, die Parallele zwischen Partnersuche und Arbeit mit emotionalen Begriffen wie „Traumpartner" und „Rendezvous" herzustellen.

Zehn mögliche Fragen:

- Welche Eigenschaften müsste Ihr Traumpartner für diese Position mitbringen, damit Sie sofort sagen „Der oder keiner!"?
- Welche kleinen Schwächen würden Sie einem Traumpartner, eben weil er ein Traumpartner ist, verzeihen? Und welche keinesfalls?
- Was haben Sie ihm zu bieten, was macht Sie und Ihre Abteilung unwiderstehlich?
- Wer ist unter Ihren bisherigen Mitarbeitern Ihr Traumpartner?
- Was lieben Sie an seiner Arbeit, was zeichnet ihn aus?
- Wie haben Sie damals um ihn geworben?
- Was können Sie für die jetzige Partnersuche daraus lernen?
- Was muss ein potenzieller Traumpartner über Ihre Familie, sprich den Rest der Abteilung und die Firma, wissen?
- Welche Macken sollte er rechtzeitig kennen, damit seine Zuneigung und Begeisterung nicht getrübt werden?
- Wie stellen Sie sich das erste Rendezvous, sprich das Bewerbungsgespräch, im Idealfall vor?

Die Frage, was seine Abteilung „unwiderstehlich" mache, brachte Jens Sander auf eine kostbare Antwort: „Wir haben den größten Zusammenhalt in der ganzen Firma. Jeder steht für jeden ein. Darum wäre ein Traumpartner jemand, der sich ganz auf diese Familie einlässt. Ich glaube, die beiden gescheiterten Mitarbeiter sind mit uns nur Vernunftehen eingegangen. Das reicht nicht."

Mittlerweile war er mit Begeisterung dabei, wie auch seine Wortwahl verriet: Er sprach von „Traumpartner", von „Familie", von „Vernunftsehe".

3. Nun darf Ihr Klient eine Anzeige entwickeln. Legen Sie gerne eine Zeitung mit echten Kontaktanzeigen auf den Tisch, damit er Beispiele sieht. Wie gelingt es ihm, in wenigen Zeilen viel zu sagen? Wie sehr kann er schwärmen von sich und seiner Abteilung, ohne den Bogen zu überspannen? Wie konkret muss er den Gesuchten umreißen, damit nicht die Falschen anbeißen? Und wie schafft er es, auf Pferdefüße hinzuweisen, ohne die potenziellen Traumpartner zu verprellen?

Lassen Sie ihn erst Stichwörter sammeln und dann einen kurzen, knackigen Text formulieren. Manchmal geht der Spieltrieb so weit, dass nicht nur eine Kontaktanzeige entsteht, sondern zwei oder drei.

4. Ihr Klient liest die Kontaktanzeige laut vor. Wie klingt das in seinen Ohren? Ist es stimmig? Was will er noch streichen oder ergänzen? Was fällt ihm an der Anzeige auf?

Jens Sander kam auf folgenden Text:

Familie sucht Nachwuchs!

Wenn Sie einen Partner suchen, der für Sie durchs Feuer geht, sind Sie bei uns genau richtig! In unserer Entwicklungsabteilung wird der Zusammenhalt großgeschrieben. Wir sind eine eingeschworene Gemeinschaft. Wir arbeiten nicht nur zusammen, sondern gehen geschlossen in die Kantine und zum Betriebssport. Wir lachen viel zusammen. Wir streiten manchmal über Arbeitsabläufe. Aber wir verstehen uns doch.

Als unser Traumpartner sind Sie bereit, sich in diese gute Gemeinschaft einzufügen. Sie sind bereit, die bisherigen Leistungen im Projektmanagement zu würdigen und auf dieser Basis neue Ideen einzubringen, eng abgestimmt mit den Menschen um Sie herum. Rechnen Sie damit, manches Mal hart diskutieren zu müssen (denn vieles hat sich eingeschliffen und wird verteidigt!). Solange Sie fair sind und ehrlich Ihre Meinung sagen, wird Ihnen Fairness begegnen. Je mehr Erfahrungen Sie mitbringen, desto leichter wird es Ihnen fallen, auch auf der Arbeitsebene unsere Herzen zu erobern.

Als er den Text vorgelesen hatte, stutzte er:
Klient: „Da steht ja kaum etwas über die Aufgabe und die Anforderungen drin!"
Coach: „Haben Sie eine Erklärung dafür?"
Klient: „Nun ja, das fachliche Profil ist schnell geklärt – da reicht mir der Lebenslauf. Ich glaube, die echte Herausforderung ist eine andere: Wir brauchen jemanden, der sich auf unser spezielles Team einlässt, einen bestimmten Typ Mensch. Das habe ich bislang bei der Suche kaum berücksichtigt. Deshalb auch ‚Familie sucht Nachwuchs' in der Überschrift!"

Ebenso fiel ihm auf, wie wichtig es war, die Diskussionsbereitschaft zu betonen. Die beiden vorherigen Kandidaten waren genau an diesen

Widerständen gescheitert. Sie hatten entschieden, ohne zu reden – und waren so aus dem Team gerutscht.

Durch die Kontaktanzeige hatte Jens Sander über den Tellerrand der fachlichen Anforderungen geblickt und sich mehr auf die wesentlichen Beziehungsaspekte konzentriert.

5. Lassen Sie Ihren Klienten festhalten, welche Konsequenzen er für seine Personalsuche aus der Partneranzeige ableitet. Der Ingenieur Jens Sander hob drei Punkte hervor:

- Ich brauche jemanden, der in meine Mitarbeiter-Familie passt. Um das zu klären, ist es unabdingbar, dass er mindestens einen Tag Probe arbeitet bei uns. Dann kann das Team mitentscheiden.
- Ich werde ihm deutlich sagen, dass neue Ideen auf Widerstand stoßen können und dass er eingeladen ist, hart und fair zu diskutieren. Das entspricht unserem Umgang miteinander.
- Ich werde offensiv verkaufen, dass es in unserer Abteilung einen Zusammenhalt gibt, den man so im Berufsleben nur selten findet – dann fühlen sich auch die richtigen Leute angezogen.

Diese Vorsätze hat er nicht in einer Stellenausschreibung verwirklich, sondern in den nächsten Einstellungsgesprächen mit Bewerbern, die ihm von der Personalabteilung vermittelt worden waren (ihr hatte er ein neues Profil mitgeteilt). Am Ende stellte er mit Rückendeckung seines Teams einen erfahrenen Ingenieur ein, der sich tatsächlich als Traumpartner herausstellte.

Weitere Fragen

- Welche Eigenschaften müsste ein Partner erfüllen, um für Sie ein Albtraum-Partner zu sein?
- Welche Umkehrschlüsse können Sie daraus ziehen?
- Was muss Ihr Partner über Sie und die „Familie" im Vorfeld wissen, damit er sich gut auf Sie einlassen kann?
- Und was muss die „Familie" über ihn wissen?
- Wie könnten Sie ihn spüren lassen, dass er willkommen ist?
- Und was würde er idealerweise tun, um die „Familie" für sich einzunehmen?
- Woran würden Sie zuerst merken, dass Sie sich für den Richtigen entschieden haben?
- Woran würden es die anderen Mitglieder Ihrer „Familie" merken?

- Durch welches Verhalten können Sie dazu beitragen, dass es zu solch einer glücklichen (Arbeits-)Beziehung kommt?

Varianten

Übung: Bitte überlegen Sie, für welche anderen Themen die Kontaktanzeige im Coaching ein geeignetes Tool ist. Gelingt es Ihnen, fünf weitere Ansätze zu finden?

Mein Vorschlag: Die Kontaktanzeige ist immer dann ein gutes Mittel, wenn jemand auf der Suche ist: für Bewerber, die nach einer passenden Firma suchen; für Entwicklungswillige, die Ausschau nach einem Mentor halten; für Selbstständige, die einen Geschäftspartner finden wollen; für Mitarbeiter, die firmenintern bei einem Vorgesetzten ihrer Wahl anheuern wollen; oder für Firmeninhaber, die nach einem idealen Standort suchen.

Profi-Tipp

Legen Sie die Übung so an, dass der Klient die Anzeige zwischen zwei Coaching-Terminen formulieren kann. Dann bleibt ihm mehr Zeit, die wichtigen Gedanken und die richtigen Worte zu finden. Der Druck während des Coachings entfällt. Und Ihnen bleibt mehr Zeit, die Ergebnisse mit Ihrem Klienten zu besprechen und ihn Schlussfolgerungen daraus ziehen zu lassen.

Risiken

Gut möglich, dass Ihr Klient auf die Übung nicht gleich mit Begeisterung reagiert. Doch meist gelingt es, ihn dafür zu gewinnen. In diesem Fall lief das so:

Klient: „Um ehrlich zu sein, erwarte ich ja gar keinen Traumpartner. Es soll nur jemand sein, der den Job ordentlich macht. Und was der können soll, steht ja schon in der Stellenausschreibung."
Coach: „Nun haben Sie auf diese Weise zwei Partner gefunden, die alles andere als Traumpartner waren. Deshalb frage ich mich, ob es nicht an der Zeit wäre, etwas Neues zu versuchen."
Klient: „Das schon. Deshalb bin ich ja auch zu Ihnen gekommen. Aber ich dachte eher an einen konventionellen Weg. Weshalb das Spiel mit der Kontaktanzeige?"
Coach: „Weil es Ihnen hilft, mit mehr Liebe und Fantasie auf die Suche nach dem richtigen Partner zu gehen. Und weil Sie damit mehr Spaß haben werden als mit einer konventionellen Stellenausschreibung

– denn eine solche Formalie beschwört herauf, dass man auch formal denkt und formuliert."
Klient: „Stimmt, unsere Stellenausschreibungen klingen oft zu bürokratisch. Da sind viele Textbausteine drin. Vielleicht fühlen sich die Falschen angesprochen."
Coach: „Das klingt für mich so, als wären Sie grundsätzlich bereit, mal was Kreativeres zu versuchen?"
Klient: „Grundsätzlich schon. Nur sollte es auch zielführend sein."
Coach: „Also gut, dann schlage ich vor ..."

Umsetzungs-Plan

Notieren Sie bitte, wann und wie Sie diese Methode einsetzen wollen:

9.

Der Gebärden-Dolmetscher

Die wichtigste Sprache der Welt kommt ohne Worte aus: Es ist die Körpersprache. Nonverbale Botschaften dominieren die Kommunikation. Lassen Sie Ihre Klientin doch einmal wortlos sprechen – und sich selbst als Gebärden-Dolmetscher übersetzen.

Ziele

- Die Klientin erforscht intuitiv ihre Situation und ihre Ziele.
- Durch körperliche Bewegungen kommen auch die Gedanken ins Fließen.
- Neue Sichtweisen und Chancen lassen sich herausfiltern.

Fallbeispiel

Jana Schneider (44) ist seit sieben Jahren für einen großen Süßwarenhersteller als Betriebswirtin tätig. Bislang war sie in ihrem geräumigen Büro allein. Seit drei Monaten hat sie nun eine junge Industriekauffrau (24) in ihrem Büro sitzen. Sie klagt darüber, die junge Kollegin respektiere sie nicht. „Einmal habe ich sie gebeten, eine Tabelle anzulegen, und sie sagte ‚Heute auf keinen Fall. Vielleicht kommende Woche'." Ein anderes Mal sei ihr eine Mappe, die sie über den Tisch reichen wollte, runtergefallen. Die Industriekauffrau habe verächtlich gemurmelt: „Oh, Jana!" Besonders ratlos sei sie darüber, „dass die junge Kollegin mit den anderen Kollegen der Abteilung immer fröhlich plaudert und ein gutes Verhältnis pflegt. Dagegen reden wir kaum ein Wort miteinander". Allmählich glaubt sie, die Kollegin mache sie schlecht und lästere hinter ihrem Rücken.

Die Idee

Wer immer in derselben Währung bezahlt, kann das gedankenlos tun – ohne dabei umzurechnen! Ähnlich verhält es sich mit den Worten: Tausendmal gedacht und ausgesprochen, stürmen sie wie von allein auf die Lippen. Das ist der Grund, warum Menschen im Coaching oft jene Problemdialoge wiederholen, die sie seit Wochen durch ihr Leben begleiten, mal im Denken, mal im Sprechen.

Warum führen Sie nicht eine andere „Währung" ein? Nämlich Körper- statt Wortsprache! Schon ist Ihre Klientin gezwungen, von ihrem inneren Autopiloten auf Handsteuerung umzuschalten. Sie muss überlegen, wie sich eine Situation anfühlt, statt nur ihre alten Worte als Bewertungen auf die Situation zu kleben. Sie muss sich auf eine neue Sprache einlassen, und das beinhaltet die große Chance, dass sie sich auch auf ein neues Denken einlässt – wie man in einer Fremdsprache oft Befindlichkeiten ausdrückt, die man in seiner Muttersprache nicht hätte ausdrücken wollen oder können.

Vor allem gelingt es mit dieser Übung, die emotionalen Anteile einer Situation ans Licht zu bringen. Anders als die Wortsprache, die durch den Filter des Verstandes läuft, funktioniert die Körpersprache unmittelbarer, denn sie ist älter und tiefer im Gehirn verwurzelt. Was die Gebärden ausdrücken, kann unerwartet sein, nicht zuletzt für Ihre Klientin.

Schritte zum Erfolg

1. Erklären Sie Ihrer Klientin, warum Sie die Körpersprache ins Coaching einbeziehen wollen – und machen Sie ihr Lust auf dieses Experiment.

Übung: Mit welchen Worten würden Sie in unserem Beispiel die Klientin für die Übung abholen – als Einladung, ihr Empfinden mit dem ganzen Körper auszudrücken? Bitte schreiben Sie einen Entwurf, ehe Sie weiterlesen.

Mein Vorschlag:

„Nun haben Sie mir von Ihrer Situation erzählt, in Worten, die Ihnen sicher schon seit Wochen durch den Kopf gehen. Ich frage mich, ob es Sie reizen könnte, einmal aus einem völlig neuen Blickwinkel zu schauen?" (Sie nickt.) „Dann schlage ich vor, dass Sie meine nächsten Fragen in der einfachsten und ältesten aller Sprachen beantworten: der Körpersprache. Das klingt ein bisschen verrückt, und das soll es auch sein. Antworten Sie, indem Sie wie eine Ertrinkende mit den Armen rudern, die Hände vor den Kopf hauen, Purzelbäume schlagen, gegen die Wand laufen oder an der Tür rütteln – alles ist erlaubt, es darf ruhig spielerisch und lustig sein. Stehen Sie gerne auf und bewegen Sie sich frei im Raum. Vielleicht werden Sie in dieser neuen Sprache auch auf neue Erkenntnisse kommen. Wir werden später darüber sprechen."

2. Nun stellen Sie Fragen, die sich an den spielerischen Charakter der Übung anlehnen und provokant sein dürfen. In diesem Fall sahen die Fragen und Reaktionen so aus:

- Wenn ich Ihre Kollegin frage, was sie von Ihnen hält – was würde sie mir wohl antworten?

Reaktion: Die Klientin verharrt lange auf der Stelle – das ist normal, denn sie muss erst einmal in die Übung finden. Dann schlägt sie sich beide Hände vor den Kopf und schüttelt ihn immer wieder, als wäre sie fassungslos oder gar angeekelt.

- Wie lässt sich die Beziehung zwischen Ihnen und der Kollegin beschreiben?

Reaktion: Sie dreht sich blitzschnell weg, zieht den Kopf ein und wirft dann scheue Blicke über die Schulter, so wie ein Mensch, der sich verfolgt fühlt.

- Was würden Sie Ihrer Kollegin am liebsten einmal sagen?

Reaktion: Sie lässt ihre Hände in rasender Geschwindigkeit um ihren Kopf kreisen und mit einer wirbelnden Bewegung nach oben aufsteigen, als würde ihrem Kopf eine dichte Rauchschwade aus Wut entweichen.

- Angenommen, ich frage Ihre Arbeitskollegen auf dem Flur, wie die beiden Frauen im Büro auskommen, welche Antwort würde ich hören?

Reaktion: Sie zuckt erst mit der Schulter. Dann hebt sie die Handfläche ihrer linken Hand nach oben, als wollte sie jemanden in den Himmel heben. Dagegen schlägt sie die Fläche ihrer rechten Hand immer wieder nach unten, als sollte jemand Schläge auf den Kopf beziehen.

- Wie ging es Ihnen an dem besten Tag, den Sie mit Ihrer Kollegin verlebt haben?

Reaktion: Sie zögert lange, ehe sie aufrecht durch den Raum läuft, mit dem Kopf nickt und ihre Hände reibt, als wäre sie zufrieden.

- Was haben Sie zum Gelingen dieses Tages beigetragen?

Reaktion: Sie zuckt ihre Schultern und wirft ihre Handflächen nach oben. Ich schaue sie weiterhin erwartungsvoll an. Da fängt sie an zu lächeln, als hätte sie gute Laune, und dreht eine Pirouette.

Insgesamt fragte ich 15 Minuten lang, auch zu ihrem früheren Umgang mit Bürokolleginnen, zu ihrem Verdacht, dass die Kollegin schlecht über sie rede und nicht zuletzt dazu, wie es ihr ginge, wenn sie ein gutes und vertrauensvolles Verhältnis zu der Kollegin hätte. Je länger ich fragte, desto schneller und spielerischer fielen ihre Antworten in der Körpersprache aus. Als ich sie wieder an den Tisch bat, sagte sie: „Schade, jetzt muss ich wieder reden!"

3. Lassen Sie Zeit, damit die Eindrücke wirken können. Dann wiederholen Sie die wichtigsten Fragen, mit der Bitte, Ihre Klientin möge sich an ihre spontanen Gesten erinnern.

Schlagen Sie das Gedankenspiel einer Museumsführung vor: „Angenommen, jede Ihrer Gesten wäre ein Kunstwerk – und wir würden jetzt durch ein Museum schlendern, wo alle ausgestellt sind. Was würden Sie als Museumsführerin mir, dem Besucher, zu den jeweiligen Gesten erläutern? Eine wichtige Frage im Museum lautet ja: Was will uns die Künstlerin damit sagen? Fangen wir einmal mit dem ersten Kunstwerk an, Ihrer Reaktion auf die Frage, was Ihre Kollegin auf Nachfrage wohl über Sie sagen würde.

4. Gehen Sie die einzelnen Antwort-Gesten mit Ihrer Klientin durch und fragten Sie nach, ruhig neugierig und (scheinbar) naiv – als Gast des Museums dürfen Sie das. Beispiel für einen Dialog:

Coach: „Nun haben Sie mir das erste Kunstwerk erläutert: Die beiden Frauen wenden sich voneinander ab, würden sich am liebsten ignorieren und lauern gegenseitig auf Schwächen und Fehler – deshalb der Blick über die Schulter. Aber kann der Blick nicht auch eine andere Bedeutung haben?"
Klientin: „Welche denn?"
Coach: „Das möchte ich von Ihnen hören – Sie sind die Kunstexpertin, ich bin hier nur Besucher. Vielleicht eine positivere Bedeutung?"
Klientin (grübelt lange): „Höchstens, dass jede schaut, ob die andere sich nicht doch noch zum Guten verändert."

Coach: „Wenn eine sähe, die andere kommt mir entgegen, würde sie womöglich auch einen Schritt gehen?"
Klientin: „Vielleicht. Ich für meinen Teil bin ja nicht auf Streit und Unfrieden aus (...)."

5. Bitten Sie Ihre Klientin, die Gesten zu variieren und daraus Erkenntnisse und Vorsätze für die reale Situation abzuleiten. Bezogen auf den obigen Dialog:

Coach: „Vielleicht hätte die Künstlerin diese Versöhnungsbereitschaft deutlicher darstellen können."
Klientin: „Das wäre nicht stimmig. Von offenen Armen sind wir weit entfernt."
Coach: „Verstehe, die offenen Arme wären geheuchelt. Nur: Muss es wirklich die kalte Schulter sein? Gibt es vielleicht andere Gesten als Zwischenweg?"
Klientin: „Das Problem ist doch: Wenn eine von den beiden sich mehr öffnet, könnte die andere das als Nachgeben sehen, als eigenen Sieg."
Coach: „Das ist eine Möglichkeit, wie man das deuten kann. Fallen Ihnen weitere ein?"
Klientin: „Man könnte auch sagen: Entgegenkommen ist ein Zeichen von Stärke."
Coach: „Mal angenommen, Sie sollten diese Erkenntnis in Ihre Geste einbauen – wie fiele diese dann aus? Stehen Sie ruhig auf und probieren Sie ein paar Gesten durch, bis sie eine stimmige gefunden haben."
(Die Klientin steht auf, wiederholt ihre Geste, nur blickt sie jetzt länger über die Schulter und wendet sich der unsichtbaren Kontrahentin ein Stück zu, indem sie ihren Körper dreht.)
Coach: „Vielen Dank! Was genau war jetzt anders als in der ersten Fassung? Und was müssten Sie im Alltag tun, um diese Geste mit Leben zu füllen?"

Die meisten Menschen genießen es, wenn sie ihre ursprünglichen Gesten korrigieren können, bis sie dabei nicht mehr von ihrem spontanen Impuls, sondern von ihrem angestrebten Ziel geleitet werden. Ich bin immer wieder beeindruckt, wie schnell sich durch die neue Körpersprache auch eine neue Wortsprache findet – und mit ihr belastbare Vorsätze, eine eingefahrene Situation im Alltag zu verändern.

Weitere Fragen

- Wenn Sie ein rücksichtsloser Revolverheld wären, welche Geste wäre dann passend?
- Angenommen, Sie wären eine Heilige – wie fiele Ihre Körpersprache dann aus?
- Wie würde Ihr Körper die Frage an einem schlechten Tag beantworten?
- Und wie an einem richtig guten?
- Mit welcher der beiden Gesten fühlen Sie sich wohler?
- Welche Körperteile, die Sie noch nicht einbezogen haben, könnten Ihnen zu einem noch stimmigeren Ausdruck verhelfen?
- Was würde ein neutraler Betrachter, der diese Geste sieht, wohl darüber denken?
- Was würden Menschen dazu sagen, die Sie aus dem Effeff kennen?
- Wenn Sie Ihr eigener Choreograf wären und die Geste an Ihrem Coaching-Ziel ausrichten sollten – was genau ließe sich in kleinen Schritten verändern?
- Inwieweit können Ihnen diese Gesten helfen, in der realen Situation anders zu denken und zu handeln?

Varianten

Bei Menschen, die einen Bezug zum Theater haben, können Sie die Auswertungs-Phase vom Museum auf die Bühne verlegen. Nun darf Ihre Klientin als Theaterregisseurin agieren, die ihre Gesten von außen betrachtet, wie die einer Schauspielerin – und sie bewerten und im zweiten Schritt korrigieren darf. Ebenso wie bei der Museumsführung kommt es zu einer Dissoziierung: Die Klientin sieht ihre Geste, und damit auch ihr dahinter stehendes Denken, aus einer gesunden Distanz. Das macht es ihr leichter, neue Wege einzuschlagen.

Profi-Tipp

Wäre es eine gute Idee, die einzelnen Gesten zu fotografieren? Und später die spontanen Gesten mit den Wunschgesten zu kontrastieren? Nein und ja. Nein, weil die Übung ohnehin einiger Überwindung bedarf – wenn jetzt auch noch jede Bewegung fotografiert wird, kann es zu Hemmungen und Künstlichkeit kommen. Ja, weil die Bilder der Klientin eine noch deutlichere Außenperspektive verschaffen, höchst anschaulich sind und sie in den kommenden Wochen oder Monaten der Veränderung unterstützen können.

Der beste Weg: Bieten Sie die Fotos erst an, wenn Ihre Klientin Spaß an der Übung gefunden hat. Sofern Sie ein gutes Fingerspitzengefühl für den richtigen Zeitpunkt entwickeln, werden Sie meist auf Zustimmung stoßen.

Risiken

Es kann passieren, dass Ihr Angebot dieser Methode Sätze hervorruft wie: „Ehrlich gesagt, ich will mich hier nicht zum Hampelmann machen." Oder: „Wir sind hier doch nicht im Theater – ich möchte ein Sachproblem lösen!" In diesem Fall hilft dreierlei: Zeigen Sie den Nutzen der Übung auf. Machen Sie selbst vor, wie Antworten in der Körpersprache ausfallen können; denn wenn Sie die neue Kommunikationswährung einführen, steigt die Chance, dass die Klientin sie annimmt. Und laden Sie sie ein, eine körpersprachliche Antwort zur Probe zu geben – und dann zu entscheiden, ob sie weitermachen will.

Umsetzungs-Plan

Notieren Sie bitte, wann und wie Sie diese Methode einsetzen wollen:

10.

Hallo, ich bin dein Problem!

Ein Problem ist das, was ein Mensch daraus macht: Er kann ihm Macht einräumen – oder Macht entziehen. Dieser Dialog mit dem dreisten Problem, eine provokante Intervention, macht dem Klienten bewusst: Sein Problem wird langsam frech – er muss es entmachten!

Ziele

- Der Klient tritt mit dem Problem in Kontakt (statt es zu verdrängen).
- Das Problem verliert seine abstoßende Wirkung.
- Die veränderte Wahrnehmung erlaubt ein neues Verhalten.

Fallbeispiel

Der Bürokaufmann Jürgen Faller (63) hat immer mehr das Gefühl, dass ihn seine Firma aufs Altengleis schieben will. Wichtige Informationen laufen an ihm vorbei. Lehrgänge sind den Jüngeren vorbehalten. Und neulich redete sein Chef davon, man könnte doch „eine einvernehmliche Lösung für einen früheren Ruhestand" suchen. Jürgen Fallers Resümee: „Die wollen mich loswerden! Aber ich bin fit und will arbeiten." Aus Ärger über das Verhalten seiner Firma hat er sich in letzter Zeit aus mehreren Projekten zurückgezogen und ist, wie er sagt, „nach einem Schnupfen mal fünf Tage zu Hause geblieben, diese Zeit hätte ich früher der Firma geschenkt".

Die Idee

Der Ort, wo ein Problem existiert, ist nach der systemischen Weltsicht immer derselbe: das Gehirn des Klienten. Was eine Situation für ihn schwierig macht, sind seine Gedanken darüber – und das Verhalten, das daraus resultiert. Nehmen Sie Jürgen Faller: Er hat an Rückhalt unter den Kollegen verloren, seit er sich aus Projekten zurückzieht und öfter krankmeldet. Das Verhalten, mit dem er auf das Problem reagiert, wird zum Teil des Problems – und verschärft die Situation.

Je feindlicher ein Mensch seinem Problem begegnet, desto feindlicher begegnet es ihm. Als schaute er in einen Spiegel. Zum Glück gilt auch der Umkehrschluss: Je kooperativer der Klient seinem Problem gegenübertritt, desto kooperativer verhält es sich ihm gegenüber.

Eine wesentliche Aufgabe des Coachings ist es, dem Klienten zu einem neuen Verhältnis zu seinem Problem zu verhelfen. Eine Methode, die das bewirken kann, ist der Dialog mit dem Problem. Bei dieser Übung nehmen Sie als Coach die Rolle des Problems ein, als könnte es (provokant) sprechen. Das Problem wird behaupten, es habe Macht über den Klienten, wolle ihm schaden, könne ihn vernichten – und die Aufgabe des Klienten ist, dagegenzuhalten und dem Problem womöglich sogar zu beweisen, dass es ihm (wie aus Versehen) nützt.

Schritte zum Erfolg

1. Legen Sie Ihrem Klienten offen, was ihm diese Übung bringen kann – ein neues Verhältnis zu seinem Problem und damit eine größere Offenheit für Lösungen. Erläutern Sie ihm, wie die Rollen verteilt sind:

„Ich werde mich gleich auf diesen Stuhl setzen und die Rolle Ihres Problems spielen. Ich werde sehr selbstbewusst auftreten und so tun, als hätte ich Sie wie einen Hampelmann im Griff. Ihre Aufgabe ist es, mir zu widersprechen. Vielleicht können Sie mir sogar in die Suppe spucken, indem Sie nachweisen, dass ich, Ihr Problem, Ihnen auch den einen oder anderen Vorteil bringe."

2. Bauen Sie zwei Stühle im Raum auf, die sich konfrontativ gegenüberstehen: einen für Ihren Klienten, der sich gegen das Problem verteidigt, einen für Sie. Schlagen Sie Ihrem Klienten vor, sich bei dieser Übung zu duzen – schließlich ist ihm sein Problem sehr vertraut. Und nun beginnen Sie mit Ihren provokanten Aussagen, die so zugespitzt sein sollten, dass Sie den Klienten aus der Reserve locken und in eine trotzige Gegenposition treiben. Der Dialog mit Jürgen Faller lief in etwa so:

Coach (als Problemdarsteller): „Also, Volker, jetzt habe ich es endlich geschafft: Du weißt dir nicht mehr zu helfen! Du spürst, dass du keine Chance gegen mich hast. Ich kann dich mit dem kleinen Finger in den Ruhestand schnipsen. Deine Gegenwehr ist lächerlich klein! Wenn du klug bist, gibst du auf."
Klient (holt tief Luft, ist spürbar angefasst): „Jetzt nimmst du den Mund aber entschieden zu voll. Warum sollte ich in einem Coaching

sitzen, wenn ich nicht der Überzeugung wäre, die Situation noch wenden zu können. Es gefällt dir nicht, dass ich mich wehre!"
Coach: „Wehren nennst du das? Darüber kann ich als dein Problem nur lachen! Du hast dich in der Firma doch schon eingeigelt. Du machst dich selbst zu Außenseiter. Umso schneller wirst du draußen sein. Ich kann dir nur danken, dass du mich so gut unterstützt."
Klient: „Diesen Dank gebe ich gern zurück! Immerhin bin ich in den letzten Monaten mal pünktlich nach Hause gekommen. Früher saß ich immer bis 18 Uhr am Schreibtisch. Und meine Frau hat neulich gesagt: ‚Sei doch froh, wenn du früher in Rente gehen kannst! Dieser Laden raubt dir nur noch Energie.'„
Coach: „Das sagt deine Frau! Aber du bist doch ganz anderer Meinung! Du kannst von Arbeit gar nicht genug bekommen! Und ich nehme dir jetzt das Kostbarste in deinem Leben weg."
Klient: „Das kannst du ja gar nicht! Du vergisst wohl, dass ich auch zu Hause spannende Aufgaben hätte. Zum Beispiel hat mich neulich ein alter Freund gefragt, ob ich als Ruheständler nicht Lust hätte, seinen selbstständigen Sohn im Büro zu unterstützen."
(...)

3. Nun räumen Sie und der Klient die Stühle und setzen sich an den Rand des verbalen Schlachtfelds. Bitten Sie Ihren Klienten, in Ruhe über das gerade Erlebte nachzudenken. Inwieweit kann es seinen Blick auf das Problem verändern? Welche neuen Aspekte sind ihm in den Sinn gekommen? Wie hat es sich angefühlt, dass das Problem so anmaßend auftrat? Und welche Wirkung auf sein Befinden hatte es, dem Problem zu widersprechen und es in seine Schranken zu verweisen?

4. Bitten Sie den Klienten, sein Verhältnis zum Problem neu zu definieren: Wie will er ihm künftig begegnen? Welchen Unterschied in seinem Verhalten und Empfinden wird das machen? Und wer außer ihm wird das bemerken – und woran?

5. Schlüpfen Sie zum Abschluss noch einmal in die Rolle des Problems und geben Sie Ihrem Klienten aus dieser Perspektive eine positive Rückmeldung: „Also, Volker, du bist wirklich ein harter Brocken! Ich dachte, ich hätte dich völlig im Griff, aber jetzt erst merke ich ..."

Diese Übung stärkt die Eigenkräfte des Klienten. Er merkt, dass sein Problem auch nur mit Wasser kocht, dass er Kräfte hat, um dagegenzuhalten. Interessant sind vor allem die neuen Denkansätze – zum Beispiel, dass der Klient dem Ruhestand seinen Schrecken nimmt, indem er sich bewusst macht: Auch danach kann das Leben, sogar eines mit sinnvoller Arbeit, weitergehen.

Weitere Fragen

- Welches Argument Ihres Problems war am schwächsten?
- Mit welchen Tricks wollte Ihr Problem Sie rhetorisch überrumpeln?
- Welcher Ihrer Konter war der wirksamste?
- Was hätte Ihre Frau (Ihre wohlmeinenden Freunde, Kollegen usw.) dem Problem zusätzlich entgegengehalten?
- Gibt es jemanden in Ihrem Umfeld, der das Problem sogar ausgelacht hätte – und mit welcher Begründung?
- Was wollen Sie von der Haltung dieser Menschen übernehmen?
- Wann in Ihrem Alltag ist es Ihnen schon gelungen, das Problem in seine Grenzen zu verweisen?
- Welches Ihrer Argumente aus dieser Diskussion haben Sie dabei mit Leben gefüllt?
- Wie könnten Sie diese wirksame Gegenmaßnahme verstärken?
- Was müssten Sie tun, damit Ihr Problem eines Tages sagt: „Ich resigniere! Ich habe einfach keine Chance gegen dich!"?

Varianten

Besetzen Sie den Stuhl des Problemgegners mit wechselnden Rollen. Bitten Sie den Klienten, zum Beispiel, sich in seine Frau zu versetzen und dem Problem aus dieser Perspektive Kontra zu geben. Dieses Rollenspiel zwingt ihn, sich mit Gedanken zu befassen, die von seinem eigenen Problemdenken abweichen. Und je länger er neue Gedanken entwickelt, ja sogar ausspricht, desto mehr gerät seine alte Problemsicht ins Wanken. Das ist eine erstklassige Voraussetzung, um zu einer Lösung zu gelangen.

Profi-Tipp

Achten Sie darauf, dass Sie als Problem möglichst angriffslustig und provokant sind! Denn eigentlich würde der Klient Ihnen womöglich zustimmen, weil er sein Problem für mächtiger als sich selbst hält. Aber Ihr selbstgefälliger Auftritt treibt ihn aus Trotz in eine Gegenposition, die ihm zunächst fremd sein mag, dann aber mehr und mehr einleuchtet.

Übung: Bitte spitzen Sie drei Aussagen zu, die Sie in der Rolle des Problems machen könnten. Ein Beispiel vorweg:

„Als dein Problem habe ich Macht über dich, ich bin Tag und Nacht in deinem Kopf."

Zugespitzt: „Du gehst mit mir ins Bett, du wachst mit mir auf: Als Problem sitze ich mit breitem Hintern in deinem Kopf und lasse mich keine Sekunde vertreiben, ganz egal, was du auch unternimmst."

Hier die drei Übungssätze:

1.) Nicht zugespitzt: „Ich bin ohnehin stärker als du."

Zugespitzt:

2.) Nicht zugespitzt: „Deine Versuche, mich aus der Welt zu schaffen, sind zum Scheitern verurteilt."

Zugespitzt:

3.) Nicht zugespitzt: „Dur sorgst durch dein eigenes Verhalten dafür, dass du dich mir immer mehr auslieferst."

Zugespitzt:

Lösungsvorschlag unter www.karriereberater-akademie.de, Rubrik „Bücher".

Risiken

Nicht immer ist der Klient in der Lage, sich ausreichend gegen sein Problem zu wehren. Es kann passieren, dass er sich resigniert ergibt. Dem können Sie vorbeugen, indem Sie Ihre Argumentationsstärke dem Klienten anpassen. Verwenden Sie bewusst übertriebene oder unrichtige Aussagen, dann hat er Ansatzpunkte, um sich zu wehren. Auf dieser Ebene macht ihm die Übung Spaß und gerät nicht zum Scherbengericht.

Notieren Sie bitte, wann und wie Sie diese Methode einsetzen wollen:

Umsetzungs-Plan

11.

Der Traumdeuter

Menschen träumen. Auch mit offenen Augen. Was einer ersehnt, nimmt Raum in seinem Kopf ein. Indem Sie Ihre Klientin zur „Traumdeuterin" erklären, verschaffen Sie ihr Zugang zu ihren Visionen – und helfen ihr, sie zu verwirklichen.

Ziele

- Die Klientin befasst sich mit ihren Sehnsüchten und Visionen.
- Positive Energie wird freigesetzt.
- Eine Brücke zwischen Traum und Realität kann entstehen.

Fallbeispiel

Julia Nieder (26) fühlt sich in einer Sackgasse. Vor drei Jahren hat sie ihr Studium der Germanistik abgeschlossen und arbeitet seither in einer Werbeagentur. Ihr Job macht sie unzufrieden: „Da kommt es nicht auf Qualität an, nur auf Geschwindigkeit. Und ganz egal, welchen Müll man liefert, der Kunde muss nur nicken – schon hat man angeblich einen guten Job gemacht." Sie liebe die deutsche Sprache, „aber darauf kommt es überhaupt nicht an. Die Sprache wird nur als ein Werkzeug gesehen, nicht mehr". Außerdem leide sie „unter der völligen Perspektivlosigkeit. Ich muss froh sein, wenn ich meinen Job als Texterin behalten darf. Dabei bin ich jetzt schon frustriert". Sie wünscht sich „einen Beruf, der mich erfüllt und für den ich jeden Morgen gerne wieder aufstehe".

Die Idee

„Träum nicht mit offenen Augen!", „Spinn nicht rum!", „Bleib auf dem Teppich!": Solche Sätze bekommt jedes Kind an den Kopf geworfen. Die meisten Menschen werden zum rationalen Denken erzogen, zu einer Vernunft, die Rücksicht nimmt auf alles Mögliche, nur nicht auf die Neigungen des eigenen Herzens. Eine solche Erziehung führt zu Entscheidungen, die logisch erscheinen, aber nicht stimmig sind. Viele Menschen leben deshalb ein halbherziges (Berufs-)Leben.

Diese Methode richtet den Blick dorthin, wo die wahren Kräfte eines Menschen schlummern: auf seine Träume und Visionen. Erst wenn er sich wieder erlaubt, mit offenen Augen zu träumen, kommt er mit jenen inneren Kräften in Berührung, die ihn aufrichten, vorwärtsbringen, beleben.

Als Traumdeuterin kann die Klientin eine Brücke zwischen Fantasie und Verstand schlagen: Sie nimmt ihre Visionen unter die Lupe und fragt sich, welche Botschaft sie ihr wohl übermitteln wollen – und was sie daraus für ihr Leben ableiten kann.

Schritte zum Erfolg

1. Lenken Sie den Blick von der tristen Außenwelt nach innen, auf die Träume der Klientin: „Nun haben Sie mir erzählt, wie die Lage im Moment ist. Und aus der Tatsache, dass Sie nicht zufrieden sind, schließe ich: Es muss eine Kluft geben zwischen der Wirklichkeit und dem, wovon Sie eigentlich träumen. Sind Sie einverstanden, dass wir diese Wunschträume einmal unter die Lupe nehmen, um zu schauen, was Sie daraus ableiten können?"

2. Erklären Sie Ihrer Klientin die Methode: „Sicher haben Sie von der Traumdeutung schon gehört: Jemand nimmt einen nächtlichen Traum unter die Lupe, alle Bilder und Symbole. Und daraus leitet er ab, was der Traum wohl sagen will. Ich möchte Sie einladen, in zwei Schritten vorzugehen: Erst erzählen Sie als Tag-Träumerin Ihren Wunschtraum von einem erfüllten Berufsleben – und dann nehmen Sie ihn als Traumdeuterin unter die Lupe."

Die Klientin lässt sich darauf ein. Zunächst erzählt sie als Träumerin (hier stark verkürzt):

„Eigentlich habe ich mich als Lektorin in einem Verlag gesehen. Ich wollte neue Bestseller-Autoren entdecken. Also Talente, die sonst nicht zum Zug gekommen wären. Und ich wollte nicht nur ihre Bücher redigieren, sondern mit ihnen die Handlung und die Erzählstränge entwerfen. Und mit einem Grafiker die Cover entwickeln. Wie hätte ich mich dann gefreut, wenn daraus Erfolge entstanden wären! Und wenn ich dieselben Autoren dann über viele Jahre als Lektorin hätte begleiten können!"

3. Nun bitten Sie Ihre Klientin, als Traumdeuterin die Vision zu analysieren. Durch Ihre Fragen geben Sie immer wieder Anstöße.

Coach: „Nun haben Sie mir Ihren Traum erzählt. Bitte versetzen Sie sich jetzt in die Rolle der Traumdeuterin – Sie schauen also von außen auf den Wunschtraum, als neutrale Person. Was fällt Ihnen zuerst auf, wenn Sie diesen Traum betrachten? Welche Symbole, welche Wünsche können Sie daraus ableiten? Worum geht es der Träumerin?"
Klientin: „Ich glaube, die Träumerin will nicht nur mit Sprache, sondern auch mit Menschen arbeiten. Sagte sie nicht, dass sie Autoren entdecken will? Und mit einem Grafiker die Cover entwickeln?"
Coach: „Die Träumerin sagte, sie wolle Talente entdecken, die ‚sonst nicht zum Zug gekommen wären.' Wie deuten Sie das?"
Klientin: „Es geht ihr um Gerechtigkeit! Sie will, dass diejenigen erfolgreich sind, die es auch verdienen. Wahrscheinlich missfällt es ihr, dass die Bestseller-Listen voll mit kommerziellem Schrott sind."
Coach: „Und wie interpretieren Sie es, dass die Träumerin nicht nur redigieren, sondern auch an der Handlung mitarbeiten will?"
Klientin: „Sie definiert sich als Kreative, nicht nur als Verwalterin von Kreativität. Vielleicht ist sie selbst eine verkappte Autorin? Jedenfalls will sie ihre Ideen verwirklichen."
Coach: „Und auch dazu, wie lang sie mit Autoren arbeiten möchte, hat sie eine Aussage gemacht."
Klientin: „Allerdings! Ich glaube, es ist ihr wichtig, nicht jeden Tag mit neuen Menschen zu arbeiten. Lieber möchte sie Vertrauen aufbauen, eingeschworene Teams bilden und schrittweise vorwärts gehen (...)"

4. Lassen Sie die Traumdeuterin aufschreiben, welche Botschaften aus dem Traum abzuleiten sind. Geben Sie einen Satzanfang vor: „Es ist der Träumerin wichtig, dass ..." Die Klientin bildet insgesamt fünf Sätze:

- Es ist der Träumerin wichtig, dass sie kreativ arbeiten kann, nicht kommerziell oder verwaltend.
- Es ist der Träumerin wichtig, dass sie die Talente anderer Menschen entwickeln und ihnen zum verdienten Erfolg verhelfen kann.
- Es ist der Träumerin wichtig, dass sie an bedeutenden Projekten wie Romanen arbeiten kann, nicht nur an Tagesschrott.

- Es ist der Träumerin wichtig, dass sie in kreativen Teams arbeitet, sei es mit Grafikern, Lektoren oder Programmleitern.

- Es ist der Träumerin wichtig, möglichst lange mit denselben Menschen zu arbeiten, um gemeinsame Entwicklungsschritte zu unternehmen.

5. Nun bitten Sie die Klienten, die Rolle der Traumdeuterin zu verlassen und wieder die Werbetexterin im Coaching zu sein. „Jetzt hatten wir gerade eine Traumdeuterin zu Besuch. Sie hat auf einen Zettel aufgeschrieben, welche Botschaften sie aus Ihrem Traum ableitet. Vielleicht haben Sie Lust, das einmal laut vorzulesen. Lassen Sie die Sätze ruhig nachklingen und lauschen Sie darauf, ob die Aussagen stimmig sind."

Die Klientin liest die fünf Botschaften der Traumdeuterin vor. Bei etlichen Aussagen, so der, sie wolle „nicht nur an Tagesschrott" arbeiten, nickt sie energisch mit dem Kopf.

6. Lassen Sie Ihre Klientin jeden der „Wichtig ist ..."-Sätze mit Blick auf ihren jetzigen Beruf durchgehen. Auf einer Skala von eins bis zehn soll sie Punkte vergeben: eine Eins für „überhaupt nicht erfüllt" und eine Zehn für „vollkommen erfüllt". Zum Beispiel sagt sie: „Für Talente entwickeln kann ich maximal drei Punkte vergeben."

Übung: Nun hat die Klientin sich drei Punkte gegeben. Bitte lassen Sie sich fünf Fragen einfallen, um ihr die Ressourcen in dieser Punktezahl bewusst zu machen.

Mein Vorschlag:

- Drei ist wesentlich mehr als eins! Was ist besser, als wenn Sie nur auf einer Eins wären?
- Was gelingt Ihnen leichter als auf einer Zwei?
- Wie haben Sie es geschafft, von einer Eins auf eine Drei zu kommen – oder die Drei immerhin zu halten?
- An welchen Tagen oder in welchen Momenten fällt die Zahl noch höher aus?
- Welche Menschen aus Ihrem Umfeld würden Sie höher als auf einer Drei einstufen – und warum?

- Was müssten Sie tun, damit Sie dauerhaft auf einen höheren Wert kämen?
- Inwieweit geht das in Ihrer Firma?
- Und wie stünden die Chancen in einem neuen Umfeld?

Diese Fragen helfen der Klientin, Wege zu finden, wie sie in ihrem jetzigen Beruf einen höheren Anteil ihres Traums verwirklichen kann. Zugleich können sie aber auch die Grenzen aufzeigen – und damit die Notwendigkeit, den Beruf und den Arbeitgeber zu wechseln.

Die Werbetexterin hat übrigens ein halbes Jahr nach dem Coaching bei einem jungen Verlag in Berlin angeheuert, zunächst als Praktikantin. Mittlerweile hat sie eine Festanstellung als Lektorin und betreut tatsächlich Nachwuchsautoren. Die Traumdeuterei hat sie zu ihrem Traum geführt.

Weitere Fragen

- Wie sah der Traumberuf aus, den Sie sich als kleines Kind vorgestellt haben? Und welche Parallelen zu Ihrem jetzigen Traum gibt es?
- In welchen Situationen Ihres Berufslebens, und seien es kurze Momente, war Ihr Traum schon verwirklicht? Wie haben Sie das hinbekommen?
- Was würde sich in Ihrem Leben verändern, wenn Sie Ihren Traum jeden Tag leben könnten?
- Woran würde ein neutraler Beobachter erkennen, dass Sie nicht nur einen Job machen, sondern Ihren Traum verwirklichen?
- Welche anderen Menschen kommen in Ihrem Traum vor? Und welche Rolle spielen sie?
- Welche Anteile Ihres Traumes lassen sich tatsächlich verwirklichen? Und welche halten Sie eher für unwahrscheinlich?
- Wie könnte Ihr erster Schritt aussehen, um mehr von Ihrem Traum in Ihr Leben zu holen?

Varianten

Stellen Sie den Berufstraum der Kindheit in den Mittelpunkt – denn oft findet sich in dieser naiven Vorstellung ein großer Teil von dem, was einem Menschen ein Leben lang wichtig bleibt, ohne ihm noch bewusst zu sein. Zum Beispiel geht es vielen Menschen, die als Kind „Kommissar/in" werden wollten, immer noch um Werte wie Gerechtigkeit, Abenteuerlust und Scharfsinn. Oder viele Jungs, die sich als

Fußballprofi sahen, sehnen sich auch als gestandene Männer noch nach Spielfreude, Teamarbeit und Anerkennung von außen. Diese Übung holt verschüttete Sehnsüchte ans Licht und kann nach Wegen suchen, sie in der Gegenwart zu verwirklichen.

Profi-Tipp

Stellen Sie bei der Übung Stühle im Raum auf: einen Stuhl für die Träumerin und einen Stuhl für die Traumdeuterin. Achten Sie darauf, dass die Klientin für die jeweiligen Rollen den Stuhl wechselt. Diese räumliche Trennung wird sie dabei unterstützen, die beiden Positionen auch im Kopf zu trennen. Vor allem kann sie einen Dialog von Stuhl zu Stuhl beginnen. In dieser Situation können Sie auch bei dem Rollenspiel mitmischen. Zum Beispiel wechseln Sie, während die Traumdeuterin spricht, auf den Stuhl der Träumerin und sagen aus ihrer Perspektive: „Aber kann man das nicht auch völlig anders deuten? Nämlich ..." Durch solche Widersprüche und Anstöße taucht die Klientin tiefer in ihre Rolle ein, kann auf mögliche Bedenken ihrer selbst antworten und genießt den spielerischen Charakter der Methode.

Risiken

Einige Menschen halten Traumdeutung für Scharlatanerie. Deshalb erfüllt sie schon der Begriff mit Skepsis. Dann ist es ratsam, den Klienten selbst ein Wort für das Handwerk finden zu lassen: „Wie würden Sie es nennen, wenn Sie Ihre Vision näher analysieren?" Ein Ingenieur antwortete: „Für mich ist das eine Form der Qualitätskontrolle, gerade im Vergleich mit meiner Realität." Voilà, schon war er zum „Traum-Qualitätskontrolleur" berufen – eine Rolle, in der er sich sichtbar wohlfühlte.

Umsetzungs-Plan

Notieren Sie bitte, wann und wie Sie diese Methode einsetzen wollen:

12.

Hand in Hand mit Widerstand

Viele Klienten bremsen ihr „Ja“ mit einem „Aber“ aus. Sie wollen – und wollen nicht. Welche Interventionen helfen, solche inneren Blockaden zu überwinden? Reden Sie nicht dagegen an – sondern seien Sie galant und reichen Sie dem Widerstand die Hand.

Ziele

- Die paradoxe Intervention regt den Klienten zum Umdenken an.
- Der innere Anteil, der das Coaching-Ziel unterstützt, gewinnt an Stärke.
- Der Klient findet heraus, was schwerer wiegt: sein Wollen oder sein Nicht-Wollen.

Fallbeispiel

Arno Seidel (46) leitet die Innovationsabteilung eines Software-Herstellers. Fachlich ist er sattelfest, doch beim Führen holpert es: Einzelne Mitarbeiter fühlen sich von ihm benachteiligt. Andere gelten als seine Lieblinge. Man wirft ihm vor, Arbeiten ungerecht zu verteilen. Für Ärger sorgt auch, dass er mit einem Teil des Teams per Du ist, bei anderen aber auf dem Sie besteht. Mittlerweile hat sich das Team in zwei Lager gespalten: eines, das hinter ihm steht, und eines, das gegen ihn opponiert. Seine Gegner haben den Geschäftsführer angesprochen. Dieser hat Arno Seidel angeregt, sein Führungsverhalten in einem Coaching zu prüfen.

Dort gewinnt der Coach mehr und mehr den Eindruck, dass Seidel nicht aufrichtig daran interessiert ist, die Situation zu klären. Also beschließt er, sich mit dem Widerstand zu verbünden.

Die Idee

Was passiert, wenn Sie gegen eine Wand drücken? Geht die Wand zur Seite? Nimmt der Druck ab? Nein, bald wird es Ihnen vorkommen, als drücke die Wand zurück. Ihre Kräfte werden schwinden. Am Ende gewinnt die Wand.

Wer eine Gegenposition einnimmt, provoziert Druck. So erklärt sich die paradoxe Wirkung des Appells: Je mehr Sie von einem Menschen fordern, etwas zu tun, desto weniger ist er bereit dazu. Weil Sie ihn in die eine Richtung drücken, drückt er in die andere. Derselbe Mensch, der kurz davor war, Ihnen ein Lächeln zu schenken, wird die Aufforderung „Mach doch mal ein freundlicheres Gesicht!" garantiert mit einer Miene aus Stein quittieren.

Aber was passiert, wenn Sie einem grollenden Menschen sagen „Zieh bitte mal ein grimmiges Gesicht!"? Dann wird er mit größter Wahrscheinlichkeit freundlich schauen, vielleicht sogar lächeln. Unbewusst widersetzt er sich Ihrem Appell.

Diesen psychologischen Effekt können Sie im Coaching nutzen: Wenn Ihr Klient immer wieder in Opposition geht, etwa zu seinen eigentlichen Zielen, sollten Sie ihn nicht bekehren wollen. Klüger ist es, seinen Widerstand zu unterstützen. Indem Sie in die gleiche Richtung wie er schieben, werden Sie ihn dazu bringen, dass er eine Wende einlegt. Wenn Sie sein „Nein" mit einem „Nein" unterstützen, ergibt die doppelte Verneinung ein „Ja". Zudem erzielen Sie einen Überraschungseffekt, weil Ihr Verhalten von den Erwartungen des Klienten abweicht. Und indem Sie das (erwartete) Muster verlassen, machen Sie ihm das gleiche Verhalten – Verlassen des Musters – leichter.

Schritte zum Erfolg

1. Beobachten Sie, ob Ihr Klient klare Ziele hat. Bei Arno Seidel war es so, dass er einerseits ein besseres Verhältnis zu seinem Team wünschte. Aber auf der anderen Seite rechtfertigte er sein altes Verhalten und fiel sich bei seinen Plänen immer wieder selbst ins Wort. Es war, als würden zwei Seelen in seiner Brust ringen: eine, die eine Veränderung wollte, und eine, die sie mit aller Macht verhinderte.

Nun gibt es zwei Möglichkeiten, mit dieser Situation umzugehen. Die erste: Der Coach versucht, den Klienten auf den „rechten Weg" zu bringen. Das hätte zu folgendem Dialog führen können:

Negativ-Beispiel: Dialog mit moralischem Appell

Coach: „Angenommen, es gelänge Ihnen, ein harmonisches Verhältnis zu Ihrem Team zu entwickeln: Welche positiven Auswirkungen könnte das haben?"
Klient: „Ich glaube nicht, dass wir mit Heuchelei einen Fortschritt erzielen würden. Es ist nun mal so, dass man einige Menschen lieber

als andere mag. Das gilt auch, wenn es Mitarbeiter sind."
Coach: „Nun haben Sie aber sicher den Anspruch an sich, allen Mitarbeitern gerecht zu werden."
Klient: „Warum sollte ich? Als Chef bin ich für die Ergebnisse zuständig, nicht für ein Kuschel-Klima. Und die Ergebnisse stimmen."
Coach: „Aber die Ergebnisse werden doch von Menschen erzielt. Wie müssen Sie mit Menschen umgehen, dass sie gerne arbeiten?"
Klient: „Ich finde, für seine Motivation ist jeder selbst verantwortlich. Ich gehe auch nicht immer gerne zur Arbeit. Und doch mache ich meinen Job so gut wie möglich." (...)

Der Klient spürt, dass er bekehrt werden soll. Und er verhält sich wie ein bockiges Kind: Er redet aus Prinzip dagegen. Der Coach drückt gegen eine Wand – und bekommt den eigenen Druck zurück. Die Wand ist stärker als er; der Klient kann nicht von außen bewegt werden, sondern müsste sich selbst bewegen.

Übung: Bitte schreiben Sie diesen Dialog um! Was wäre möglicherweise passiert, wenn der Coach sich nach der ersten Antwort des Klienten mit dem Widerstand verbündet hätte? Versetzen Sie sich dabei in den Kopf des Klienten – und haben Sie den Mut, bei den Interventionen zu überzeichnen.

Positiv-Beispiel: Dialog mit paradoxem Appell (gleicher Einstieg)

Coach: „Angenommen, es gelänge Ihnen, ein harmonisches Verhältnis zu Ihrem Team zu entwickeln: Welche positiven Auswirkungen könnte das haben?"
Klient: „Ich glaube nicht, dass wir mit Heuchelei einen Fortschritt erzielen würden. Es ist nun mal so, dass man einige Menschen lieber als andere mag. Das gilt auch, wenn es Mitarbeiter sind."
Coach (sehr ernsthaft): „Das ist ein klarer Standpunkt, damit können wir weiterarbeiten. Bitte machen Sie Vorschläge: Was können Sie tun, um den Minus-Mitarbeitern Ihre Abneigung noch deutlicher zu zeigen, als Vorbeugung gegen Heuchelei?"
Klient (stutzt): „Aktiv zeigen will ich das natürlich nicht! Das wäre ja eine Provokation. Solche Prozesse spielen sich eher im Verborgenen ab."
Coach: „Aber man könnte doch sagen: Schaffen Sie klare Verhältnisse – und sagen Sie den Mitarbeitern zweiter Klasse, dass sie bei Ihnen kein Bein auf die Erde bringen!"
Klient: „Jetzt übertreiben Sie aber! Ich habe keine Mitarbeiter zweiter Klasse. Im Grund ist es mir sogar wichtig, dass ich alle bei der Arbeit gleich behandle. Sonst reden die Leute schlecht über mich oder haben

keine Lust mehr. Aber ob ich jemanden duze oder sieze, das halte ich doch für meine Privatsache."
Coach: „Aber wenn ich Sie richtig verstehe, hätten Sie doch am liebsten nur sympathische Mitarbeiter um sich: Gäbe es nicht die Möglichkeit, die unsympathischen nach und nach in andere Abteilungen abzuschieben?"
Klient: „Moment, Moment! Sie haben mich da missverstanden. Meine Abteilung ist dünn besetzt, ich brauche alle Mitarbeiter, auch solche, die nicht meine Freunde sind." (...)

Je mehr der Coach die ursprüngliche Position des Klienten einnimmt und überspitzt, desto mehr rudert der Klient zurück. Am Ende eines solchen Dialoges kann der Klient zum Anwalt einer Position geworden sein, der er gerade noch widersprach. Dieser Perspektivenwechsel öffnet ihm Optionen im Denken und Handeln.

2. Manchmal wirft ein Klient auch die Grundsatzfrage auf, ob es sich lohne, das Coaching fortzusetzen. Auch in diesem Fall gilt: Je weniger Sie ihn dazu animieren, desto größer ist die Wahrscheinlichkeit, dass er sich konstruktiv verhält. In diesem Fall könnte das Bündnis mit dem Widerstand so aussehen:

Klient: „Jetzt komme ich schon das dritte Mal zu Ihnen, aber geändert hat sich nur wenig. Ich weiß nicht, ob ich wirklich weitermachen will."
Coach: „Wenn ich Sie richtig verstehe, wollen Sie den heutigen Tag als Abschlusssitzung nutzen. Diesen Wunsch nehme ich gerne an. Also ..."
Klient: „Halt, halt! Ich bin mir ja nicht sicher, ob ich jetzt wirklich schon Schluss machen soll. Immerhin bin ich noch nicht an meinem Ziel angelangt."
Coach: „Aber wenn Ihnen das Coaching kein bisschen dabei hilft, ist ein Weitermachen vergebene Liebesmüh."
Klient: „Na ja, ein bisschen hat es schon geholfen. Mittlerweile habe ich zu zwei Mitarbeitern ein deutlich besseres Verhältnis aufgebaut."
Coach: „Was sind schon zwei Mitarbeiter! Sie haben über 15."
Klient: „Ich denke, diese Mitarbeiter beeinflussen auch die anderen. Und bei irgendwem muss man ja anfangen." (...)

Der Coach arbeitet mit einem Element aus der provokanten Therapie (nach Frank Farrelly): dem kreativen Missverstehen. Natürlich ist ihm klar, dass der Klient das Coaching nicht abbrechen, sondern nur über diese Möglichkeit diskutieren will. Doch indem er den Willen zum Abbrechen als gegeben annimmt, animiert er den Klienten zu neuen Gedanken: Auf einmal prüft dieser nicht die Vorteile des Abbruchs (was er sicher schon getan hat), sondern die Vorteile des Weitermachens (was er bisher vielleicht versäumt hat).

3. Am Ende eines provokanten Dialoges steht eine Vereinbarung: Zum Beispiel muss Arno Seidel sich festlegen, was er will. Entscheidet er sich dafür, den Kurs des undiplomatischen Verhaltens und der Cliquenbildung fortzusetzen? Oder will er das Verhältnis zu seinen Mitarbeitern verbessern, mehr Diplomatie üben, das Stimmungsthermometer heben? Dann muss er bereit sein, sich in diese Richtung zu bewegen, entgegen der Fließrichtung seiner Gewohnheiten.

Will der Klient, dass das Coaching mit dem heutigen Tag endet? Oder entscheidet er sich, das Coaching fortzusetzen, mit allen Konsequenzen – etwa dass er weiter an sich arbeiten, Gewohnheiten brechen und neue Verhaltensweisen ausprobieren muss?

Eine solche Vereinbarung zwischen Ihnen und dem Klienten ist eine Grundlage, auf die Sie sich später immer wieder beziehen können. Manchmal ist das nicht nötig: Ihr Bündnis mit dem Widerstand war eine Lektion, aus der Ihr Klient für die Zukunft lernt. Danach ist eine konstruktivere Zusammenarbeit leichter.

Weitere Fragen

- Wie könnten Sie es schaffen, Ihre ungeliebten Mitarbeiter so gründlich zu vergraulen, dass sie Ihnen gegenüber ausfallend und damit kündbar werden?
- Angenommen, Sie wollten Ihre Minus-Mitarbeiter zur freiwilligen Kündigung bringen: Wie könnte Ihnen das gelingen?
- Was müssten Sie unternehmen, um den Unfrieden zwischen den beiden Mitarbeiter-Gruppen weiter anzuheizen? So ein Donnerwetter reinigt ja die Luft!
- Was würden Sie Ihrem Chef sagen, um ihm deutlich zu machen, dass er ein Trottel ist, weil er Sie zu einem Kuschelkurs drängt?
- Beschreiben Sie einmal, was so schön daran ist, täglich auf einem Schlachtfeld zu arbeiten?

Varianten

Wenn Ihr Klient sein altes Verhalten immer wieder rechtfertigt, können Sie ihn wie folgt aus der Reserve locken: „Wunderbar! Für mich klingt das, als seien Sie mit Ihrem aktuellen Verhalten absolut im Reinen. Dann ist unser Coaching ein Irrtum, denn die Voraussetzung dafür wäre: Sie wollen etwas ändern! Offenbar ist das nicht der Fall." Jede Wette, dass der Klient nun antwortet: „Doch, doch, denn ..."

Profi-Tipp

Holen Sie eine fiktive Person in den Raum, die den Klienten schlecht berät. Fragen Sie den Klienten zum Beispiel, wer ein Interesse daran hätte, ihn scheitern zu sehen. Und fragen Sie weiter, was ihm diese Person in der jetzigen Situation wohl riete. Doppeln Sie ihn dazu in die Rolle ein und setzen Sie ihn auf einen Stuhl. Von dort darf er sich die vergifteten Ratschläge geben. Im Fall von Arno Seidel hätte es sein können, dass der Feind eine weitere Spaltung des Teams empfohlen hätte. Später, wieder auf seinem eigenen Stuhl, hätte der Klient das natürlich mit guten Gründen zurückgewiesen. Das Bündnis mit dem Widerstand funktioniert auch über Bande.

Risiken

Kann der Schuss nicht nach hinten losgehen? Wie reagieren Sie zum Beispiel, wenn der Klient Ihr Angebot, das Coaching zu beenden, freudestrahlend annimmt? Dann hat die Intervention zur Klarheit beigetragen: Statt weiter einen Menschen zu coachen, der nicht gecoacht werden will, können Sie Ihre Energie vorteilhafter einsetzen – und Ihr Klient ebenfalls. Dasselbe gilt, wenn er die Veränderung ablehnt.

Umsetzungs-Plan

Notieren Sie bitte, wann und wie Sie diese Methode einsetzen wollen:

3. Formbare Wirklichkeit: „Wie nehmen Sie wahr?“

Besteht eine Situation aus Fakten, die wie Bausteine aufeinander gemauert sind? Nein, die Wirklichkeit ist keine Mauer auf dem Boden der Realität, sondern ein Konstrukt des Betrachters: Das Auge formt die Welt. Wenn Ihr Klient versteht, dass er Baumeister seiner Wirklichkeit ist, dann versteht er auch, dass er diese Wirklichkeit verändern kann: Jedes Problem, das Gedanken errichten, lässt sich mit Gedanken einreißen. Doch es gilt der kluge Satz von Einstein: „Probleme kann man niemals mit derselben Denkweise lösen, durch die sie entstanden sind.“ Geben Sie Ihrem Klienten die Chance, die Trampelpfade seines üblichen Denkens zu verlassen. Wer die Perspektive wechselt, wechselt seine Welt.

Zeichnung 3: Probleme sind das, was ein Mensch dafür hält. Kreative Gedankenspiele laden dazu ein, die Wirklichkeit neu (und vorteilhafter) zu bewerten.

13. Lobrede auf das Problem: Wie Sie Ihre Klientin durch ein Reframing Tool dazu bringen, mit ihrem Problem eine produktive Freundschaft einzugehen.

14. Zwei Personaler im Gespräch: Warum Sie Ihren Klienten zum Personaler-Kollegen erklären sollten, um seine Bewerbungsunterlagen zu besprechen.

15. Der Lebens-Tacho: Wie Sie einen Menschen sein hohes Lebenstempo wahrnehmen und entschleunigen lassen, ehe er in einen Burnout schleudert.

16. Vom Opferlamm zur Feldherrin: Wie Ihre Klientin durch ein Rollenspiel der Opferrolle entwachsen und zur Feldherrin ihres Lebens avancieren kann.

17. Die Zeitmaschine: Wie Sie eine Zeitmaschine konstruieren und Ihren Klienten eine erkenntnisreiche Reisen in die Zukunft unternehmen lassen.

18. Auf dem Stuhl des Konfliktgegners: Warum Sie keine Friedenspfeife, sondern nur drei Stühle brauchen, um sogar schwere Konflikte beizulegen.

13.

Lobrede auf das Problem

Die meisten Menschen verfluchen ihr Problem. Tag und Nacht denken sie darüber nach. Nicht sie haben ein Problem; das Problem hat sie! Wer aber eine Lobrede auf sein Problem hält, kann es mit neuen Augen sehen – und wieder frei handeln.

Ziele

- Die Klientin nutzt das Problem als wertvollen Fingerzeig zur Lösung.
- Dieses Reframing rückt die positiven Aspekte in den Vordergrund.
- Der Wunsch und der Wille zur persönlichen Weiterentwicklung wachsen.

Fallbeispiel

Die Ernährungswissenschaftlerin Tina Behrer (29) arbeitet seit sechs Monaten in einem Krankenhaus. Dort stellt sie die Mahlzeiten für Patienten mit besonderen Ansprüchen zusammen, so Diabetikern oder Menschen mit Mangel-Erscheinungen. Eine ähnliche Aufgabe hat sie vorher in einer Kurklinik erledigt. Nun aber stellt sie fest, dass ihre Vorgaben schlecht umgesetzt werden: „Die Köche halten sich nicht an meine Anweisungen! Schon mehrfach haben sie Zutaten für die normalen Mahlzeiten in meine Sonderbestellungen reingepfuscht." Diese Fehler hat sie jedes Mal kritisiert – aber damit nichts erreicht. Ihre Erklärung: „Die nehmen mich nicht erst, weil ich hier neu bin."

Nun ist sie in großer Sorge, dass ihre Speisepläne fehlerhaft umgesetzt werden, Patienten zu Schaden kommen und sie ihren „Kopf dafür hinhalten muss" (wie sie es sagt). Ihr Beratungsauftrag: „Ich stecke in einem Schlamassel. Helfen Sie mir, dass ich rauskomme."

Die Idee

Je höher die Hürde ist, über die ein Mensch springen muss, desto mehr trainiert sie seine Sprungkraft. Probleme halten Menschen fit, sie sind Herausforderungen. Was wäre ein Fußballspiel, wenn es keine gegnerische Abwehr gäbe? Und was wäre das Leben, wenn wir nicht immer wieder auf Probleme stießen?

Doch diese rationale Sicht entgeht einem Menschen, der „in einem Problem steckt". Als böser Gegner, den es zu bekämpfen und auszulöschen gilt, will ihm das Problem erscheinen. Und diesen Gegner lässt er keine Sekunde aus dem Auge – weshalb er auf das Problem fixiert ist und womöglich die benachbarte Lösung übersieht.

Mit dieser Übung laden Sie die Klientin ein, das Problem als Teil der Lösung wahrzunehmen. Was, wenn das Problem ihr Vorteile bietet, wenn es ein Sprungbrett ist, das sie zur Lösung trägt? Wenn diese Herausforderung ihr Leben in eine bessere Richtung lenkt? Wenn ihr Problem kein Unglück, sondern ein Glück ist?

Indem die Klientin eine Lobrede auf das Problem hält, muss sie ihre innere Landkarte neu gestalten. Weil sie durch die positive Brille schaut, fühlt sich das Problem leichter an, veränderbarer, freundlicher. Das rückt die Lösung näher und verleiht Mut zu einem Entwicklungsschritt.

Schritte zum Erfolg

1. Laden Sie Ihre Klientin ein, Probleme anders als bisher zu sehen – nämlich als Entwicklungschance.

Übung: Bitte überlegen Sie, wie es Ihnen gelingt, Ihre Klientin für einen solchen Blickwinkel zu gewinnen. Fallen Ihnen Beispiele aus der Geschichte der Menschheit ein, die deutlich machen: Probleme bringen Fortschritt? Und wie ließen sich diese Gedanken in einen Dialog mit der Klientin einarbeiten? Bitte notieren Sie einen Gesprächsablauf, ehe Sie weiterlesen.

Mein Vorschlag:

Coach: „Lassen Sie uns doch einmal auf die Geschichte der Menschheit schauen. Was meinen Sie, warum haben die Menschen das Feuer erfunden?"
Klientin: „Ich würde sagen: Weil ihnen in ihren Höhlen kalt war."
Coach: „Und warum noch?"
Klientin: „Das Feuer hat Licht in die Nacht gebracht und Raubtiere

abgeschreckt. Außerdem schmeckt gebratenes Fleisch besser als rohes."
Coach: „Mit anderen Worten: Wenn die Menschen nicht das Problem gehabt hätte, dass ihnen kalt und dunkel war, hätte es kein Feuer gegeben?"
Klientin: „Das glaube ich, ja."
Coach: „Wo wäre die Menschheit heute ohne das Feuer?"
Klientin: „Schwer zu sagen. Aber sicher gäbe es keine Zivilisation. Wir würden hier nicht in einem geheizten Raum sitzen."
Coach: „Das heißt: Diese Probleme waren ein Glücksfall für unsere Entwicklung?" (...)

Der Coach weckt das Bewusstsein der Klientin, dass ein „Problem" die große Chance bietet, sich an ihm weiterzuentwickeln. Diese Einstimmung erleichtert es der Klientin, ihre eigene Situation anders zu sehen.

2. Lenken Sie die bereits rollende Gedankenkugel nun in Richtung des Anliegens:

„Ich möchte Sie einladen, jetzt durch die rosarote Brille zu schauen. Mal angenommen, es verhielte sich mit Ihrem Problem ähnlich wie mit der Dunkelheit und der Kälte in der Entwicklungsgeschichte der Menschheit. Angenommen, es könnte der Anstoß für einen großen Fortschritt in Ihrem Leben sein, für den Sie später dankbar sind. Sie dürfen optimistisch sein, sehr optimistisch. Malen Sie sich aus: Wenn die Kälte das Feuer brachte, was könnte Ihnen dann Ihr Problem bringen? Welche wichtigen Anstöße kann es geben? Inwiefern ist es eine Gelegenheit für Sie, zu wachsen? Bitte denken Sie jetzt ein paar Minuten über diese Ansätze nach."

3. Bitten Sie die Klientin nun, eine Lobrede auf ihr Problem zu halten. Sie soll begründen, warum das Problem ihr Glück ist. Gestatten Sie ihr, dabei wie eine Schauspielerin zu agieren: Sie muss das, was sie sagt, in dieser Sekunde nicht unbedingt so meinen – es muss aber schlüssig klingen. Dieser Rahmen erhöht die Chance, dass die Klientin sich auf die Übung einlässt – und beim Aussprechen feststellt, dass ihr Rollentext sich realistischer als vermutet anfühlt.

Damit es ihr leichtfällt, den Denkschalter im Kopf umzulegen, können Sie ihr als Unterstützung ein vorbereitetes A4-Blatt mit Satzanfängen anbieten. Zum Beispiel kann auf dem Blatt stehen:

Satzanfänge für die Lobrede

1.) Dieses Problem macht mein Leben spannender, denn ...

2.) Es ist ein gutes Zeichen, weil es mir zeigt ...

3.) Es regt mich an, eine Eigenschaft weiterzuentwickeln, und zwar ...

4.) Dieses Problem fordert mich heraus, eine neue Denkweise für mich zu erfinden, nämlich ...

5.) Es lädt mich ein, neue Verhaltensweisen zu probieren, nämlich ...

6.) Ohne dieses Problem würde in meinem Leben etwas fehlen, nämlich ...

7.) Es erinnert mich daran, dass ich früher schon mit ähnlichen Schwierigkeiten fertig geworden bin, und zwar ...

8.) Dieses Problem kommt genau zum richtigen Zeitpunkt, denn wenn ich es jetzt löse, darf ich in Zukunft sicher sein, dass ...

4. Die Klientin hält nun ihre Lobrede. Erst etwas zögerlich und auf das Papier fixiert, dann immer freier lobt sie ihr Problem. Zum Beispiel sagt Tina Behrer:

„Das Problem zeigt mir, dass ich einen hohen Anspruch an mich und meine Arbeit habe: Ich möchte nicht nur meine Arbeitsstunden absitzen, sondern etwas für die Gesundheit der Patienten tun. Und ich schiebe die Verantwortung nicht auf die Köche ab, sondern nehme sie an. Und sicher lädt mich das Problem ein, dass ich meine Durchsetzungsstärke verbessere. Ich habe schon früher gemerkt, dass mein Wille von anderen oft ignoriert wird. Jetzt wäre es an der Zeit, dass ich meinen Positionen mehr Nachdruck verleihe, gegenüber den Köchen und auch sonst.“ (...)

Wohlgemerkt: An der Situation an sich hat sich nichts verändert. Aber die Landkarte vom Problem, die konstruierte Wirklichkeit der Klientin, kommt durch diese Übung in Bewegung. Das ist sogar körperlich sichtbar: Auf einmal erzählt sie mit weit ausholenden Gesten, lacht zwischendurch und lässt sich nicht mehr von dem Problem lähmen.

5. Bitten Sie die Klientin, ihre Lobrede in Gedanken noch einmal durchzugehen und daraus Handlungen abzuleiten. Die Ernährungswissenschaftlerin Tina Behrer nahm sich vor, bis zur nächsten Coaching-Sitzung dreierlei zu tun:

- „Ich werde den Köchen sagen, dass ich Abweichungen nicht länger akzeptiere und bei weiteren Verstößen die Klinikdirektion hinzuziehe. Damit das nicht so hart klingt, erkläre ich ihnen vorher, welche fatalen Folgen eine Abweichung für die Patienten haben kann."
- „Mein Freund sagt öfter zu mir, dass ich nuschele, zum Beispiel beim Bestellen in einem Lokal. Ich werde ihn bitten, mir künftig in solchen Situationen sofort ein Zeichen zu geben. Ich möchte darauf achten, dass ich selbstbewusster bei anderen rüberkomme."
- „An meinem letzten Arbeitsplatz hatte ich Schwierigkeiten mit einer Kollegin, die sich erst all meinen Wünschen verweigert hat. Doch mit der Zeit ist es mir gelungen, sie für mich einzunehmen. Bis zur nächsten Sitzung werde ich rekonstruieren, wie ich das geschafft habe und was es für die jetzige Situation nützen kann."

Was auffällt: Die Klientin sieht ihr Problem plötzlich in einem größeren Zusammenhang. Indem sie an ihrem Auftreten arbeiten und ihr Nuscheln abstellen möchte, hat sie die Handlungsmacht wieder in den eigenen Händen – statt sich auf das Fehlverhalten der Köche zu fixieren.

Weitere Fragen

- In welchen Situationen zieht das Problem den Bauch ein und macht sich dünn? Welches Signal müssen Sie ihm dazu geben?
- Welche wertvollen Gedanken, die Sie sonst nie gehabt hätten, verdanken Sie dem Problem?
- Welche Handlungen, die Sie sich nicht zugetraut hätten, haben Sie durch das Problem unternommen?
- Wenn Sie sich das Problem einmal als Sprungbrett vorstellen: Wohin kann es Sie tragen, wenn Sie alles richtig machen?

- Welche anderen Situationen oder Lebensbereiche wissen Sie durch das Problem mehr als vorher zu schätzen?
- Mit wem hat Sie dieses Problem näher zusammengeschweißt?
- Und zu wem hat es Sie auf einen vorteilhaften Abstand gebracht?

Varianten

Nicht jede Klientin lässt sich auf die freie Rede ein – einige ziehen die Schriftform vor. Dann können Sie die Klientin die vorgegebenen Satzanfänge auf dem Papier vollenden lassen. Regen Sie an, dass sie eigene Satzanfänge hinzufügen und komplettieren kann. Dann liest sie das Ergebnis vor – oder bringt es mit in die Sitzung, falls Sie es ihr als Herausforderung für zu Hause mitgegeben haben. Das ist übrigens ein guter Schachzug, denn dann haben die positiven Gedanken noch mehr Zeit zum Wachsen – und können das Handeln schon beeinflussen.

Profi-Tipp

Beim Einstieg in die Übung können Sie ein Hobby der Klientin einbeziehen. So bestehen alle Sportarten darin, Probleme zu überwinden. Zum Beispiel ist Ihre Klientin Golferin. Dann können Sie den Dialog so eröffnen: „Angenommen, das Loch wäre beim Golfen so groß wie ein Riesenkrater – wie interessant wäre Ihr Hobby dann für Sie?" In der Fortführung lässt sich leicht die Erkenntnis entwickeln: Die Freude am Erfolg wächst mit dem Schwierigkeitsgrad.

Risiken

Manchmal ist die Sogwirkung des Problems so groß, dass die Klientin immer wieder ein dickes Aber einschiebt: „Vielleicht lädt das Problem mich ein, mutiger zu werden – aber das habe ich schon mehrfach ohne Erfolg versucht!" Jetzt hilft eine einfache Intervention, um die Klientin im Lösungsmodus zu halten: „Angenommen, Sie hätten diesen Mut gehabt – was wäre dann anders gewesen?" Nach einigen solchen Interventionen wird die Klientin automatisch bei ihrer positiven Sicht auf das Problem bleiben.

Umsetzungs-Plan

Notieren Sie bitte, wann und wie Sie diese Methode einsetzen wollen:

14.

Zwei Personaler im Gespräch

Wer sich bewirbt, muss nur einen einzigen Menschen überzeugen: den Empfänger seiner Bewerbung. Aber wie erreichen Sie es, dass Ihr Klient sich in dessen Kopf versetzt? Indem Sie ihn zum Personaler erklären – und selbst als sein Kollege auftreten.

Ziele

- Der Klient sieht seinen Lebenslauf mit den Augen des Empfängers.
- Er und Sie begegnen sich als Kollegen auf Augenhöhe.
- Große Natürlichkeit im Feedback und Austausch wird möglich.

Fallbeispiel

Der Journalist Andreas Albrecht (37) leitet die Internetredaktion eines großen Versandunternehmens. Zuvor war er für eine Golfzeitschrift als Redakteur tätig und hat zwei Bücher verfasst. Zum Schreiben war er über seine ursprüngliche Tätigkeit als städtischer Angestellter gekommen. Dabei hatte er Pressemitteilungen über Veranstaltungen der Stadt an die lokalen Zeitungen verschickt. Zwischen seinen Berufsstationen nahm er sich immer wieder Auszeiten von sechs bis 18 Monaten, die er im Lebenslauf mit dem Wort „arbeitssuchend" umschreibt. Sein Bewerberfoto zeigt ihn mit hochrotem Kopf, während seine Haut in Wirklichkeit einen normalen Farbton hat. Nun will er sich bei einer Behörde als Pressesprecher bewerben.

Die Idee

Muss man Bewerber überhaupt „coachen"? Wäre es nicht einfacher, aus der Rolle des Bewerbungsfachmanns kluge Tipps zu erteilen? Tatsächlich gibt es viele Kollegen, die solche Werkstätten zur Reparatur von Lebensläufen betreiben, doch ich bin fest überzeugt: Ein Bewerber kann den optimalen Lebenslauf nicht vorgegeben bekommen, er muss ihn selbst entwickeln und als stimmig empfinden.

Aber was tun, wenn Sie als Coach offensichtliche Schwächen in den Bewerbungsunterlagen sehen, etwa beim Foto? „Hier haben Sie einen recht roten Kopf – ist Ihnen das schon mal aufgefallen?“ Eine solche Bemerkung könnte als Schlag mit dem verbalen Hammer empfunden werden.

Auch das Gespräch über Lücken und Arbeitslosigkeiten im Lebenslauf gerät schnell zu einem Wechsel zwischen Angriff (durch den Coach) und Verteidigung (durch den Klienten). Es sei denn, Sie lassen Ihren Klienten mit mehr Neutralität auf seinen Lebenslauf schauen – und er erlebt Sie als Kollegen.

Meine Lieblingsmethode: Ich lade den Klienten ein, sich mit mir in ein Rollenspiel zu begeben – als wären wir beide Personaler und hätten die Unterlagen des Bewerbers gerade auf den Tisch bekommen. Auf dieser kollegialen Ebene bekommen alle Fragen und Rückmeldungen des Coachs eine natürliche Note – und werden für den Klienten annehmbar, ohne dass er sich verteidigen müsste.

Schritte zum Erfolg

1. Laden Sie den Klienten ein, sich mit Ihnen in die Rolle des Personalers zu versetzen. Erklären Sie ihm, welche Vorteile dieses Rollenspiel bringen kann:

„Nun ist es ja nicht entscheidend, was Sie und ich zu Ihren Bewerbungsunterlagen sagen; es kommt darauf an, was der Empfänger sagt. Deshalb möchte ich Sie zu einem Gedankenspiel einladen: Lassen Sie uns doch mal so tun, als wären wir beide langjährige Personaler-Kollegen und würden Ihre Unterlagen gerade auf den Tisch bekommen. Mal schauen, welche Ihrer Qualitäten wir auf Anhieb erkennen – und wo wir länger suchen müssen oder offene Fragen haben. Einverstanden?“

2. Doppeln Sie den Klienten ein und bieten Sie ihm für die Dauer der Übung das Du an – das hilft, auf einer vertrauteren Ebene zu sprechen. Das Eindoppeln passiert, indem Sie hinter den Stuhl des Klienten treten und ihn fragen, wie er als Personaler mit Vornamen heißen möchte (in diesem Fall: Rolf). Es ist wichtig, dass er seinen Namen wechselt – denn immer, wenn Sie ihn so ansprechen, wird er daran erinnert, dass er nicht er selbst ist, sondern ein Personaler. Verändern Sie auch Ihren Namen, damit er Sie nicht als Coach wahrnimmt, sondern als Kollegen (in diesem Fall: Werner). Zum Einfinden in die Rolle können Sie Fragen stellen wie:

- Seit wann arbeiten wir schon zusammen?
- Wie viele Bewerber haben wir schon eingestellt?
- Wer von uns hat den strengeren Blick?
- Worauf achten wir angesichts dieser Ausschreibung besonders?

3. Starten Sie nun das Rollenspiel. Sprechen Sie den Klienten dabei gezielt als Kollegen mit dem entsprechenden Vornamen an und erläutern Sie die Aufgaben einer Personalabteilung:

Coach (als Personaler Werner): „Also, Rolf, da haben sich ja jede Menge Leute auf unsere Ausschreibung beworben. Jetzt müssen wir mal wieder die Spreu vom Weizen trennen. Wenn wir Wackelkandidaten empfehlen, fällt das ja immer auf uns zurück. Lieber gehen wir auf Nummer sicher. Aha, wen haben wir denn da? Das ist die Bewerbung von Andreas Albrecht. Was ist dein erster Eindruck von ihm, wenn du das Foto mit deinem scharfen Personalerblick so anschaust?"
Klient (als Personaler Rolf): „Eigentlich ganz sympathisch."
Coach: „‚Eigentlich' klingt so, als hättest du eine kleine Einschränkung, Rolf?"
Klient: „Er sieht nicht ganz so natürlich aus."
Coach: „Etwas viel Röte im Gesicht, kann das sein?"
Klient: „Stimmt. Vielleicht hätte er ein neutraleres Bild wählen sollen. Als Pressesprecher wird er schließlich unser Aushängeschild sein."
Coach: „Wir haben ja nicht so viel Zeit für die einzelnen Bewerbungen: Wenn du die Lebenslauf-Stationen des Kandidaten so überfliegst, was fällt dir auf?"
Klient: „Er war oft arbeitslos. Warum eigentlich?"
Coach: „Wahrscheinlich ungewollt. Vielleicht hat er seine alten Jobs ganz überraschend verloren. Dann wäre was faul mit ihm."
Klient: „Aber das wissen wir nicht! Das ist jetzt nur Spekulation."
Coach: „Ja, aber im Zweifel laden wir doch lieber jemanden ins Vorstellungsgespräch ein, bei dem wir dieses Risiko nicht haben."
Klient: „Stimmt."
Coach: „Was meinst du, Rolf: Hat er sich klar für eine Tätigkeit in einer Behörde entschieden? Oder soll sie nur ein Notnagel sein? Schließlich ist er jetzt Redaktionsleiter!"
Klient: „Vielleicht hat er in der freien Wirtschaft zu viel Stress und will sich bei uns ausruhen. Aus der Bewerbung geht jedenfalls nicht hervor, warum er jetzt wieder zu einer Behörde will." (...)

Ein solches Rollenspiel bringt oft Erhellendes: Die Bewerber decken die möglichen Schwachstellen ihrer Bewerbung auf, angeregt durch den Blickwinkel des Personalers und die Fragen des „Kollegen". Sogar

Tippfehler in den eigenen Unterlagen, die bei dutzendfachem Durchschauen nicht aufgefallen sind, springen den Klienten ins Auge – ein klares Zeichen dafür, dass die Dissoziierung durch das Rollenspiel gelingt.

4. Entdoppeln Sie den Klienten, schlüpfen Sie wieder in Ihre Rolle als Coach: „Vielen Dank für das Rollenspiel! Dann sind wir jetzt wieder Coach und Klient und siezen uns. Also, lassen Sie uns mit den Stühlen zur Seite rücken, damit wir auch räumlich in einer neuen Position ankommen. Und jetzt schauen wir mal auf den Tisch, wo gerade die beiden Personaler-Kollegen saßen. Welche wichtigen Erkenntnisse bringen Sie aus diesem Dialog mit?"

Andreas Albrecht kam auf eine Fülle von Verbesserungsvorschlägen: Er wollte sein Foto gegen ein neutraleres austauschen, die Zeiten seiner Arbeitslosigkeit mit Bezügen zur Arbeit füllen (in mehreren seiner Auszeiten hatte er als freier Journalist eine Obdachlosen-Zeitung unterstützt) und seinen Lebenslauf von drei auf zwei Seiten kürzen („da kommt man beim Überfliegen ja völlig durcheinander!"). Vor allem erkannte er: „Ich muss genau begründen, warum ich jetzt wieder in eine Behörde wechseln will. Es darf nicht aussehen wie eine Flucht aus der freien Wirtschaft oder wie ein Abstieg. Im Gegenteil, es muss als ein schlüssiger Schritt wirken: Ich nehme jenen Faden, mit dem einst meine journalistische Karriere begann, nun wieder auf." Zu diesem Zweck beschloss er unter anderem, eine dritte Seite zu verfassen. Dort wollte er auch seine Erfahrungen in der Pressearbeit einbinden, die er als Buchautor gesammelt hatte.

5. Lassen Sie den Klienten seine Unterlagen bis zur nächsten Sitzung überarbeiten – und laden Sie ihn dann erneut zu diesem Rollenspiel ein, nur im Schnelldurchlauf. Zum einen wird so der Fortschritt greifbar, das erhöht die Motivation. Und zum anderen hilft die Übung, den Unterlagen den Feinschliff zu geben.

Weitere Fragen

Übung: Bitte schreiben Sie mindestens fünf Fragen auf, mit denen Sie Ihren Klienten als Personaler-Kollegen im Denken vorwärtsbringen. Duzen Sie ihn dabei.

Mein Vorschlag:

- Auf einer Skala von eins (für miserabel) bis zehn (für hervorragend): Wie würdest du diese Bewerbungsunterlagen einordnen? Und warum?
- Was müsste der Bewerber tun, um sich einen Punkt auf der Skala zu steigern?
- Geht aus seiner Bewerbung hervor, dass er sich eingehend mit unserem Unternehmen beschäftigt hat?
- Oder können die Unterlagen so auch an andere Unternehmen gegangen sein? Wenn ja: Was würde das über ihn aussagen?
- Welches sind die größten Stärken des Bewerbers? Und hat er sie deutlich genug herausgearbeitet?
- Wie stellst du ihn dir als Mensch vor? Welche Anhaltspunkte bekommen wir?
- Sind alle seine bisherigen Wechsel klar nachvollziehbar? Oder müssen wir im Vorstellungsgespräch nachbohren?
- Ist dir bei den Zeugnissen etwas aufgefallen?
- Ist sein Wissen auf dem neusten Stand? Oder hat er sich um Weiterbildungen gedrückt?
- Was meinst du: Warum will er gerade jetzt wechseln?
- Wäre der Wechsel zu uns ein schlüssiger Schritt – oder ein allzu großer Sprung?

Varianten

Das Gespräch der beiden Personaler ist auch eine fruchtbare Übung, nachdem Sie mit dem Klienten ein Vorstellungsgespräch im Rollenspiel geübt haben. Statt ein direktes Feedback zu geben, können Sie nun mit ihm unter der Annahme, er habe als Personaler-Kollege am Tisch gesessen, die einzelnen Fragen und Antworten durchgehen: Wann hat sich der Bewerber gut geschlagen? Und wann hat er eine schlechte Figur abgegeben? Der Perspektivenwechsel schärft das Urteilsvermögen. Statt die eigenen Schwächen zu verteidigen, wie er es womöglich aus der eigenen Rolle täte, wird dem Klienten das Verbesserungspotenzial sofort klar.

Profi-Tipp

In kleineren Unternehmen werden die Bewerbungsunterlagen oft von zwei Menschen geprüft: dem Personalchef und dem Fachvorgesetzten. Daher kann es ergiebig sein, dass Sie diese Rollen zwischen sich und dem Klienten aufteilen. Machen Sie vorher deutlich, dass der Fachvorgesetzte eher auf die Expertise und die persönliche Chemie achtet, während der Personalchef seinen Blick auf die Qualifikation und die Stimmigkeit des Lebenslaufes richtet.

Risiken

Es kann vorkommen, dass der Klient aus seiner Rolle fällt und von sich in der Ich-Form spricht. Dann können Sie gegensteuern, indem Sie einfach in Ihrer Rolle bleiben und ihn gezielt als Personaler-Kollegen bei seinem (falschen) Vornamen ansprechen. Achten Sie darauf, die eigene Rolle nicht zu verlassen: Sobald Sie nämlich sagen, „Halt, wir sind doch in einem Rollenspiel!", haben Sie seine unbewusste Einladung zum Ausstieg angenommen.

Umsetzungs-Plan

Notieren Sie bitte, wann und wie Sie diese Methode einsetzen wollen:

15.

Der Lebens-Tacho

Immer mehr Menschen führen ihr Leben mit Vollgas, bis sie ein Burnout aus der Kurve wirft. Nur wer rechtzeitig seine Geschwindigkeit prüft, kann ein gesundes Tempo wählen. Der Blick auf den Lebens-Tacho kann eine Entschleunigung einleiten.

Ziele

- Bewusstsein für die eigene Geschwindigkeit wecken.
- Die Vorzüge des Tempowechsels herausarbeiten.
- Dem Klienten Mut zum Bremsen verleihen.

Fallbeispiel

Dr. Ingo Hobel (34) ist gerade zum Prokuristen eines Bekleidungsherstellers befördert worden. Sein Studium der Betriebswirtschaft hat er im Rekordtempo absolviert, danach berufsbegleitend promoviert, eine Abteilungsleitung übernommen und sich dann rasch in der Hierarchie nach oben gearbeitet. Die Zahl seiner täglichen Mail-Eingänge will er nicht nennen: „Dann fallen Sie rückwärts um!" Zu seinen Arbeitszeiten sagt er: „Fragen Sie mich besser, wann ich nicht arbeite."

Eigentlich war er ins Coaching gekommen, um seinen nächsten Karriereschritt, einen Posten als Geschäftsführer, „klarzumachen" (so seine Worte). Doch im Laufe des ersten Gespräches stellt sich heraus, dass er sich immer erschöpfter fühlt, manchmal morgens im Bett liegen bleiben möchte und auch von seinem Hausarzt eine düstere Prognose bekommen hat. Im Coaching wirkt er nervös, schielt dauernd auf sein Handy, kaut auf einem Stift und scheint immer wieder ins Leere zu starren.

Der Coach schlägt ihm vor, zunächst einen Blick auf sein Lebenstempo zu werfen. Er ist einverstanden.

Die Idee

Wer in einem ICE mit 220 Stundenkilometern durch die Landschaft rast, hat nicht das Gefühl, übermäßig rasch zu fahren. Unser Gehirn gewöhnt sich schnell an hohes Tempo. Auch bei der Lebensgeschwindigkeit gilt: Wer immer mit Vollgas fährt, ist sich seines Rasens nicht bewusst. Allenfalls fällt ihm der körperliche und geistige Verschleiß auf – manchmal erst, wenn er schon auf dem Abstellgleis eines Burnout-Syndroms gelandet ist.

Das Bewusstsein für die eigene Geschwindigkeit zu wecken, die Wirkung des schnellen und langsamen Lebens zu untersuchen und daraus ein individuell gesundes Lebenstempo abzuleiten, darum geht es bei dieser Coaching-Idee. Der Klient blickt ausnahmsweise nicht auf jene Parameter, an denen er in der Arbeitswelt üblicherweise gemessen wird: nicht auf Output, nicht auf Anwesenheit, nicht auf Überstunden. Vielmehr eruiert er seinen „Lebens-Tacho“: Auf welcher Geschwindigkeit steht der Zeiger?

Stimmt das Tempo seines Denkens und Handelns überein mit seinem Wohlfühl-Tempo? Kommen das Herz und die Seele mit? Das komplette Leben will berücksichtigst sein, auch über den Beruf hinaus; Menschen variieren ihr Tempo von Situation zu Situation, mal bremsen sie ab, mal geben sie Gas. Jede Geschwindigkeit hat ihre Vorzüge. Fragt sich bloß: Wann und in welcher Dosis? Das arbeitet diese Methode heraus.

Schritte zum Erfolg

1. Bitten Sie den Klienten, sich selbst als ein Auto vorzustellen – und fragen Sie ihn, als welche Automarke er sich sieht. Seine Antwort liefert Spuren, welche Rolle die Geschwindigkeit in seinem Leben spielt. Ingo Hobel antwortet wie aus der Pistole geschossen: „Natürlich ein Porsche. Und ich fürchte sogar: ein getunter!“

2. Bitten Sie den Klienten, seine persönliche Höchstgeschwindigkeit in Stundenkilometern zu benennen: „Wie schnell sind Sie im Leben unterwegs, wenn Sie Vollgas geben?“ Ingo Hobel schweigt zwei Sekunden, ehe er sagt: „Ich schätze: mit 280 Sachen. Wobei ich zugeben muss, dass man bei einer solchen Geschwindigkeit gar nicht auf den Tacho schaut, nur auf das, was vor einem liegt: die Straße oder eben die Arbeit.“

3. Stellen Sie dem Klienten nun Fragen, die ihm helfen, seine Geschwindigkeit im Laufe einer Arbeitswoche zu rekonstruieren.

Greifen Sie dabei auf Parallelen zu einem Auto zurück. Beginnen Sie mit Fragen nach dem hohen Tempo und seinen Auswirkungen.

Übung: Bitte entwickeln Sie vorm Weiterlesen zehn Vorschläge.

Meine Vorschläge:

- Angenommen, Sie hätten letzte Woche ein Tacho implantiert gehabt: Wann hätte der Zeiger wohl am höchsten ausgeschlagen? Und auf welche Zahl?
- Was genau haben Sie getan, um auf dieses Tempo zu beschleunigen?
- Woran hätte ein neutraler Beobachter bemerkt, dass Sie mit einem Affenzahn unterwegs sind?
- Woran haben Sie es selbst gemerkt? (Haben Sie es überhaupt gemerkt?)
- Aus welchen Gründen haben Sie sich für dieses hohe Tempo entschieden?
- Was wäre passiert, wenn Sie langsamer unterwegs gewesen wären?
- In welchen Situationen fühlen Sie sich animiert, sich innerlich (und/oder äußerlich) zu beschleunigen?
- Wie wirkt sich das auf Ihr Wohlfühlen, Ihren Geist und Ihren Körper aus?
- Gab es Situationen – eventuell auch schon früher – in denen Sie innerlich aus der Kurve geflogen sind?
- Was passiert mit einem Auto, wenn es immer nur Vollgas fährt?
- Und was, glauben Sie, kann mit Ihnen passieren?
- Welche Antwort würde mir Ihr Hausarzt (oder: Ihre Familie) auf diese Frage geben?

Ingo Hobel erzählt, dass er seine Höchstgeschwindigkeit erreicht, wenn er in das dritte oder vierte Meeting des Tages hetzt: „Dann bin ich völlig überdreht und habe manchmal das Gefühl, ich mache alle mit meiner Hektik verrückt. Das sind dann mindestens 250 Stundenkilometer." Er fühle sich zu diesem hohen Tempo animiert, weil er Angst habe, „sonst alles nicht mehr zu schaffen". Schließlich sei er „nicht fürs Däumchendrehen befördert worden". Zugleich räumt er ein, dass sein hohes Tempo fatale Auswirkungen habe: „Mein Puls hämmert so schnell, dass mir manchmal die Luft wegbleibt. Und das Herz rast auch, dann kann ich nachts nicht einschlafen und fahre noch mal den Laptop hoch." Sein Hausarzt habe schon gesagt: „Wenn Sie so weitermachen, werden Sie nicht alt!"

Eine unerwartete Erkenntnis ergibt sich für den Klienten, als er auf sein Privatleben blickt: Auch nach Feierabend, im Kreis seiner Familie, bleibt sein Tacho mindestens auf 120 Stundenkilometern stehen: „Ich bin pausenlos damit beschäftigt, für uns Dinge zu regeln und zu organisieren. Manchmal gehe ich meiner Frau damit auf den Keks."

4. Lenken Sie den Blick des Klienten jetzt auf langsame Geschwindigkeit, mit zehn parallelen Fragen (zu den obigen nach hoher Geschwindigkeit):

- Wann hätte Ihr automatischer Tacho denn die geringste Geschwindigkeit angezeigt? Und welche Zahl?
- Wie ist es Ihnen gelungen, sich innerlich so gut zu entschleunigen?
- Woran hätte ein neutraler Beobachter bemerkt, dass Sie sich für mehr Langsamkeit entschieden haben?
- Aus welchen Gründen haben Sie abgebremst?
- In welchen Situationen fühlen Sie sich animiert, sich innerlich zu bremsen?
- Gab es Situationen – eventuell auch schon früher – in denen das Bremsen Ihren Erfolg gesichert und den Flug aus der Kurve verhindert hat?
- Wie wirkt sich ein langsameres Lebenstempo auf Ihr Wohlfühlen, Ihren Geist und Ihren Körper aus?
- Was passiert mit einem Auto, wenn es nicht nur Vollgas, sondern immer wieder mal langsam fährt?
- Und was, glauben Sie, sind die Auswirkungen auf Sie?
- Welche Antwort würde mir Ihr Hausarzt (oder: Ihre Familie) auf diese Frage geben?

Ingo Hobel muss lange überlegen, ehe ihm einfällt: „Meine ruhigste Phase habe ich, wenn ich morgens aus der Tiefgarage in den siebten Stock durchs Treppenhaus laufe. Wenn ich aus dem Auto steige, bin ich noch aufgedreht, sagen wir: 130 Stundenkilometer. Aber mit jedem neuen Stockwerk, das ich im Treppenhaus erreiche, werde ich innerlich langsamer und ruhiger. Das geht runter bis auf 50 Stundenkilometer." Er erzählt, dass er die innere Entschleunigung eigentlich schätze, zum Beispiel „früher, als ich noch Urlaub ohne Laptop gemacht habe. Das tut mir gut, dann schlafe ich besser und bin genießbarer". Seine Erkenntnis: „Ich werde es öfter mal ruhig angehen lassen. Bei einem Auto ist der Motor bald futsch, wenn es immer nur Vollgas fährt. Und bei mir leiden das Herz und der Kopf."

5. Laden Sie den Klienten ein, seine persönlichen Strategien zur Entschleunigung zu entdecken. Bitten Sie ihn, von Situationen zu erzählen, in denen der Tacho weit unten stand. Und dann soll er herausfinden, wie es ihm gelungen ist, solch ein vernünftiges Tempo zu wählen.

Ingo Hobel kommt über diese Fragen zu drei Einsichten:

1.) Körperliche Bewegung entschleunigt seine Gedanken. Das gilt nicht nur beim Treppensteigen, sondern auch beim Radfahren, seinem langjährigen Hobby, das in letzter Zeit viel zu kurz kam. Er beschließt, wieder dreimal pro Woche aufs Rennrad zu steigen.

2.) Innere Sicherheit entschleunigt ihn. „Wenn ich weiß, dass etwas klappt, hetze ich auch nicht – das tue ich nur dann, wenn ich Angst vorm Scheitern habe." Er beschließt, seine Projekttermine künftig realistischer zu setzen und sich auch mehr Unterstützung durch seine Mitarbeiter zu holen.

3.) Entschleunigung verhindert nicht Beschleunigung, sondern macht sie erst möglich! Der Vergleich mit dem Auto macht ihm bewusst, wie wichtig Tempowechsel in seinem Leben sind. Er beschließt, seine innere Raserei gezielt zu unterbrechen – zum Beispiel, indem er zu den Meetings nur noch durchs Treppenhaus läuft, statt den Fahrstuhl zu nehmen. Und indem er die Zahl seiner Termine erheblich senkt und seine Erreichbarkeit im Urlaub massiv einschränkt („wirklich nur, wenn Feuer unterm Dach ist!").

Das ursprüngliche Thema, seine angestrebte Beförderung, stellt Ingo Hobel zurück: „Ich habe jetzt begriffen, dass ich erst mal langsam machen muss, um wieder Kraft zu schöpfen."

6 . Zu guter Letzt skizziert der Klient einen der kommenden Tage: Links aufs Papier schreibt er die Uhrzeiten, vom Aufstehen bis zum Einschlafen, rechts davon seine Wunschgeschwindigkeit. Dabei achtet er auf den Wechsel zwischen hohem und niedrigem Tempo. Der Coach fragt ihn, was er jeweils unternehmen wird, um sein Tempo zu senken oder vernünftig zu beschleunigen. Der Klient beschreibt sein Handeln im Detail und legt damit die neuronale Spur zum realen Tun.

Diese Übung entfesselt die Fantasie und macht es Menschen, die ihr Leben lang für Geschwindigkeit belohnt wurden, bedeutend leichter, über Langsamkeit zu sprechen. Die Erfolge beim Praxistransfer sind groß, weil der Klient seine gewünschte Geschwindigkeit im Laufe des Tages immer wieder mit der empfundenen vergleichen und korrigieren kann.

Weitere Fragen

- Wer hat in Ihrer Firma die Stoppuhr in der Hand, wer misst die Geschwindigkeit?
- Wie können Sie diesem Menschen klarmachen, dass Ihre Tempowechsel zum Vorteil der Firma sind?
- Einige Autos verfügen über einen Tempomat, der verhindert, dass der Fahrer die Höchstgeschwindigkeit überschreitet: Welche individuelle Automatik könnten Sie da für sich entwickeln?
- Vielleicht gibt es diese Automatik ja schon: Wie haben Sie sich in der Vergangenheit am zuverlässigsten entschleunigt?
- Welcher nahe Mensch, der Ihre Geschwindigkeit gut einschätzen kann, könnte Ihnen als hilfreiche Radarfalle dienen?
- Was wären Sie bereit, bei Geschwindigkeits-Überschreitungen als Strafe zu tun oder zu bezahlen?
- Und wie werden Sie sich belohnen, wenn es Ihnen gelingt, ein vernünftiges Lebenstempo zu finden?

Varianten

Ein Tachometer zeigt nicht nur die Geschwindigkeit an, sondern auch die Kilometer. Lassen Sie Ihren Klienten einschätzen, welche Strecke er in seinem kompletten Leben zurückgelegt hat. Und wie viele Kilometer davon in den letzten Jahren? Nun wird schnell deutlich, wie er sich unterwegs wägt – ob in kontinuierlicher, verlangsamter oder beschleunigter Geschwindigkeit. In welchem Jahr hat er die wenigsten Kilometer gesammelt? Zum Beispiel ein Jahr, in dem er durch Amerika gereist ist. Was war anders in diesem Jahr? Welche Ressourcen für die künftigen Jahre hat er da gewonnen? Wie hoch schätzt er seine eigene Maximal-Laufleistung in Kilometern ein? Was kann er tun, um sich diese Kilometer gut einzuteilen?

Profi-Tipp

Gut möglich, dass sich Ihr Klient seiner eigenen Geschwindigkeit gar nicht bewusst ist und nur ein mittleres Tempo einräumt. Dann sollten Sie zirkulär nachhaken: „Welche Geschwindigkeit würde Ihnen Ihre

Assistentin attestieren?", „ Welche Ihr bester Freund?", „Was würde Ihr langsamster Mitarbeiter sagen?", „Wer aus Ihrem Umfeld würde Ihnen das höchste Tempo nachsagen? Und mit welcher Begründung?"

Durch diesen systemischen Rundblick wird dem Klienten bewusst, dass seine persönliche Wahrnehmung nur eine Möglichkeit von vielen ist, subjektiv und fehlbar. Das erhöht seine Bereitschaft, das Tempo zu drosseln.

Risiken

Wenn ein Mensch sein inneres und äußeres Tempo senkt, kann das seine Umwelt erschrecken. Alle fragen sich zum Beispiel: „Ist der Chef krank? Er lässt so viele Meetings sausen!" Man spornt ihn regelrecht zu seinem alten Tempo an. Solche Erwartungen erhöhen die Rückfallgefahr – als würde einem Trinker dauernd Schnaps angeboten. Deshalb sollten Sie mit Ihrem Klienten durchspielen, wie seine Umwelt auf ein langsameres Tempo wohl reagieren wird, im privaten und beruflichen Leben.

Bauen Sie in dieses zirkuläre Fragespiel unbedingt den Zeitfaktor mit ein: Wie fallen die Reaktionen jetzt aus, wie in einem Monat und wie in einem Jahr? Dabei wird der Klient erkennen, woran er auf längere Frist gemessen wird: nicht am Arbeitstempo, nicht an ständiger Verfügbarkeit, nicht an uneingeschränkter Präsenz – sondern an seinen Arbeitsergebnissen. Und die werden durch Tempowechsel verbessert, nicht verschlechtert.

Umsetzungs-Plan

Notieren Sie bitte, wann und wie Sie diese Methode einsetzen wollen:

16.

Vom Opferlamm zur Feldherrin

Wer sich für ein Opfer der Umstände hält, kann die Hände in den Schoß legen und sich aufs Jammern beschränken. Diese Coaching-Idee weist den Weg aus der Opferrolle, denn die Klientin erlebt am eigenen Leib: Selbstwirksamkeit fühlt sich besser an!

Ziele

- Die Klientin überdenkt ihre Haltung zum Problem.
- Sie merkt, dass sie die Lage aus eigener Kraft verändern kann.
- Sie ist davor gefeit, sich wieder in die bequeme Opferrolle zu lehnen.

Fallbeispiel

Manuela Minges (29) arbeitet als Mathematikerin bei einer Versicherung und fühlt sich von ihrem Chef benachteiligt. Gerade hat er sie bei einer Beförderung übergangen. „Und das nur, weil ich eine Frau bin!", klagt sie. Außerdem gebe der Chef „kaum eine Rückmeldung auf meine Arbeit, kümmert sich nicht um meine Fortbildungen und schiebt sogar meine Urlaubsanträge auf die lange Bank". Ihre Konsequenz: „Mittlerweile mache ich Dienst nach Vorschrift. Das hat er so verdient!" Zugleich spüre sie, wie ihr „die Lust an der Arbeit immer mehr abhandenkommt".

Die Idee

Kinder sind Meister darin, Verantwortung abzuwälzen: Der Test, der zur Note 5 führte, „war einfach zu schwierig: So ein blöder Lehrer!" Misserfolge den Umständen zuzuschreiben, ist bequem, auch für Erwachsene. Dann ist nicht mehr der Einzelne für sein Leben verantwortlich, sondern seine Firma, sein Chef, der Staat oder die Globalisierung. Als Spielball fremder Mächte kann man keine Fehler machen, muss sich nicht weiterentwickeln, darf sich treiben lassen.

Ein Coaching aber kann nur dann Erfolg haben, wenn Sie die Menschen aus Ihrer Opferrolle herauslocken. Erstens wird Ihre Klientin nur das verändern, was sie für veränderbar hält – die Aussicht auf einen Erfolg motiviert sie. Zweitens neigen Menschen, die sich für ohnmächtig halten, mit Vorliebe dazu, nur die Welt um sich herum verändern zu wollen: den Chef, die Firma, die Gesellschaft. Das aber ist in einem Coaching nicht möglich – es sei denn, jemand fängt bei sich selber an. Und drittens ist klar, wem eine verantwortungsscheue Klientin das Scheitern des Coachings in die Schuhe schöbe: natürlich Ihnen! Darum muss klar sein: Sie trägt die Verantwortung für den Erfolg – Sie helfen ihr nur dabei, einen Rahmen dafür zu schaffen.

Das zweifache Rollenspiel, in dem die Klientin einmal als „Opferlamm" und einmal als „Feldherrin" auftritt, macht ihr bewusst, wie sehr sie die selbst gewählte Ohnmacht bremst – und wie stark sie eine selbst gewählte Tatkraft anschieben kann.

Schritte zum Erfolg

1. Stellen Sie Ihrer Klientin das Rollenspiel vor. Beziehen Sie sich dabei auf ihre innere Zerrissenheit, von der sie ausgehen können, weil sie die Lage bislang nicht verändert hat, aber sie offenbar verändern will (sonst wäre sie nicht ins Coaching gekommen):

„Ich habe jetzt immer wieder von Ihnen gehört, dass Sie unter Ihrem Chef und der Situation leiden. Und ich habe den Eindruck, Sie fühlen sich recht ohnmächtig und ausgeliefert." (Die Klientin signalisiert Zustimmung.) „Auf der anderen Seite sind Sie zu mir ins Coaching gekommen, um diese Situation zu verändern. Ich könnte mir gut vorstellen, dass eine innere Stimme in Ihnen sagt: ‚Du kannst gar nichts machen, der Chef hat dich in der Hand!' Aber eine andere Stimme hält dem entgegen: ‚Du musst was tun, sonst wirst du unglücklich!'" (Wieder nickt die Klientin.) „Prima, dann würde ich Sie gerne einladen, einmal beide Haltungen zu testen – daraufhin, welche sich für Sie besser anfühlt.

Dazu möchte ich Ihnen ein kleines Gedankenspiel anbieten. Bitte schlüpfen Sie gleich in folgende Rolle: Seien Sie das Opferlamm, das sich pausenlos beklagt über den Chef, die Firma und alles Mögliche. Jammern Sie so laut und so intensiv wie möglich. Ich werde Sie gezielt als Opferlamm ansprechen und Ihnen Fragen stellen. Wollen wir das mal probieren?"

2. Die Klientin darf sich auf einen „Opferlamm-Stuhl" setzen. Der Coach stellt Ihr überspitzte Fragen, durch die er die Opferrolle betont: „Also, Sie Allerärmste, Sie haben mit Ihrem Chef ein ganz schweres Los gezogen, höre ich. Erzählen Sie einmal, was der Typ so auf Ihre Kosten treibt!"

Die Klientin erzählt, wie sie von ihrem Vorgesetzten benachteiligt wird, zum Beispiel immer nur langweilige Arbeiten delegiert bekommt; mit welcher Heimtücke er sie bei der Beförderung für „seinen Spezi" übergangen hat; und wie ungeschickt er sich auch im Alltag verhält, etwa wenn er zu Beginn eines Meetings ausgerechnet sie bittet, die noch offene Tür zu schließen, statt den Azubi.

Der Coach bohrt weiter: „Das ist ja schrecklich! Ich kann mir vorstellen, dass Sie überhaupt keine Lust mehr haben, zur Arbeit zu gehen!" Die Klientin bestätigt, dass ihre Motivation den Gefrierpunkt bereits unterschritten habe; dass sie sich zwingen müsse, jeden Tag ihre Arbeitszeit abzusitzen; und dass sie sich abends, wenn sie nach Hause kommt, oft wie nach einem Gewaltmarsch fühle: „völlig ausgezehrt und handlungsunfähig".

Während sie als Opferlamm spricht, krampfen sich ihre Hände wie zum Gebet zusammen. Ihre Augen kleben am Boden. Ihre Schultern sind eingefallen, und ihr Blick blinzelt aus winzigen Augenschlitzen. Der Coach lässt sie fünf Minuten lang gewähren. Dann entrollt er sie.

3. Nun stellen Sie der Klientin Fragen – nicht zu den Inhalten ihrer Aussagen, sondern zu dem Gefühl, das diese begleitet hat.

- Auf einer Skala von eins (für todtraurig und gelähmt) bis zehn (für sehr fröhlich und lebendig): Wie wohl haben Sie sich in Ihrer Rolle als Opferlamm gefühlt?
- Was glauben Sie: Welchen Eindruck hätte ein fremder Beobachter von Ihnen gewonnen?
- Was meinen Sie, wie Ihre Stimme klang?
- Welchen Eindruck hat wohl Ihre Körpersprache vermittelt?
- Und wie könnte Ihre innere Haltung angekommen sein?
- Wenn Sie den Menschen, der Sie gerne wären, mit dem Opferlamm vergleichen, das da gerade gesprochen hat: Wo liegen die Unterschiede?

4. Nun laden Sie die Klientin ein, dieselbe Situation aus einer anderen Perspektive zu betrachten: als Feldherrin, die sich sicher ist, aus eigener Kraft alles verändern und die Schlacht gewinnen zu können. Dazu darf sie sich auf einen Feldherrinnen-Stuhl setzen, gerne mitten im Raum, damit sie, wie vom Feldherren-Hügel, den Überblick bewahrt.

Unterstützen Sie die Klientin mit Fragen, die geeignet sind, ihre Rolle zu verstärken:

Coach: „Nun weiß ich, dass Sie eine tatkräftige Frau sind, eine Feldherrin, die sich nichts gefallen lässt, was ihr nicht gefällt. Bitte beschreiben Sie einmal, was Sie tun werden, um Ihre eigenen Ziele zu erreichen – und um Ihren Chef, diesen vorwitzigen Gernegroß, in seine Schranken zu verweisen!"
Klientin (überlegt lange): „Wenn ich das genau wüsste!"
Coach: „Ich vermute mal, dass eine Feldherrin ihre eigenen Interessen mit harten Bandagen verteidigt."
Klientin: „Richtig. Ich sollte mir einige Dinge nicht länger bieten lassen. Wenn er mich noch mal fragt, ob ich die Tür des Meeting-Raumes schließe, könnte ich das ja einfach ablehnen."
Coach: „Wie läuft die Szene dann ab? Beschreiben Sie es mal ganz genau!"
Klientin: „Er bittet mich, und ich antworte: ‚Da überlasse ich den Vortritt gerne anderen!' Einfach damit er merkt, dass ich mich nicht länger unterbuttern lasse. Aber andererseits brauche ich ihn ja auch, für meine Beförderung."
Coach: „Als Feldherrin stehen Sie ja auf dem Hügel und sehen bestimmt über die Grenzen Ihrer Abteilung hinweg. Vielleicht ergibt sich da eine interessante Perspektive?"
Klientin: „Nun ja, unser Unternehmen hat sich die Frauenförderung auf die Fahnen geschrieben. Ich werde mal ein Gespräch mit der Personalabteilung führen. Die suchen doch händeringend nach Frauen, die bereit zu einer Führungskarriere sind." (...)

Je länger der Dialog dauert, desto mehr lässt sich die Klientin auf die Rolle der Feldherrin ein. Sie entwickelt zahlreiche Vorschläge und Ideen. Beim Sprechen wirkt sie engagiert und immer munterer. Ihre Körpersprache ist offen, ihre Hände reden mit, ihre Augen blitzen und deuten gelegentlich sogar ein Zwinkern an.

5. Nun fragen Sie erneut nach, wie sich die Klientin in der Rolle gefühlt hat. Dabei sollten Sie zunächst die Fragen nach dem ersten

Rollenspiel aufgreifen (nur die letzten leicht verändert), das erleichtert den direkten Vergleich.

- Auf einer Skala von eins (für todtraurig und gelähmt) bis zehn (für sehr fröhlich und lebendig): Wie wohl haben Sie sich in Ihrer Rolle als Feldherrin gefühlt?
- Was glauben Sie: Welchen Eindruck hätte ein fremder Beobachter von Ihnen gewonnen?
- Was meinen Sie, wie Ihre Stimme klang?
- Welchen Eindruck hat wohl Ihre Körpersprache vermittelt?
- Und wie könnte Ihre innere Haltung angekommen sein?
- Wenn Sie das Opferlamm, das Sie vorhin waren, mit der Feldherrin vergleichen, die da gerade gesprochen hat: Wo liegen die Unterschiede?
- Welche Rolle reizt Sie mehr?

6. Besprechen Sie mit Ihrer Klientin, was sie konkret tun will, um in die Rolle der Feldherrin zu schlüpfen. Planen Sie mit ihr einen „Feldzug", der aus kleinen „Truppenbewegungen" besteht, also ersten Schritten in die gewünschte Richtung. Auf diese Weise kann sie von Sitzung zu Sitzung einen fließenden Übergang von der Ohnmacht zur Tatkraft finden.

Weitere Fragen

- Wer ist in Ihrer Firma schon als Feldherrin oder Feldherr unterwegs?
- Haben Sie Lust, einmal zu analysieren, wie dieser Mensch agiert?
- Welche dieser Strategien kämen auch für Sie in Frage?
- Woran wird Ihr Chef merken, ob Sie gerade Opferlamm oder Feldherrin sind?
- Was verändert sich in Ihrem Denken, wenn Sie auf Feldherrin schalten?
- In welchen Situationen Ihres Lebens haben Sie schon als Feldherrin Erfolge gefeiert?
- Welche Ihrer Eigenschaften waren dabei am hilfreichsten?
- Welchen Nutzen können Sie für Ihren aktuellen Schlachtplan daraus ziehen?

Varianten

Die Opferrolle kann auch mit einem Begriff überschrieben werden, den die Klientin selbst ins Gespräch einbringt. Wenn sie zum Beispiel sagt, sie sei der „Prügelknabe“, arbeiten Sie mit diesem Begriff. Idealerweise beinhaltet der Begriff eine leichte Überzeichnung, wie auch „Opferlamm“, damit das spielerische Element deutlich wird. Auch die Fragen des Coachs sollten eher ironisierend als mitleidserregend sein.

Profi-Tipp

Diese Übung lässt sich mit einem Aufstellungs-Element anreichern. Dazu malen Sie mit Kreide zwei angrenzende Felder auf den Boden: ein Opferlamm-Feld und ein Feldherrinnen-Feld. Für das erste Interview begibt sich die Klientin tief in das Opferlamm-Feld. Für das zweite Interview betritt sie das Feldherrinnen-Feld.

Nach der Übung darf sie die beiden Felder noch einmal begehen und nachspüren, was sich verändert, wenn sie sich langsam von einem Feld auf das andere zubewegt. Der Coach unterstützt sie dabei mit Fragen, etwa: „Gibt es Gedanken, bei denen Sie mit einem Fuß im Opferlamm- und mit dem anderen im Feldherrinnen-Feld stehen?“, „Was müssten Sie tun, um den Fuß ganz ins eine oder andere Feld ziehen zu können?“, „In welchen Situationen der Vergangenheit hatten Sie sich aus dem Opferlamm-Feld dem Feldherrinnen-Feld am weitesten genähert?“ Usw.

Diese Übung ist deshalb besonders wirkungsvoll, weil sie der geistigen Dimension eine räumliche hinzufügt und die Intuition verstärkt.

Risiken

Übung: Wie gehen Sie damit um, wenn sich die Klientin in ihrer Opferrolle wohler denn als Feldherrin fühlt? Welche Überlegungen löst das in Ihnen aus? Zu welchen Grundsatzfragen kann es führen? Bitte durchdenken Sie die Situation und antworten Sie, bevor Sie weiterlesen.

Mein Vorschlag:

Dann sollten Sie prüfen, welche verdeckten Vorteile die beklagte Situation für die Klientin bringt und ob der Wille zur Veränderung stark genug ist. Welche Nachteile hätte es, wenn die Klientin das Ziel erreichte? Auf welche Annehmlichkeiten müsste sie verzichten? Was würde schwieriger in ihrem Leben? Manchmal steht am Ende des Coachings die Einsicht, dass ein Mensch seine bisherige Situation deshalb noch nicht verändert hat, weil er sie unbewusst dem angeblichen Ziel vorzieht.

Umsetzungs-Plan

Notieren Sie bitte, wann und wie Sie diese Methode einsetzen wollen:

17.

Die Zeitmaschine

Die spannendsten Reisen vermittelt kein Reisebüro: Sie führen in die Zukunft oder die Vergangenheit. Wer sich auf Zeitreise begibt, kann seinen Träumen begegnen und seine Ressourcen sammeln. Eine fiktive Zeitmaschine bereichert das Coaching.

Ziele

- Der Klient verlässt das Zeitdorf der Gegenwart.
- Er nimmt sich in einer größeren zeitlichen Perspektive wahr.
- Er sammelt Ressourcen und baut Visionen aus.

Fallbeispiel

Jörg Peters (28) strebt eine Selbstständigkeit an. Der studierte Informatiker arbeitet seit vier Jahren für ein mittelständisches Unternehmen. Dort ist er für den kompletten Internetauftritt verantwortlich, von der Programmierung bis zum Layout. Nur die Texte werden ihm von anderen Abteilungen geliefert. Nun möchte er sich selbstständig machen, als Anbieter von „Homepage-Sorglos-Paketen". Mittelständische Firmen sollen ihre Internetauftritte an ihn auslagern. Er verspricht sich davon „mehr Abwechslung und auch mehr Geld". Im Coaching will er prüfen, „wie ich die Sache am besten anpacke".

Die Idee

Entscheidungen werden in der Gegenwart gefällt – aber die Maßstäbe und Erfahrungen, auf denen sie beruhen, stammen aus der Vergangenheit. Und die Auswirkungen einer Entscheidung sind Wellen, die an den Strand der Zukunft schlagen. Stimmige Entscheidungen gelingen nicht auf einer abgeschotteten Insel der Gegenwart, sondern wollen dreifach geerdet sein: in der Zukunft, der Vergangenheit und der Gegenwart. Darum: Laden Sie Ihren Klienten ein, die Gegenwart zweimal zu verlassen: in seine Vergangenheiten und seine Zukunft. Eine fiktive Zeitmaschine ermöglicht dieses Abenteuer.

Erst wenn der Klient seine Erfahrungen, Werte und Ressourcen in der Vergangenheit erkundet, kann er stimmig über seine Zukunft entscheiden. Und erst wenn er sich seine geplante Zukunft im Detail ausmalt, wenn er sie betritt, beschnuppert, belauscht, ist er in der Lage, sie herbeizuführen – wie ein Maler sein Bild in Gedanken schon gemalt haben muss, ehe er es perfekt aufs Papier bringen kann.

Die Zeitmaschine, angetrieben durch eine kleine Fantasiereise, belebt die Vorstellungskraft des Klienten und ermutigt ihn, sich von seiner Intuition tragen zu lassen.

Schritte zum Erfolg

1. Schlagen Sie dem Klienten eine Reise mit der Zeitmaschine vor und finden Sie heraus, welches Zeitziel in der Zukunft er anreisen und was er dort herausfinden will.

Coach: „Nun merke ich schon, dass Sie sehr neugierig sind, was Ihre Zukunft bringen wird. Warum schauen Sie es sich nicht einfach an? Das geht, wenn wir ein kleines Gedankenspiel wagen: Stellen Sie sich vor, wir hätten eine Zeitmaschine hier. Und Sie könnten in Ihre Zukunft reisen, um genau zu sehen, was sich in Ihrem Leben verändert hat – wie weit wollten Sie in die Zukunft reisen?"
Klient: „Ich wollte sehen, was in einem Jahr los ist. Dann kann ich schon die ersten Schritte als Selbstständiger gegangen sein."
Coach: „Warum gerade ein Jahr? Sie hätten ja auch sagen können: ein halbes Jahr? Oder zwei Jahre?"
Klient: „Ich glaube, das ist die Zeit, die ich mir innerlich gebe. Bis dahin will ich mein Geschäft gestartet haben."
Coach: „Also gut, dann schaffe ich jetzt mal die Zeitmaschine herbei."

2. Improvisieren Sie eine Zeitmaschine. Zum Beispiel können Sie drei Stühle aufeinander stapeln, an die der Klient sich lehnt, um so mit allen Zeitebenen verbunden zu sein. Bitten Sie ihn, sich auf seine Intuition zu verlassen. Und erklären Sie ihm dann, wie die Zeitmaschine funktioniert:

„Also, was Sie da in Ihrem Rücken spüren, ist die Zeitmaschine. Die drei Ebenen, die dort gestapelt sind, stehen für drei Zeiten: unten die Vergangenheit, in der Mitte die Gegenwart, oben die Zukunft. Diese Maschine verbindet Sie mit allen Zeiten, in denen Sie gelebt haben oder leben werden – je nachdem, wohin Sie Ihre Aufmerksamkeit lenken.

Rechnen Sie damit, dass der Empfang in diesem geschlossenen Raum nicht einwandfrei ist. Vielleicht werden Sie nicht immer klare Bilder sehen, doch Sie werden alles Wichtige ahnen und spüren. Mit meinen Fragen will ich Ihnen dabei helfen. Atmen Sie jetzt ganz langsam ein und aus, ein und aus, ein und aus, ehe die Reise gleich beginnt."

3. Nun starten Sie eine kleine Fantasiereise in die Zukunft und setzen dabei voraus, der Klient habe sein Ziel erreicht. Klären Sie durch Fragen, wo er sich befindet, was sich in seinem Leben verändert hat und wie er dorthin gekommen ist. Wann immer er keine genauen Antworten weiß, dürfen Sie ihn ermuntern, zu raten und zu spekulieren; so beziehen Sie seine Intuition ein:

„Und jetzt – während Sie vielleicht die Augen schließen – merken Sie ganz langsam, wie die Zeitmaschine zu arbeiten beginnt, wie sich Ihr Rücken daran wärmt, wie Ihre Gedanken aus Ihrem Kopf aufsteigen, gleich Rauch aus einem Kamin, und abheben nach oben, in die Zukunft. Ihr ganzer Körper fühlt sich leicht an, wie dieser Rauch. Sie spüren, wie die Kalenderblätter an Ihnen vorüberwehen, der heutige Tag – der 5. Oktober – der morgige, die ganze Woche. Die Monate fliegen an Ihnen vorbei: ein Vierteljahr – es ist Winter; ein halbes Jahr – es ist Frühjahr; ein Dreivierteljahr – es ist Sommer; ein ganzes Jahr – es ist wieder Herbst. Tatsächlich, Sie sind ein Jahr in die Zukunft gereist – in Ihre Zukunft. Und nun schauen Sie sich genau um, was alles geschehen ist in den letzten zwölf Monaten:

- Wie fühlt es sich an, als Selbstständiger im Geschäft zu sein?
- Was ist anders als in Ihrer alten Anstellung?
- Mit welchem Gefühl gehen Sie morgens zur Arbeit?
- Woran würde ein alter Freund, der Sie lange nicht mehr gesehen hat, merken „Etwas in seinem Leben muss sich verändert haben!"?
- An welchem Tag haben Sie die Weichen auf diese Selbstständigkeit gestellt?
- Und welches war der entscheidende Schritt?
- Wo arbeiten Sie jetzt als Selbstständiger, beschreiben Sie Ihren Arbeitsplatz einmal möglichst genau?
- Wer ist Ihr absoluter Lieblingskunde?
- Wie haben Sie diesen Kunden eigentlich an Land gezogen?
- Was würde dieser Kunde auf die Frage antworten, warum er seinen Auftrag ausgerechnet an Sie gegeben hat?
- Welche Arbeiten sind die Höhepunkte Ihres Tages?
- Und wozu müssen Sie sich eher zwingen?
- Wie steht es mit dem Geld, was verdienen Sie nach einem Jahr?

- Welche Menschen sind ist in diesem Jahr wichtiger für Sie geworden?
- Und wer hat sich weiter von Ihnen entfernt?
- Was in Ihrem Leben spendet Ihnen Kraft?

Einige Klienten antworten sofort. Andere lassen die Fragen auf sich wirken, malen sich die Antworten aus und bringen sie nach Ende der Gedankenreise ein. Beide Wege eignen sich – je nach Vorliebe Ihres Klienten.

Jörg Peters sah sich in einem kleinen Büro mit Blick in die Natur, sein absoluter Lieblingskunde war Transportunternehmer, den er von seiner alten Firma übernommen hatte („Auf diese Idee war ich vorher noch nicht gekommen!"). Und ganz besonders fiel ihm auf, dass seine Motivation wie neu geboren waren: „Ich hatte auf einmal wieder richtig Lust zur Arbeit. Ich sah mich morgens voller Freude ins Büro kommen." Und als den entscheidenden Impuls für die Veränderung gab er den Tag seiner Kündigung an: „Mir wurde klar, dass ich erst das alte Ufer verlassen muss, um das neue Ufer betreten zu können."

4. Der Coach lädt den Klienten zu einer weiteren Reise ein, diesmal in die Vergangenheit. Dort soll er alles Nützliche einsammeln, was ihn auf dem Weg in die Zukunft unterstützen kann. Wieder wirft der Coach die Zeitmaschine an, lässt den Klienten den Zielpunkt der Zeitreise wählen, spricht einen meditativen Text und stellt dann Fragen, die sich auf die Ressourcen des Klienten beziehen.

Übung: Bitte entwickeln Sie zehn solcher Fragen (Lösungsvorschlag unter: www.karriereberater-akademie.de, Rubrik „Bücher")

5. Der Klient wechselt in die dritte Zeitzone: die Gegenwart. Diesmal sitzt er am Tisch, die Zeitmaschine steht aber noch im Raum. Der Coach stellt Fragen, um die Brücke zwischen den Zeiten zu schlagen. Es geht darum, welche Ressourcen aus der Vergangenheit die nützlichsten für die Zukunft sind, welche Erfolgsstrategien sich wiederholen lassen, welche Kontakte ihm helfen könnten. Ebenso darf der Klient aus dem, was er in der Zukunft gesehen hat, konkrete Schritte für die Gegenwart ableiten. Zum Beispiel: Was muss er tun, um seinen Lieblingskunden tatsächlich mitzunehmen? Wann ist der richtige Zeitpunkt gekommen, um zu kündigen? Wie findet er sein erträumtes Büro? Usw.

Weitere Fragen

- Angenommen, Sie wären nur eine Woche in die Zukunft gereist – was hätte Sie bis dahin schon bewirkt haben können?
- Und wenn Sie fünf Jahre in die Zukunft gereist wären – welches Bild hätte sich Ihnen dann wohl geboten?
- Welche Anblicke haben Sie bei Ihrer Zeitreise am klarsten gesehen?
- Und welche Bilder waren eher verschwommen?
- Wo können Sie ansetzen, um diese Bilder Ihrer Zukunft zu schärfen?
- Angenommen, Sie könnten den Mensch, der Sie in einem Jahr sind, als Berater in die Gegenwart holen: Welchen nächsten Schritt würde er Ihnen empfehlen?
- Und wenn Sie sich schwer damit täten: Wie würde er Sie wohl motivieren?
- Nun steht ja eine große Veränderung an. Welchen abgeschlossenen Veränderungen sind Sie bei der Reise in Ihre Vergangenheit begegnet?
- Was hat Sie befähigt, diese großen Veränderungen mit Erfolg zu bewältigen?
- Wie können Sie sicherstellen, dass Sie diese Qualitäten erneut ausspielen?
- Nun haben Sie in der Vergangenheit wahrscheinlich nicht nur Heldenhaftes entdeckt – was wollen Sie künftig anders machen, welche Lehren ziehen Sie?

Varianten

Sie können die Zeitmaschine durch eine Zeitlinie im Raum ersetzen. In der Mitte liegt die Gegenwart, hinten liegt die Vergangenheit, vorne die Zukunft. Nun darf Ihr Klient Jahreszahlen auslegen und eine Reiseentfernung wählen. Zum Beispiel geht er langsam in die Zukunft, also nach rechts auf der Linie entlang, und betritt die Jahre 2015, 2020, 2025 usw. Lassen Sie ihn erspüren, welches Jahr ihn am meisten interessiert. Wohin zieht es ihn, wo bleibt er stehen? Diese Zeitpunkte kann er immer wieder variieren, weiter in die Zukunft oder zurück Richtung Gegenwart gehen, um Entwicklungen nachzuvollziehen. Dasselbe Spiel bei der Reise in die Vergangenheit. So kommt zur Reise im Geist ein körperliches Erlebnis, eine Art Aufstellung.

Profi-Tipp

Die Reise wirkt noch realistischer, wenn Sie Fiktion und Realität verbinden. Angenommen, der Klient entscheidet sich für 2030 als Reiseziel, dann können Sie zum Beispiel sagen: „Dieses Jahr feiert Altbundeskanzler Gerhard Schröder seinen 86. Geburtstag. Und

Deutschland ist seit 40 Jahren wiedervereint." Solche kleinen Realitätsbezüge, am Rande der Fragen eingebaut, wirken wie Kitt: Sie halten die Gedanken des Klienten in der gewünschten Zeitzone fest.

Risiken

Niemand garantiert Ihnen, dass Ihr Klient seine Zukunft tatsächlich sieht. Eventuell ernten Sie auf Ihre Fragen nur ein Achselzucken. Dann können Sie immer noch seine Gefühl ansprechen: Wie fühlt es sich an, in der Zukunft zu sein? Was hat sich in seinem Empfinden verändert? Manchmal lassen sich auf diesem Weg wertvoll Indizien sammeln.

Umsetzungs-Plan

Notieren Sie bitte, wann und wie Sie diese Methode einsetzen wollen:

18.

Auf dem Stuhl des Konfliktgegners

Konflikte schaffen böses Blut, wenn jeder nur seinen eigenen Standpunkt sieht, nicht aber den des anderen. Ein Perspektivenwechsel kann für Ihre Klientin heilsam sein. Dazu brauchen Sie nur drei Stühle, treffende Fragen – und viel Fantasie.

Ziele

- Die Klientin versetzt sich in ihren Konfliktpartner.
- Sie sieht ihr eigenes Verhalten unter neuen Aspekten.
- Sie nimmt die Situation von außen wahr und entdeckt neue Lösungswege.

Fallbeispiel

Julia Kleiber (33) arbeitet als Chefsekretärin einer mittelständischen Hochbau-Firma. Seit über zehn Jahren koordiniert sie den Terminkalender des Geschäftsführers, formuliert Briefe und Mails vor und pflegt einen vertraulichen Kontakt zu ihm. Doch seit einem Jahr hat ihr Chef einen neuen Stellvertreter, Herrn Eisenach. Er macht ihr das Leben schwer: „Der Eisenach lässt mich einfach links liegen, wenn er ins Chefbüro durchmarschiert." Einmal, als sie ihm einen Hinweis zum Umgang mit dem Chef gab, sagte er: „Sie verkennen Ihre Rolle: Sie sind Sekretärin!" Sie kommt zu dem Schluss: „Der Typ ist arrogant und hinterhältig!" Mittlerweile hat sie das Gefühl, er mache auch ihre Arbeit schlecht. Julia Kleiber leidet unter der Situation. Im Coaching will sie herausfinden, wie sie mit der Lage umgehen kann.

Die Idee

Konflikte bestehen nicht aus Fakten, sondern aus Fantasien. Das Bild, das sich zwei Menschen voneinander machen, bestimmt ihr Verhältnis. So kann es gut sein, dass Julia Kleiber es ihrem Lieblingskollegen verziehe, wenn er grußlos an ihr vorbei ins Chefbüro eilte: „Der hat's halt eilig!" Dagegen verachtet sie dasselbe Verhalten des ungeliebten Stellvertreters.

Das Coaching kann die Einstellung eines Menschen verändern – und damit indirekt die Fakten, die aus dieser Haltung resultieren. Unterstützen Sie die Klientin, empathisch (statt konfrontativ) zu denken – durch ein Rollenspiel, bei dem sie sich in den anderen versetzt.
Wer sich überlegt, was seinen Konfliktgegner leitet, kommt meist zu einer heilsamen Einsicht: Die Motive haben viel mit dem (vermeintlichen) Angreifer selbst zu tun und wenig mit ihm, dem (vermeintlich) Angegriffenen.

Es macht einen großen Unterschied, ob man von einer Hand getroffen wird, die gezielt nach einem schlägt, oder ob es ein Ertrinkender ist, der hilflos um sich haut. Im ersten Fall entsteht der Reflex, traurig oder wütend zu reagieren. Im zweiten Fall stellt sich Mitgefühl ein, bestenfalls die Frage: „Wie kann ich ihm helfen?" Kooperation statt Konfrontation: Das ist im Interesse beider Seiten.

Schritte zum Erfolg

1. Erklären Sie Ihrer Klientin, warum es ihr helfen kann, den Konflikt aus mehreren Perspektiven zu sehen. Fällt Ihnen eine Metapher ein?

Übung: Bitte entwickeln Sie einen kurzen Einführungstext, ehe Sie meinen Vorschlag lesen.

Mein Vorschlag:

„Nun sind ja zwei Menschen unmittelbar an der Situation beteiligt: Sie und Herr Eisenach. Deshalb schlage ich vor, dass wir uns auch mit beiden Menschen befassen, um auf Lösungen zu kommen. Das ist wie mit zwei verknoteten Schnüren: Wenn man sie lösen will, muss man beide anfassen. Ich kann mir sogar vorstellen, dass es spannend für Sie sein kann, sich einmal in den Kopf von Herrn Eisenach zu versetzen – denn sicher fragen Sie sich schon lange, was dort vorgeht." (Die Klientin signalisiert Zustimmung.)

2. Stellen Sie zwei Stühle in den Raum, einige Meter voneinander entfernt, beide parallel zueinander. Legen Sie je eine Karte auf die Stühle. Auf einer steht „Ich", für die Klientin, auf der anderen steht „Herr Eisenach", der Name des Konfliktgegners. Nun ziehen Sie einen dritten Stuhl hinzu. Er steht diesen zwei Stühlen gegenüber, genau in der Mitte. Auf diesen Stuhl legen Sie einen Zettel mit der Aufschrift „Tribüne".

Nun erläutern Sie der Klientin, welche Übung vorgesehen ist:

„Ich werde Sie jetzt einladen, nacheinander drei Perspektiven einzunehmen. Zunächst werde ich Sie auf den Stuhl von Herrn Eisenach bitten. Dort werden Sie so tun, als wären Sie er. Und ich werde genau nachfragen, warum das Verhältnis zu Julia Kleiber so schwierig ist, wie es zu dieser Situation kam und welche anderen Dinge da reinspielen.

Danach wechseln Sie auf Ihren eigenen Stuhl. Dort wiederholen wir die Übung, nur dass Sie diesmal aus Ihrer eigenen Perspektive sprechen. Nun dürfen Sie sich all das, was Ihnen zu Herrn Eisenach durch den Kopf geht, vom Herzen reden.

Und schließlich wechseln Sie auf den dritten Stuhl, die Tribüne. Dann stellen Sie sich vor, Sie hätten von dort die Äußerungen der beiden Konfliktgegner verfolgt. Und nun dürfen Sie für sich selbst ein paar Ratschläge daraus ableiten. Ich bin schon gespannt, was Ihnen dann einfallen wird."

3. Die Klientin setzt sich auf den Stuhl von Herrn Eisenach. Stellen Sie Fragen zum Eindoppeln, zum Beispiel:

- Wie alt sind Sie?
- Haben Sie Familie?
- Wie lange sind Sie schon in der Firma?
- Was haben Sie vorher gemacht?
- Welche Eigenschaft halten Sie für Ihre beste?
- Und welche für Ihre schlechteste?
- Mit wem kommen Sie am besten aus?
- Und mit wem am schlechtesten?"

Je länger Sie solche Fragen zur Person stellen, desto intensiver versetzt sich die Klientin in den Konfliktgegner.

4. Wenn Sie das Gefühl haben, die Klientin ist ganz in der Rolle angekommen, lenken Sie die Fragen auf das Verhältnis zur Kollegin Julia Kleiber. Der erste Block der Fragen richtet sich auf den Konflikt und das aktuelle Verhältnis – später folgen die Wünsche und Lösungen.

Übung: Entwickeln Sie einen ersten Block eigener Fragen, ehe Sie meine *Vorschläge* lesen.

- Wie sah Ihr erster Eindruck von Frau Kleiber aus?
- Und was hat sie wohl auf Anhieb von Ihnen gedacht?
- Wie sehen Sie die Rolle von Frau Kleiber in dieser Firma?
- Inwieweit kommen Sie sich da ins Gehege?
- Wann hatten Sie das Gefühl, dass es zu ersten Spannungen kam?
- Wie haben Sie die Situation erlebt?
- Was hat Sie am Verhalten von Frau Kleiber besonders geärgert?
- Welche Sorgen macht Ihnen dieses angespannte Verhältnis?
- Was würden Sie sich wünschen von Frau Kleiber?
- Woran würden Sie merken, dass sich Ihr Verhältnis bessert?
- Zu welchem Entgegenkommen wären Sie dann im Gegenzug bereit?
- Welche Vorteile hätte das für Sie?
- Welche Vorteile für die Kollegin?
- Welche für die Firma?

Julia Kleiber nimmt die Rolle Ihres Vize-Chefs mit einer beeindruckenden Eloquenz wahr. Sie sagt unter anderem: „Ich hatte gleich das Gefühl: Die Kleiber steht zwischen mir und meinem neuen Chef! Sie hat einen Zugang zu ihm, den ich nicht habe. Und das muss ich ändern! Also zeige ich ihr die kalte Schulter. Also mache ich sie schlecht."

Auf die Frage, was ihn am Verhalten von Frau Kleiber besonders geärgert habe, antwortet sie als Vize-Chef: „Sie hat mich spüren lassen, dass sie dichter am Geschäftsführer dran ist als ich. Zum Beispiel hat sie sich einen Spaß daraus gemacht, mir den Zugang zu seinem Büro zu erschweren. Das habe ich mir nicht gefallen lassen; da bin ich dann einfach durchmarschiert."

Und zu seinen eigenen Sorgen: „Ich bin unsicher, ob ich hier wirklich Fuß fassen kann. Ich komme aus einem Großkonzern, da fühlt man sich im Mittelstand wie ein Fremder. Und wenn einen die Sekretärin nicht mag, kann sich das schnell auf die anderen Kollegen übertragen."

Am Ende sagt er: „Ich wünsche mir, dass mich Frau Kleiber als Vize-Chef akzeptiert, statt mich als Junior-Partner meines Chefs abzuqualifizieren."

5. Nun wird die Klientin entrollt und wechselt auf ihren eigenen Stuhl. Noch darf sie nicht auf die Aussagen Ihres Vize-Chefs reagieren, sondern schildert die Situation und ihre Wünsche aus der eigenen Perspektive. Der Coach stellt ihr ähnliche Fragen wie zuvor dem Konfliktgegner.

Die Kernaussage der Klientin lautet: „Für den Geschäftsführer bin ich eine Vertraute, für den neuen Vize-Chef offenbar nur eine Tippse. So behandelt er mich wenigstens. Aber das lasse ich mir nicht gefallen, ich habe für den Laden schließlich schon einiges geleistet – im Gegensatz zu ihm!"

Als Wunsch formuliert sie: „Ich möchte, dass der Vize-Chef meine besondere Rolle würdigt. Dann könnte ich mir vorstellen, entspannter mit ihm umzugehen."

6. Die Klientin wird erneut entrollt. Nun wechselt sie auf die Tribüne. Dort soll sie als neutrale Schiedsrichterin das Geschehen beurteilen. Der Coach stellt Fragen wie:

- Nun haben Sie von außen verfolgt, was diese beiden Streithähne bewegt – was ist Ihnen daran aufgefallen?
- Inwieweit können Sie den Vize-Chef verstehen?
- Und inwieweit die Chefsekretärin?
- In welchen Punkten übertreiben es die beiden?
- Wo sehen Sie die Gemeinsamkeiten zwischen den Parteien?
- Was müssten die beiden tun, um die Situation zu entspannen?
- Was könnte der erste Schritt von Frau Kleiber sein?
- Wie würde Herr Eisenach im günstigsten Fall darauf reagieren?
- Angenommen, es käme so: Wie könnte sich das Verhältnis zwischen den beiden im nächsten Jahr entwickeln?

Die Klientin analysiert die Situation aus der Meta-Ebene. Dabei geht ihr auf: „Ich glaube, beide verbindet, dass sie unsicher sind: der neue Vize-Chef, weil er sich noch nicht etabliert hat; und Frau Kleiber, weil sie sich in ihrer angestammten Rolle attackiert fühlt." Sie schlägt vor, die beiden sollten ein offenes und klärendes Gespräch führen. Eventuell könnten sie sich gegenseitig sogar unterstützen, statt sich Steine in den Weg zu legen.

7. Die Klientin wechselt auf ihren eigenen Stuhl zurück. Der Coach sagt: „Nun haben Sie diese guten Ratschläge von außen gehört. Welcher davon hat Ihnen am besten gefallen? Was würden Sie gerne umsetzen?" Auf dieser Basis werden Vereinbarungen getroffen.

Weitere Fragen

- In welchen Situationen vertragen sich Herr Eisenach und Frau Kleiber am besten?
- Was macht dann den Unterschied aus?
- Und was müssten die beiden tun, um ihren Streit eskalieren zu lassen?
- Wie würde sich das auf ihr Befinden auswirken?
- Und wie erreichen sie das Gegenteil?
- Angenommen, ich könnte den Geschäftsführer fragen, wie sein Vize und seine Chefsekretärin miteinander auskommen: Was würde er mir wohl antworten?
- Und wenn ich von ihm wissen wollte, was er den beiden empfiehlt?
- Welche kleine Geste könnte eine Entspannung einleiten?

Varianten

Wenn an dem Konflikt weitere Personen (indirekt) beteiligt sind, können Sie auch für diese Stühle aufstellen. Hier hätten Sie den Geschäftsführer mit in den Raum holen können. Wie hätte die Klientin aus seiner Sicht ihr Verhältnis zu dem Vize-Chef beurteilt? Dabei hätten neue Aspekte sowie Lösungsvorschläge entstehen können. Eine relativ neutrale Person liefert gute Vorlagen für die Tribüne, sprich die Meta-Position. Ist die dritte Person dagegen ebenfalls in den Konflikt verstrickt, kann es konfus werden, da nun allzu viele Standpunkte im Raum stehen.

Profi-Tipp

Die Stühle-Übung macht es möglich, Konfliktgegner direkt miteinander sprechen zu lassen. Zum Beispiel hätten Sie Frau Kleiber, als sie auf dem Stuhl des Vize-Chefs saß, bitten können: „Sprechen Sie Frau Kleiber doch einmal direkt an und sagen Sie ihr, wie Sie über sie denken – und was Sie sich von ihr wünschen!" Auf solche Einwürfe hätte die Klientin später, in ihrer eigenen Rolle, antworten können.

Bei diesen Dialogen empfiehlt es sich, dass die Klientin die jeweiligen Rollen mehrfach einnimmt, allerdings jeweils für einige Minuten. Ein direkter Wechsel von Stuhl zu Stuhl fürs Antworten kann zu einer Rollenkonfusion führen.

Risiken

Die Versuchung ist groß, dass die Klientin nach dem Wechsel auf ihren eigenen Stuhl schon über ihre Einsichten spricht, also bereits aus der Meta-Ebene agiert. Gehen Sie dann sofort dazwischen mit der Bitte, die Analysen ausschließlich von der Tribüne aus vorzunehmen. Die Übung ist umso wirksamer, je strikter die einzelnen Rollen voneinander getrennt sind.

Umsetzungs-Plan

Notieren Sie bitte, wann und wie Sie diese Methode einsetzen wollen

4. Ziel im Visier: „Wohin wollen Sie?"

Ein Coaching ist eine Reise. Und jede Reise braucht ein Ziel. Aber je mehr ein Mensch auf dem Ausgangsbahnhof seines Lebens leidet, desto größer ist die Neigung, in den nächstbesten Zug zu springen: „Hauptsache, weg von hier!" Wahre Coaching-Reisen sind keine Flucht vor einem unerwünschten Zustand, sondern eine Fahrt zu einem erwünschten. Aber wie sehen die Wünsche Ihres Klienten aus? Wohin zieht es ihn? Was passt zu seinen Werten, was wäre stimmig? Ehe er in den Zug steigt, sollten Sie ihn im Detail klären lassen, wie sein Reiseziel aussieht, was das Ticket kostet und welche Verbindung die praktischste ist.

Zeichnung 4: Ehe der Veränderungs-Startschuss fällt, braucht der Klient ein scharfes Bild vom Ziel. Der Coach lässt ihn in die Zukunft schauen und ein stimmiges Ziel entwerfen.

19. Show-Time: „Wetten, dass ...?“: Wie Sie Ihren Klienten aufs Wettsofa setzen, zum Promi erklären und seine Ressourcen in Windeseile entdecken lassen.

20. Die Zielscheibe: Wie die Klientin ihre Worte zu Pfeilen macht und sich mit jedem verbalen Wurf auf die Zielscheibe näher an Lösungen herantastet.

21. Die Lehrplan-Kommission: Wie Ihr Klient einen Lehrplan entwickelt, der verbindlich ist und ihn fit für sein Ziel macht.

22. Der künftige Lebenslauf: Warum es Zielarbeit im besten Sinne ist, einen Menschen seinen künftigen Lebenslauf verfassen zu lassen.

23. Der 100-Meter-Lauf: Wie eine Metapher aus dem Sport hilft, Ihre Klientin an Erreichtes zu erinnern und Ziele realistisch anzugehen.

24. Hallo, ich bin deine Lösung: Wie der Klient mit seiner Lösung plaudern und sie dabei erforschen kann, ohne dass sie wirklich etwas sagt.

25. Auf zur Fantasiereise: Wie Sie Ihren Klienten auf den Flügeln der Fantasie davonfliegen lassen, bis er nahe der Lösung landet.

19.

Show-Time: „Wetten, dass ...?“

„Wetten dass ...?“, die große Samstagabend-Show, kennt jeder noch. Wie wäre es, den Klienten auf das Wettsofa zu bitten und ihn zum Paten seiner eigenen Herausforderung zu erklären? Mit diesem Gedankenspiel können Sie seinen Optimismus und seine Tatkraft wecken.

Ziele

- Der Klient muss sein Ziel exakt definieren.
- Er setzt sich mit seinen Erfolgschancen und möglichen Hindernissen auseinander.
- Lassen Sie ihn den Praxistransfer sicherstellen.

Fallbeispiel

Lars Reiber (56) war viele Jahre im Management eines großen Lebensmittelkonzerns tätig. Vor drei Jahren hat er sich mit einer Geschäftsidee im Internethandel selbstständig gemacht. Die ersten Erfolge haben sich eingestellt, doch nun bräuchte er einen finanzkräftigen Partner, um seine Position im Markt auszubauen und die aktiven Konkurrenten auf Abstand zu halten. Bislang scheut er vor Finanzierungsgesprächen zurück, vor allem mit größeren Handelsunternehmen: „Ich fürchte, die klauen mir meine Idee. Dann bin ich im Eimer.“ Wie er private Investoren finden kann, davon hat er, nach eigenen Worten, „keine Ahnung“.

Die Idee

Was hält einen Menschen davon ab, Erkenntnisse umzusetzen? Meist fehlt der Glaube an den Erfolg. Statt sich ein Gelingen auszumalen, stellt er sich den Misserfolg vor. Statt ein Problem zu lösen, fürchtet er, sich noch tiefer hineinzureiten. Diese Haltung lähmt das Handeln.

Ein Rollenspiel kann diese Blockade lösen: Laden Sie Ihren Klienten ein, sich vorzustellen, er sei als prominenter Wettpate bei der ZDF-Show „Wetten dass ...?“ zu Gast. Und nun trage er gleich vor einem

Millionenpublikum vor, was sein Kandidat – sprich er selbst – bis wann erreichen werde. Die Wette muss so formuliert sein, dass später jeder nachvollziehen kann, ob sie gewonnen wird.

Indem Ihr Klient die Wette formuliert, gewinnt sein Ziel an Konturen. Und indem er selbst auf „seinen Kandidaten“ wettet und begründet, warum er an ihn glaubt, wächst sein Zutrauen. Gleichzeitig bleibt das Gespräch über sein Ziel auf einer spielerischen Ebene: Als vermeintlicher Wettsofa-Promi gewinnt er Souveränität und Abstand, wie es ihm bei einem konventionellen Zielgespräch kaum möglich wäre.

Schritte zum Erfolg

1. Wecken Sie die Spiellust Ihres Klienten und betonen Sie seine Vorteile.

Übung: Bitte formulieren Sie eine Einleitung zu der Methode, wie Sie diese – nach den ersten Informationen – intuitiv vor sich sehen. Achten Sie darauf, Ihrem Klienten drei gute Argumente zu liefern, warum er sich darauf einlassen sollte.

Mein Vorschlag:

„Lassen Sie uns doch mal eine verrückte Idee entwickeln: Wie wäre es, wenn Sie eine kleine Gedankenreise anträten? Eine Reise auf das Sofa der Fernsehsendung ‚Wetten dass ...?‘. Mal angenommen, Sie würden dort als Promi sitzen. Und Sie müssten eine Wette auf sich selbst abschließen – die Wette darauf, dass Sie Ihre große Herausforderung bewältigen. Und Sie schauen sich von außen an, als gäbe es zwei Personen: den Promi und den Wettkandidaten. Als Promi müssten Sie genau sagen, was Ihr Kandidat tun wird, um das Geschäft voranzubringen und die nötigen Geldmittel aufzutreiben – so klar, dass später jeder sehen kann, ob der Kandidat es geschafft hat.

Die Übung bietet mehrere Vorteile: Erstens sehen Sie sich und Ihr Anliegen von außen – dieser Blickwinkel bringt Sie auf neue Ideen. Zweitens müssen Sie Ihr Ziel im Detail formulieren – das ist eine Anleitung zum Handeln. Und drittens kann es sein, dass diese Gedankenreise Ihren Tatendrang und Ihren Optimismus befeuert.“

2. Nun verteilen Sie die Rollen: Sagen Sie Ihrem Klienten, dass Sie selbst in die Rolle des Moderators schlüpfen. Und doppeln Sie ihn in seine Rolle ein, indem Sie – schon als Moderator – erste Interviewfragen stellen. Dabei darf er sich einen Prominenten aussuchen oder ausdenken, den er dann auf dem Sofa verkörpert – ohne bereits im Vorfeld zu nennen, wer das ist. Summen Sie die Eurovisions-Musik, sorgen Sie selbst für Applaus – und eröffnen Sie das Rollenspiel:

Coach (als Moderator): „Als Sie gerade die Halle betreten haben, hat das Publikum gejubelt. Offenbar sind Sie sehr bekannt. Nun frage ich mal ganz naiv für die wenigen Menschen, die Sie vielleicht noch nicht kennen: Aus welchem Bereich des öffentlichen Lebens kommen Sie eigentlich? Sind Sie Schauspieler, Sänger, Sportler, Autor, TV-Star oder etwas anderes?" (Diese Frage ist besser, als wenn Sie gleich nach dem Namen fragen, denn sie gibt dem Klienten Zeit, sich zu orientieren und eine stimmige Wahl zu treffen.)
Klient (als Wettsofa-Promi): „Ich mache Musik, ganz klar."
Coach: „Spannend! Welche Art von Musik?"
Klient: „Rock. Deutschrock, um genau zu sein."
Coach: „Und welches ist Ihr bekanntestes Lied?"
Klient: „Schwer zu sagen. Mein erster großer Hit war „Männer", glaube ich."
Coach: „Aha, dann sind Sie Herbert ..."
Klient: „... Grönemeyer!"

Damit der Klient in seine Rolle findet, stellt ihm der Coach als Moderator weitere Fragen, etwa nach seiner Heimatstadt („Natürlich Bochum, ich habe auch ein Lied darüber gemacht!"), nach seinem aktuellen Wohnort („London. Gute Studios, und dort erkennt mich nicht jeder!") und nach seinem Engagement über die Musik hinaus („Ich bin gegen eine Globalisierung, bei der die Menschen auf der Strecke bleiben!").

Solche Interviews gelingen spielend, weil die Klienten sich für einen Prominenten entscheiden, über dessen Leben sie als Fans oder aufmerksame Beobachter vieles wissen. Nach drei bis fünf Minuten ist Ihr Klient in der Rolle sattelfest.

3. Leiten Sie über zu der Wette. Dabei setzen Sie voraus, es habe hinter der Bühne ein ausführliches Gespräch zwischen dem Promi und seinem Kandidaten gegeben. Zielen Sie mit Ihren Fragen auf die Lösung, auf die Ressourcen, aufs positive Denken. Sprechen Sie ihn dabei immer wieder mit seinem Promi-Namen an:

- Nun weiß ich, Herbert Grönemeyer, dass Sie sich hinter der Bühne angeregt mit unserem Kandidaten unterhalten haben und offenbar von ihm sehr beeindruckt sind. Was gefällt Ihnen an diesem Mann?
- Soweit ich weiß, ist er ein erfolgreicher Geschäftsmann, der nun einen weiteren Schritt nach vorne gehen will. Wie hat er es nach Ihrer Meinung zum bisherigen Erfolg gebracht?
- Herr Grönemeyer, welche dieser bemerkenswerten Eigenschaften werden ihn dabei unterstützen, dass er seine Wette gewinnt?
- Stichwort Wette, Herr Grönemeyer: Um welches Thema soll es gehen?
- Nun gehe ich davon aus, Sie und Ihr Kandidat haben sich auf ein ganz konkretes Wettziel geeinigt: Wie sieht es aus?
- Welches sollen die ersten Schritte sein?
- Was kann unser Kamerateam filmen, falls diese Schritte gelingen? Und wann genau dürfen wir das Team losschicken?
- Wie geht es dann weiter, Herr Grönemeyer?
- Und nun die große Frage: Zu welchem Zeitpunkt können wir kontrollieren, ob die Wette gewonnen wurde?
- Welches Bild fangen unsere Kameras dann ein?
- Was denken Sie, wie würde sich dieser Erfolg auf das Leben des Kandidaten auswirken?
- Herr Grönemeyer, gibt es weitere Menschen außer ihm, die sich über einen solchen Erfolg freuen würden?
- Und nun eine letzte Frage: Haben Sie als kluger und erfahrener Mann vielleicht noch ein paar Tipps, was Ihr Kandidat tun kann, um seine Wette auch sicher zu gewinnen?

Der Klient geht in seiner Grönemeyer-Rolle vollkommen auf. Nach einigen Fragen, mehrmals als „Herr Grönemeyer“ angesprochen, redet er über den „Kandidaten“, als wäre es tatsächlich eine andere Person. Seine Einschätzungen sind klug und pointiert. Die Frage, was das Kamerateam zu filmen hätte, führt dazu, dass er sich in Aktion sieht und einzelne Schritte beschreibt. Dabei bilden sich in seinem Gehirn schon Nervenbahnen, die ihm das spätere Handeln erleichtern.

4. Bitten Sie den Promi, also Ihren Klienten, nun seine Wette zu formulieren – so kurz, so anschaulich und so nachprüfbar wie möglich:

„Ich wette, dass mein Wettkandidat Lars Reiber in den kommenden sechs Monaten mindestens 1,2 Millionen Euro auftreibt, um sein Internet-Geschäft über den deutschsprachigen Raum hinaus aufzubauen. Dazu geht er in folgenden Schritten vor: Erst führt er neue Gespräche mit seinen Banken – ich glaube, dort sind seine Perspektiven durch die Internationalisierung noch gar nicht deutlich geworden. Dann wird er sich an ein kleines Handelshaus wenden, mit dem er vor Jahren in seiner Festanstellung vertrauensvoll kooperiert hat – hier wäre eine Beteiligung möglich, ohne dass er Konkurrenz fürchten muss. Und schließlich – sofern das Geld noch nicht beisammen ist – wird er über sein altes Manager-Netzwerk Ausschau nach einem privaten Financier halten."

5. Befragen Sie den Promi ausführlich, warum er so sicher ist, dass sein Wettkandidat es schaffen wird, wie dieser mit Hindernissen umgeht, welche alternativen Strategien er in der Hinterhand hat. Solche Fragen decken Ressourcen auf, sichern den Praxistransfer und erden die Ziele.

Weitere Fragen

- Welche guten Eigenschaften, die Sie selbst als Promi haben, bringt auch Ihr Wettkandidat mit?
- Was glauben Sie, aus welchen Gründen schätzt er Sie und Ihre Arbeit?
- Welche Werte sind ihm offenbar wichtig im Leben?
- Inwieweit hängt die Wette mit diesen Werten zusammen?
- Vordergründig geht es um Geld – welches tiefere Lebensthema könnte dahinterstehen?
- Durch die Wette geht Ihr Kandidat eine Selbstverpflichtung mit Außenwirkung ein: Inwieweit könnte ihm das helfen, mögliche Durststrecken zu überstehen?
- Angenommen, er erreicht sein Ziel: Welche Wette würde er unserer Sendung dann vielleicht als nächste anbieten?

Varianten

Wenn sich im Laufe des Gespräches herausstellt, dass der Klient als Promi doch leise Zweifel an seinem Kandidaten hegt, können Sie als großzügiger Moderator das Sendungskonzept abwandeln und Hilfestellung leisten, zum Beispiel:

- Wie müssten wir die Wette abwandeln, damit sie für ihn zu schaffen ist?
- Welche Unterstützung, zum Beispiel durch andere Menschen, würde die Chance auf einen Wetterfolg erhöhen?
- Welche Fortbildungen könnten wir dem Kandidaten finanzieren, um seine Chancen zu steigern?

Profi-Tipp

Belassen Sie es nicht bei diesem einen Ausflug ins Showgeschäft, sondern kommen Sie darauf bei den Folge-Coachings zurück. Zum Beispiel können Sie Ihren Klienten immer wieder als prominenten Wettpaten ansprechen und dazu befragen, welche Fortschritte er bei seinem Kandidaten beobachtet hat, welche Herausforderungen es noch zu bewältigen gilt und welche Tipps er auf Lager hat. So bleiben der spielerische Charakter, die Dissoziierung sowie der handlungsstiftende Impuls über einen ganzen Coaching-Prozess erhalten.

Risiken

Nicht ausgeschlossen, dass Ihr Klient als Promi Allmachtfantasien entwickelt und sie auf seinen Wettkandidaten überträgt. Dann redet er von abgehobenen Wünschen, nicht von realistischen Handlungen. Hier sollten Sie als Moderator durch kritische Fragen eingreifen. Sagen Sie zum Beispiel: „Klar, für Sie als Promi ist das ein Kinderspiel. Aber denken Sie bitte daran, dass der Mann schon seit einem halben Jahr an diesem Problem kaut, ohne eine Lösung gefunden zu haben." Dieses Gegensteuern kann die Gedanken auf eine mittlere und damit realistische Flughöhe bringen.

Umsetzungs-Plan

Notieren Sie bitte, wann und wie Sie diese Methode einsetzen wollen:

20.

Die Zielscheibe

Eine Zielscheibe besteht nicht nur aus einem Punkt in der Mitte, sondern aus weiten Kreisen darum herum. Eine solche Scheibe hilft der Klientin, ihre Ziele schärfer zu sehen, sich ihnen stückweise zu nähern und sie nach Wichtigkeit zu sortieren.

Ziele

- Die Klientin arbeitet Schritt für Schritt ihr Ziel heraus.
- Sie gewichtet ihre Ziele und Handlungsschritte.
- Sie überlegt, wie sie ihre „Trefferquote" erhöhen kann.

Fallbeispiel

Johanna Bergstatt (50) ist Personalleiterin einer mittelständischen Firma, die gerade mit einem Wettbewerber fusioniert. Die Geschäftsführung hat ihr deutlich gemacht, dass der Überhang an Personal auf „sanfte Weise" abzubauen sei. Bergstatt soll in Einzelgesprächen klären, welche Mitarbeiter bereit zu Auflösungsverträgen seien. Dabei soll sie sanften Druck ausüben, denn eines hat der Geschäftsführer ihr schon gesagt: „Nach der gesetzlichen Schonfrist von einem Jahr werden wir auch betriebsbedingt kündigen!"

Die Situation belastet Bergstatt sehr, zumal sie weiß: „Auch mein eigener Stuhl wackelt: Wir haben jetzt zwei Personalleiter. Am Ende hat der Mohr seine Schuldigkeit getan – und darf gehen." Sie sagt: „Ich finde es fatal und unfair, den langjährigen Kollegen das Signal zu senden: ‚Ihr seid überflüssig, macht euch vom Acker!' Dann rauscht die Motivation doch in den Keller." Aber ihr ist klar, dass sie sich gegen die Geschäftsleitung nicht wird durchsetzen können: „Personalabbau war ja die Idee der ganzen Fusion. Dabei hat die Firma auch vorher schon gut verdient."

Ihre Frage fürs Coaching: „Wie komme ich aus dieser Nummer raus, ohne meine Seele zu verkaufen?"

Die Idee

Wer mit Dartpfeilen auf eine Zielscheibe wirft, erlebt oft: Die ersten Würfe sind unpräzise. Doch mit der Zeit gelingt es, genauer zu treffen. Weil man dazulernt, sein Auge schärft und die Wurftechnik verbessert.

Auch fürs Coaching gilt: Nur selten wird die Klientin im ersten Wurf ihr wichtigstes Ziel benennen können. Um das Hauptziel zu treffen, braucht es Vorarbeit und Klärung. Meist nähert sich die Klientin langsam an. Bei jedem Ziel, das sie auf dem Weg benennt, kann sie nachspüren: Komme ich dem Kern der Sache näher?

Eine große Zielscheibe, auf ein Flipchart-Blatt gemalt, hilft im Coaching. Die Klientin stellt sich vor, in der Mitte der Scheibe befinde sich ihr wichtigstes Ziel – und darum herum die Unterziele, manchmal Stationen auf dem Weg zur Mitte.

Dass Würfe zu Anfang vorbeigehen, ist ganz normal, auch bei verbalen Zielpfeilen. Die Klientin darf Kunstwürfe versuchen, intuitiv und mit geschlossenen Augen, sie darf jedes Ziel, das sie aufschreibt, wieder streichen und ersetzen. Bis sich das, was sie auf die Scheibe schreibt, stimmig anfühlt. Bis sie herausgefunden hat, was in der Zielmitte stehen soll.

Schritte zum Erfolg

1. Sprechen Sie mit der Klientin über das Werfen von Dartpfeilen. An alles, was sie jetzt sagt, können Sie später anknüpfen:

Coach: „Haben Sie schon mal Dart gespielt?"
Klientin (überrascht): „Ja, früher öfter mal. Aber was hat das mit unserem Thema zu tun?"
Coach: „Raten Sie einmal!"
Klientin: „Hm. Man will in die Mitte treffen. Vielleicht geht es mir jetzt auch darum, wieder meine innere Mitte zu finden."
Coach: „Und wie gelingt es beim Dart, die Mitte zu treffen?"
Klientin: „Man muss genau zielen. Man muss präzise werfen. Und man darf dabei nicht zittern."
Coach: „Was davon lässt sich auf unser Coaching übertragen?"
Klientin: „Ich glaube, ich muss den Punkt erkennen, wo ich hinwill. Ich brauche ein Ziel vor Augen."
Coach: „Wie gehen Sie beim Dart vor, um in die Mitte zu treffen?"
Klientin: „Ich konzentriere mich vorm Werfen. Ich stelle mir vor, dass der Pfeil ins Schwarze fliegt."
Coach: „Inwieweit könnte das für unser Coaching hilfreich sein?" (...)

Die Klientin stellt im weiteren Dialog etliche Parallelen fest, zum Beispiel, dass ein kleiner Fehler beim Zielen nach dem Abwurf nicht mehr zu korrigieren ist. Und sie kommt zu der Einsicht, dass mit der Zahl der Versuche die Trefferquote steigt.

2. Nun hat sich die Klientin mit der Metapher angefreundet, und Sie können den Bogen zu ihren Zielen schlagen.

„Ich möchte Ihnen anbieten, Ihre Coaching-Ziele auf spannende Weise herauszufinden: mit einer Zielscheibe. Ich lade Sie ein, eine solche Scheibe auf diesen Flipchart-Block hier zu malen, möglichst groß. Und dann werden wir am äußersten Rand der Scheibe anfangen: Welches könnten die ersten kleinen Treffer sein, die Ihnen helfen, Ihre Situation zu klären oder zu verbessern? Sie können die Kreise mit Stichwörtern beschriften, dann haben Sie am Ende einen perfekten Überblick.

Wir starten bewusst am Rand, mit den kleinen Zielen. Das verschafft Ihnen Zeit, sich Ihrem Hauptziel zu nähern – manchmal schält es sich erst im Laufe der Zielarbeit heraus. Genau wie beim Dart, wenn Sie Ihre Würfe von Versuch zu Versuch präzisieren."

3. Die Klientin malt ihre Dartscheibe auf. Der Coach bittet sie, acht bis zehn Kreise zu ziehen, die sich nach innen verengen, bis zum Treffer-Kreis in der Mitte. Dann tritt die Klientin vom Flipchart-Ständer zurück und stellt sich in Wurfentfernung auf. Der Coach lädt sie ein, die Scheibe genau zu betrachten und zu überlegen: „Was müsste geschehen, damit sich Ihre Situation um eine Winzigkeit klärt oder verbessert? Wie könnte der erste Wurf aussehen, der vielleicht noch etwas unbeholfen ist, aber immerhin schon den äußersten Rand der Scheibe trifft?"

Johanna Bergstatt hat gleich eine Idee: „Gerne würde ich mich einmal mit meinem Personalleiter-Kollegen, der aus der anderen Firma kommt, über die Situation austauschen: Wie geht es ihm dabei? Wie sieht er unsere Zukunft? Vielleicht bekomme ich dabei ein paar neue Impulse."

Der Coach bittet die Klientin, dieses Ziel am äußersten Rand der Scheibe einzutragen. Bergstatt tritt an die Zielscheibe und notiert „Austausch mit meinem Personalleiter-Kollegen".

4. Nun kehrt Bergstatt zum Coach zurück, schaut erneut auf die Scheibe und sagt dann, ohne dass der Coach ihr eine weitere Anregung liefern müsste:

Klientin: „Wenn der Kollege die Lage ähnlich wie ich beurteilt, stehe ich vor der Frage, ob ich in diesem Laden überhaupt weitermachen will.
Coach: Was könnten Sie unternehmen, um eine stimmige Antwort zu finden?"
Klientin: „Ich sollte mit jemandem sprechen, der mich richtig gut kennt. Ich glaube, so eine Einschätzung von außen würde mir bei der Entscheidung helfen."
Coach: „Wer könnte dieser Mensch sein?"
Klientin: „Mir fallen zwei ein: mein Mann, denn er weiß am besten, wie es mir geht. Und mein langjähriger Chef aus der letzten Firma – er war immer ein ganz toller Ratgeber."
Coach: „In welcher Reihenfolge wollen Sie diese Gespräche führen?"
Klientin: „Erst mit meinem Mann – dann mit dem Ex-Chef."

Bergstatt trägt in den zweitäußeren Ring ein „Gespräch mit Ehemann", und in den drittäußeren „Gespräch mit Ex-Chef". Dass sie ihr erstes Ziel darin sieht, sich mehr Informationen über die Situation und sich selbst zu verschaffen, wird ihr bei den nächsten Schritten helfen.

5. Auf diese Weise arbeitet sich die Klientin immer näher an den Mittelpunkt der Scheibe heran, unterstützt durch Fragen des Coachs. Am Ende, als sie direkt davor ist, stehen um die Zielmitte herum folgende Punkte (von außen nach innen):

- Austausch mit meinem Personalleiter-Kollegen
- Gespräch mit Ehemann
- Gespräch mit Ex-Chef
- Sichtung von Stellenausschreibungen
- Netzwerk in Ex-Firmen nutzen
- Kontakt zu einem Headhunter
- Weiterqualifizierung auf eigene Kosten
- Mich bewerben!

Von Kreis zu Kreis wuchs die Bereitschaft der Klientin, ihre Firma zu verlassen – unabhängig davon, ob sie entlassen werden würde oder nicht. Das Vorgehen der Geschäftsführung lief ihren Werten entgegen. Und je mehr sie sich vorstellte, aus eigener Kraft eine neue Position zu suchen, desto mehr begeisterte sie sich dafür.

6. Manchmal – wie in diesem Fall – setzt die Zielscheibe eine Grundsatzentscheidung voraus: Will die Klientin in der Firma bleiben? Oder wechseln? Dann bietet es sich an, eine alternative Zielscheibe für den zweiten Weg zu entwickeln: „Wie würden Ihre Ziele aussehen, wenn Sie sich entschlössen, in Ihrer Firma zu bleiben?"

Dadurch hat die Klientin am Ende beide Möglichkeiten vor Augen, kann vergleichen, gegeneinander abwägen und oft auch kombinieren. Bergstatt verzichtete darauf: Ihre erste Zielscheibe fühlte sich so stimmig an, dass sie sie zur Grundlage dieses Coachings machte. Im weiteren Verlauf wurde sie verfeinert und präzisiert. Der Punkt in der Zielmitte blieb bestehen: „Mich bewerben!"

Weitere Fragen

Übung: Bitte entwerfen Sie mindestens fünf Fragen, mit denen Sie die Metapher des Dartspiels auf Anliegen in einem Coaching übertragen.

Meine Vorschläge:

- Welche Faktoren beeinflussen beim Dart, ob Sie treffen oder nicht?
- Sie sprachen gerade von der Wurfentfernung: Was könnten Sie tun, um Ihrem Ziel noch einen Schritt näher zu kommen, ehe Sie werfen?
- Ebenso haben Sie die Konzentration erwähnt: Wie haben Sie bei vergangenen Entscheidungen Ihre geistigen Kräfte gebündelt, um gute Beschlüsse zu fassen?
- Nun haben Sie auch davon gesprochen, dass bei Würfen im Freien der Wind stören kann: Welche störenden Faktoren sehen Sie beim Festlegen Ihres Ziels?
- Was könnten Sie tun, um klug mit diesen Hindernissen umzugehen?
- Beim Dartwerfen kommt es aufs Training an: Wie haben Sie in der Vergangenheit trainiert, um Ihre Probleme zu lösen?
- Welche Ihrer Eigenschaften waren dabei am hilfreichsten?
- Woran würde ich erkennen, dass Sie genau diese Eigenschaften wieder einsetzen?
- Manchmal ist man beim Dart zufrieden, auch wenn der Pfeil nicht in der Mitte landet: Wohin müssten Sie mindestens treffen, um mit dem Erreichten zufrieden zu sein?

Varianten

Vielleicht übt Ihre Klientin ein Hobby aus, bei dem es ums Zielen geht. Zum Beispiel muss sie als Golferin ins Loch treffen. Stimmen Sie die Übung auf solche individuellen Vorlieben ab. Beim Golfen könnte sich die Klientin ihrem Ziel Schlag für Schlag fiktiv nähern – oder vielleicht sogar auf dem Golfplatz!

Profi-Tipp

Sorgen Sie für Anschauung durch ein Impact-Element: Bringen Sie eine Dartscheibe mit, lassen Sie die Klientin werfen und beginnen Sie erst dann den Eingangsdialog über die Parallelen zwischen Dart und Coaching. Dieses frische Erleben wird sie für die Übung öffnen. Und Sie können sie jederzeit, wenn es beim Entwickeln der Ziele hakt, zum erneuten Werfen auf die Scheibe einladen. Das kann lockernd wirken und ihr neue Ideen zuspielen.

Risiken

Manchmal purzeln die Ziele wild durcheinander. Was der Klientin als Erstes in den Sinn kommt, kann auch das Wichtigste sein, nicht das Unwichtigste. Dann ist der Blick auf die Scheibe verwirrend. Deshalb sollten Sie die Klientin immer wieder einbeziehen: „Empfinden Sie das, was Sie auf der Scheibe sehen, als stimmig? Sind die Ziele, die außen stehen, wirklich nicht ganz so wichtig wie die Ziele weiter innen?“

Laden Sie die Klientin ein, beim Anblick der Scheibe in sich hineinzuhorchen, ob sie die Platzierung der Ziele als stimmiger empfindet; sie kann Ziele austauschen oder ersetzen. Diese Feinjustierung ist auch dann gefragt, wenn sie vor der fertigen Scheibe steht. Falls sie viel streichen und umgruppieren will, sollte sie eine neue Scheibe anfertigen – der direkte Vergleich der Scheiben liefert interessanten Gesprächsstoff, wie sie ihre Ziele priorisieren und in welcher Reihenfolge sie diese umsetzen will.

Umsetzungs-Plan

Notieren Sie bitte, wann und wie Sie diese Methode einsetzen wollen:

21.

Die Lehrplan-Kommission

Jemand muss festlegen, was Schüler lernen sollen. Darum gibt es eine Lehrplan-Kommission. Dieses Gremium kann auch Ihr Klient ins Leben rufen, um aus der Meta-Perspektive zu ermittelt, welche Fortbildungen ihn wachsen lassen und seinen Zielen näherbringen.

Ziele

- Ihr Klient entscheidet, in welche Richtung er sich entwickeln will.
- Er sucht sich Fortbildungen, Mentoren oder autodidaktische Methoden aus.
- Er legt seinen individuellen Lernweg fest.

Fallbeispiel

Julius Perker (46) arbeitet als Interimsmanager. „Wenn es in einem Unternehmen brennt, rücke ich als Feuerwehr aus“, beschreibt er seine Arbeit. Seine Kunden sind Firmen, die aus einer Krise steuern wollen, überraschend eine Führungskraft ersetzen müssen oder eine projektbezogene Managerposition schaffen. Jedes Mal kommt er als Fremder an, muss aber sogleich wichtige Entscheidungen fällen und Verbündete gewinnen. Genau hier sieht er seine Schwäche: „Ich bin gut in der sachlichen Analyse, aber schlecht in der Durchsetzung. Es gelingt mir einfach nicht, Verbündete zu gewinnen. Ich würde gern schneller in Kontakt mit Menschen kommen.“

Die Idee

Die heutige Berufswelt verändert sich schneller als je zuvor. Niemand ist mehr „ausgelernt“ oder „Meister“. Jeder muss ständig dazulernen, um den wechselnden Anforderungen zu genügen – und sein persönliches Wachstum zu fördern.

Im Coaching beschreiben Menschen oft Situationen, die sie überfordern. Das kann hinweisen auf Fortbildungsbedarf. Aber wie herausfinden, was der Klient lernen müsste? Wer seine persönliche

„Lehrplan-Kommission“ ins Leben ruft, schlüpft aus der eigenen Haut und erlangt formale Autorität. Statt als Betroffener über ein (vielleicht) leidiges Thema zu sprechen, schaut er von außen auf seine Situation und sieht es als natürlichste Sache der Welt, als „Lehrplan-Kommission“ einen effektiven Lehrplan festzulegen.

Dabei richtet er seinen Blick automatisch in die Zukunft („Was soll der Schüler am Ende des Schuljahres können?“) und setzt sich mit den Fragen der Lehrpraxis auseinander. Wer soll unterrichten? Mit welchen Methoden? Wie groß ist der Stundenbedarf? Welche Nebenfächer sind nötig? Welches Budget braucht es?

Schritte zum Erfolg

1. Fragen Sie Ihren Klienten nicht direkt nach seinem Fortbildungsbedarf (denn diese Frage bleibt oft ohne schlüssige Antwort). Vielmehr betreten Sie das Thema durch die zirkuläre Hintertür: „Kennen Sie einen Menschen, der Ihre Situation mit Bravour bewältigen würde?“ Sobald ein Name genannt ist, lassen Sie Ihren Klienten die mutmaßlichen Fähigkeiten dieses Menschen ermitteln. Zum Beispiel antwortet der Interimsmanager Julius Perker: „Mein Onkel Werner! Der war der beste Außendienstler weit und breit. Als Fremder hat er an die Türen geklopft, und als Vertrauter ist er gegangen – immer mit tollen Abschlüssen.“

2. Bitten Sie Ihren Klienten, die (mutmaßlichen) Fähigkeiten seines Vorbilds herauszufiltern: „Wie ist es Ihrem Onkel Werner gelungen, die Menschen so schnell für sich einzunehmen?“ Fragen Sie in drei Richtungen:

a.) Nach personalen Kompetenzen: „Welche persönlichen Eigenschaften haben ihn dabei unterstützt?“
b.) Nach sozialen Kompetenzen: „Mal angenommen, wir könnten jetzt Menschen befragen, mit denen Werner schnell warm geworden ist – welche sozialen Eigenschaften würden sie ihm wohl nachsagen?“
c.) Nach methodischen Kompetenzen: „Welches methodische Wissen, etwa zur Gesprächsführung, brachte Ihr Onkel wohl mit?“

3. Lassen Sie Ihren Klienten eine Tabelle mit zwei Spalten anlegen. In die erste schreibt er die Fähigkeiten seines Vorbilds. Und in der zweiten beurteilt er, wie es bei ihm selbst damit bestellt ist – auf einer

Skala von eins (kaum vorhanden) bis zehn (sehr ausgeprägt). Fragen Sie jedes Mal, ob die Zahl seinen Wünschen entspricht. Sobald sich eine Kluft zwischen Wunsch und Wirklichkeit auftut, können Sie die Spalte mit einem bunten Stift einkreisen – als Feld des Lernens.

4. Am Ende sitzt Ihr Klient vor einer Tabelle, aus der sein persönlicher Lernbedarf hervorgeht. Gibt es ein Schlüsselthema, mit dem sich andere Themen bewegen lassen? Der Interimsmanager Julius Perker antwortete: „Ich glaube, es fehlt an der kleinsten Einheit: Ich komme mit den Menschen nicht locker ins Gespräch. Mein Onkel war ein brillanter Small Talker. Er hat zunächst nicht über seine Produkte gesprochen, sondern übers Wetter und alles Mögliche. Sie sehen ja: Beim Small Talk habe ich mir zwei Punkte gegeben, hätte aber acht gewollt."

5. Berufen Sie die Lehrplan-Kommission ein: „Nun möchte ich Ihnen ein kleines Gedankenspiel anbieten: Vielleicht wollen Sie sich mit mir vorstellen, diese Tabelle mit Ihrem persönlichen Lernbedarf wäre die eines bestimmten Schülers. Und wir beide würden jetzt als Lehrplan-Kommission tagen und uns fragen: ‚Wie kann der Schüler genau das, was am wichtigsten ist, im kommenden Jahr lernen? Wer soll es ihm beibringen? Wie viel Zeit muss er täglich dafür aufwenden? Und in welchen Schritten geht er vor? Und wie können wir sicherstellen, dass er sich nicht davor drückt?'"

6. Ich sprach den Klienten in seiner Rolle an.

Coach (als Mitglied der Lehrplan-Kommission): „Darf ich Sie, werter Kollege aus der Lehrplan-Kommission, jetzt um Ihre Vorschläge bitten?"
Klient (als Mitglied der Lehrplan-Kommission): „Den besten Lehrer kenne ich schon: Er soll es sich selber beibringen!"
Coach: „Aber das hat er doch bestimmt schon versucht. Und zwar ohne Erfolg. Braucht er jetzt nicht Hilfe von außen?"
Klient: „Ich glaube, der Schüler wusste gar nicht genau, was er lernen muss."
Coach: „Und wie wäre es mit einer Mischung: mit autodidaktischem Lernen, aber auch einem ergänzenden Seminar?"
Klient: „Das ist keine schlechte Idee: Ein Small-Talk-Seminar als Auftakt – und dann autodidaktische Umsetzung."
Coach: „Wann genau soll er das Seminar buchen?"
Klient: „Schon für den kommenden Monat. Dann hat er eine Woche Urlaub."

Coach: „Wo und wie soll die autodidaktische Umsetzung stattfinden?“
Usw.

Zunächst sprach er nur von seiner Firma – doch dann, durch Fragen angeregt, nahm er sich vor, beim Einkaufen und anderen privaten Gelegenheiten öfter das lockere Gespräch mit fremden Menschen zu suchen.

Und schließlich ging es um den Praxistransfer, der Coach sagte: „Sie wissen ja, wie Schüler sind: Wenn man nicht kontrolliert, was sie lernen, ist am Ende des Jahres zu wenig gemacht. Wer soll ihm auf den Zahn fühlen, ob er tatsächlich am Ball ist?“ Als Mitglieder der Lehrplan-Kommission kam der Klient auf die Idee, einen guten Freund als „Vokabel-Tester“ ins Spiel zu bringen. Er sollte ihn am Ende jedes Monats fragen, welche Fortschritte er gemacht habe. Ebenso wollte er seine Lernerfolge alle drei Monate mit mir in einem Coaching durchgehen.

Meine letzte Frage: „Und woran würden wir am Ende des Schuljahres merken, dass der Schüler sein Lernziel erreicht hat?“ Er beschrieb ausführlich, wie sein Kontakt zu den Mitarbeitern dann abliefe.

Weitere Fragen

- Gibt es einen Menschen, den Sie gerne in unsere Lehrplan-Kommission berufen würden?
- Welche Anregungen könnte dieser Mensch einbringen?
- Mit welchen (unbewussten) Lehrplänen haben Sie in der Vergangenheit am besten gelernt?
- Welchen Lehrplänen ist Ihr Vorbild wohl gefolgt?
- Was müsste in einem Lehrplan stehen, damit Sie sagen „Damit bin ich überfordert!“?
- Und was muss darin stehen, damit Sie sagen „Genau das richtige Maß!“?
- Gibt es Lektionen, die Sie für besonders wichtig halten?
- Welche anderen Lektionen sind vielleicht verzichtbar?
- Woran würde Ihre Umwelt merken, dass Ihr Lehrplan gegriffen hat?
- Was wäre Ihnen dann möglich, was jetzt noch nicht möglich ist?
- Inwieweit würde das Ihr Leben bereichern?

Varianten

Bei Menschen, die einen Bezug zum Sport haben, können Sie die Lehrplan-Kommission durch ein Trainerteam ersetzen, das einen Trainingsplan entwickelt. Berufen Sie Ihren Klienten zum Trainer seiner selbst und bitten Sie ihn, von sich nur noch in der dritten Person zu sprechen. Was müsste der „Athlet" können, um seinen persönlichen Wettkampf zu gewinnen? Welche täglichen Trainingseinheiten sind dazu notwendig? Welche Muskeln – sprich Fähigkeiten – bringt er schon mit, welche muss er sich noch aufbauen? Wie ist die Konkurrenz beim Training wohl vorgegangen? Und wann findet der entscheidende Wettkampf statt?

Profi-Tipp

Bitten Sie Ihren Klienten, nach dem Coaching seinen persönlichen Lehrplan in Schriftform aufzustellen.

Übung: Welche drei Punkte wären nach Ihrer Meinung in einem solchen Plan die wichtigsten, damit der Klient seine (Lern-)Ziele erkennt und umsetzt? Bleiben Sie dabei gerne in der Terminologie des Lehrens oder Lernens. Bitte antworten Sie, ehe Sie weiterlesen.

1. ______________________________

2. ______________________________

3. ______________________________

Mein Vorschlag:

1. Lernbedarf: Was genau will er lernen?
2. Lernweg: Wie eignet er sich dieses Können an?
3. Lernkontrolle: Wann und wie will er testen, ob er sein Ziel erreicht hat?

Diesen Plan kann er in die künftigen Coachings mitbringen und Ihnen erläutern, welche Fortschritte er gemacht hat.

Risiken

Vielleicht hat Ihr Klient von der Schule die Nase voll und rollt mit den Augen, sobald Sie das Wort „Lehrplan" in den Mund nehmen. Machen Sie ihm dann deutlich, dass er nicht der arme Schüler ist, sondern ein erhabenes Mitglied dieser Kommission. Je besser es ihm gelingt, die beiden Rollen im Kopf zu trennen, desto lustvoller und effektiver wird er an dem Lehrplan arbeiten. Erst im zweiten Schritt überträgt er die Umsetzung auf sich.

Umsetzungs-Plan

Notieren Sie bitte, wann und wie Sie diese Methode einsetzen wollen:

22.

Der künftige Lebenslauf

Eigentlich beziehen sich Lebensläufe auf die Vergangenheit. Warum nicht einmal die Blickrichtung wechseln? Wer seinen künftigen Lebenslauf entwirft und zu Papier bringt, schafft sich ein Geländer, das ihn zielsicher in eine Zukunft seiner Wünsche führt.

Ziele

- Der Klient schafft einen verbindlichen Rahmen für seine Entwicklung.
- Das Hauptziel wird in einzelne Schritte gegliedert.
- Der Klient ermittelt seinen Bedarf an Fortbildungen.

Fallbeispiel

Jürgen Faller (35) arbeitet seit zehn Jahren für eine renommierte Unternehmensberatung. Pausenlos sitzt er auf gepackten Koffern, jettet durch die Republik und leidet immer mehr darunter, dass seine Familie und seine Freunde so kurz kommen. Im Coaching sagt er: „Allmählich habe ich von meinem Dasein als angestellter Berater die Schnauze voll. Ich möchte die Weichen anders stellen." Die genaue Richtung kennt er noch nicht, nur eines weiß er: „Ich möchte auf längere Sicht in meiner eigenen Firma arbeiten."

Die Idee

Jeder Berufstätige weiß, was ein Lebenslauf ist: ein Dokument, das akribisch die Stationen seines Berufslebens auflistet, seine Qualifikationen und seinen Bildungsweg. Nur haben Lebensläufe einen Nachteil: Sie zeigen ausschließlich Vergangenes – und das ist nicht mehr zu verändern.

Die umgekehrte Blickrichtung ist im Coaching interessanter: Wenn der Klient seinen künftigen Wunsch-Lebenslauf aufschreibt, begegnen sich zwei spannende Elemente: Verbindlichkeit (die man mit Lebensläufen assoziiert) und Fantasie (die künftige Lebensläufe ausmacht). Diese

Kombination gibt der Kreativität einen Rahmen, sogar mit konkreten (Ziel-)Daten. In seinem künftigen Lebenslauf kann der Klient auflisten, was ihn ans Ziel seiner Wünsche führen könnte: welche Fortbildungen und welche Wechsel, welche Auszeiten und welche Karriereschritte.

Dieser Lebenslauf ist nicht in Stein gemeißelt. Der Klient kann im Coaching so lange Stationen und Fortbildungen variieren, bis er eine stimmige Variante gefunden hat.

Schritte zum Erfolg

1. Schlagen Sie Ihrem Klienten vor, seinen künftigen Lebenslauf mit ihm zu entwickeln. Dafür darf er sich zwei bis drei A4-Blätter nehmen.

2. Bitten Sie Ihren Klienten, seinen Lebenslauf amerikanisch, sprich rückwärts-chronologisch, anzulegen: ganz oben stehen die aktuellsten Tätigkeiten, ganz unten die am längsten vergangenen. Nun schreibt er unten auf das letzte Blatt die aktuelle Station seines Berufslebens (deren Enddatum noch nicht feststeht). Diese Ausgangszeile verbindet Vergangenheit und Zukunft, Wirklichkeit und Fantasie. Jürgen Faller notierte:

1.10.2004 –	**Unternehmensberatung McKalauer**

3. Springen Sie nun mit Ihrem Klienten an den obersten Rand des ersten Blattes: Das wird seine Endstation sein, das große Ziel. Und nun bitten Sie ihn, eine Vision davon zu entwickeln, wo er am Ende seines Berufslebens stehen will. Wird er angestellt oder selbstständig sein? In welchem Land arbeitet er, in welcher Branche, mit welchen Kunden? Wie sehen seine Aufgaben aus? Welchen Titel trägt er? Und welche Zahl steht am Monatsende auf seinem Gehaltszettel?

Lassen Sie ihn die Augen schließen und eine kleine Fantasiereise unternehmen. Sprechen Sie mit ruhiger Stimme alle seine Sinne an und bitten Sie ihn, sich seine Zukunft bildlich vorzustellen: seinen Arbeitsplatz, seinen typischen Arbeitstag, seine Kollegen usw.

Die Frage am Ende: „Wenn alles ideal liefe – was würde dann als Höhepunkt, als letzte Station in Ihrem Lebenslauf stehen?"

Jürgen Faller antwortete: „Unternehmensinhaber, preisgekrönt und Marktführer in seiner Branche, der persönlichen Mittelstand-Beratung." Aufschreiben! Das Datum lässt der Klient vorerst weg; es wird später ergänzt.

4. Nun springen Sie zeitlich zurück und knüpfen mit Ihrem Klienten wieder an die reale Ausgangsstation am Ende der letzten Seite an. Welches müsste der nächste Schritt sein, damit er am Ende als Unternehmenslenker so erfolgreich sein kann? Jürgen Faller sagt spontan: „Ich müsste mich erst mal damit befassen, wie man überhaupt ein Unternehmen gründet und führt. Die IHK bietet einen Kurs für Gründer an, den könnte ich buchen." Der Coach bittet ihn, diesen Kurs mit Laufzeit in den Lebenslauf oberhalb der aktuellen Station einzufügen – und in der Zeile darunter den Nutzen für seine eigene Zukunft zu formulieren, und zwar in der Vergangenheitsform. Der Klient schreibt auf:

12/2014 – 1/2015	**Kurs Unternehmensgründung bei der IHK Frankfurt** Dieser Kurs gab mir erste Einblicke, wie ich eine Marktlücke finde, die richtige Geschäftsform wähle und mit Unternehmen durch die schwierige Gründungsphase steuere.

Die sprachliche Vergangenheitsform ist wichtig, weil sie den Worten mehr Gewicht gibt: Es klingt nach etwas Geschehenem, nicht nur nach einer Absichtserklärung.

5. Bitten Sie Ihren Klienten, die nächsten Schritte in seinen Lebenslauf einzufügen. Bei Jürgen Faller ergab sich unter anderem: „Ehe ich eine kleine Unternehmensberatung gründe, sollte ich unbedingt sehen, wie so ein kleines Unternehmen funktioniert. Sicher würde es sich lohnen, dafür noch mal zwei Jahre einzukalkulieren."

Ich fragte zurück: „Und ab wann soll diese Phase beginnen?" Der Klient legte sich auf die Mitte des kommenden Jahres fest – wodurch er die offene erste Station seines Lebenslaufes schließen konnte; denn er wusste jetzt, wann er seinen aktuellen Arbeitgeber verlassen würde. Und er schrieb in den Lebenslauf:

1.10.2014 – 30.09.2016	**Unternehmensberatung Klein & Co.** Hier lernte ich, wie ein kleines Unternehmen sich im Markt gegen die großen behauptet, wie es wirtschaftlich arbeitet und welche Aufgabenteilung zwischen Inhaber und Belegschaft sich empfiehlt.

6. Nach diesem Prinzip und in zeitlichen Schritten stellen Sie immer wieder anregende Fragen, bis sich der Bogen zum endgültigen Ziel schließt und die Blätter weitgehend voll sind (etwas Platz ist von Vorteil, weil es noch zu Ergänzungen kommen kann, siehe Profi-Tipp). Dann ergibt sich automatisch eine Jahreszahl, bis wann das Ziel erreicht sein wird – bei Jürgen Faller war das im Juli 2022. Bis dahin war er unter anderem einem Unternehmerverband beigetreten, hatte ein Netzwerk in die Branche geknüpft, hatte Kunden seines alten Arbeitgebers für sich ein- und als Kunden mitgenommen und hatte Praktika bei mehreren deutschen Arbeitgebern des Jahres absolviert. Seine vage Hoffnung war durch den künftigen Lebenslauf zu einem konkreten Plan gewachsen.

Weitere Fragen

Übung: Bitte denken Sie sich mindestens fünf Fragen aus, um in Ihrem Klienten die Fantasie zu wecken, was sein künftiger Lebenslauf enthalten könnte.

Mein Vorschlag:

- Wenn Sie Ihren bisherigen Lebenslauf anschauen: Welche Stationen und Qualifikationen fehlen Ihnen, was könnte Sie auf dem Weg zum Ziel unterstützen?
- Wenn Sie einmal Ihre Vorbilder anschauen, die Ihr Wunschziel schon verwirklicht haben: Welche Stationen dieser Lebensläufe könnten auch den Ihren bereichern?
- Welche Netzwerke könnten für Ihren künftigen Erfolg hilfreich sein? Und wie kommen Sie da rein?
- Welche Kontakte aus Ihrem aktuellen Job könnten Sie nutzen? Und wie können Sie sich diese Option schon jetzt sichern?
- Wie könnten Sie sich Ideen aus anderen Ländern und Kulturkreisen erschließen?
- Welche Eigenschaften soll man Ihnen einmal als „Unternehmer des Jahres" nachsagen. Und wie ist es im Moment damit bestellt?
- Welches (autodidaktische) Training könnte dazu beitragen, diese Eigenschaften auszubauen?
- Wenn Sie eine Treppe nach oben gehen wollen, gehen Sie Stufe für Stufe. Welche Zwischenstufen auf dem Weg zu Ihrem persönlichen Gipfel könnten jetzt noch fehlen?

Varianten

Diese Übung lässt sich auf eine ganze Bewerbungsmappe ausdehnen. Wie würde das Anschreiben lauten, mit dem sich der Klient um seinen finalen Traumjob bewirbt (sofern es sich um eine Anstellung handelt)? Welche Zertifikate und Zeugnisse würden die Bewerbung begleiten? Was könnte auf einer „Dritten Seite" stehen, jenem Bewerbungselement, das die Motivation erläutert und eine persönliche Note verleiht? Und welchen Eindruck erweckt er auf seinem Bewerbungsfoto? Die Arbeit mit der kompletten Mappe empfiehlt sich immer dann, wenn für einen Coaching-Prozess viel Zeit vorhanden ist. Die Arbeit nur mit dem Lebenslauf verläuft in der Regel konzentrierter.

Profi-Tipp

Schlüpfen Sie am Ende in die Rolle des Personalers und nehmen Sie den künftigen Lebenslauf kritisch unter die Lupe. Stellen Sie Fragen wie bei einem Vorstellungsgespräch: „Ich verstehe nicht ganz, was es mit diesem Wechsel auf sich hat – können Sie mir das erläutern?" Und reklamieren Sie, welche Stationen oder Fortbildungen vielleicht noch fehlen. Öfter wird es dazu kommen, dass der Klient solche Punkte noch im Lebenslauf ergänzt – oder sie weglässt, dann aber sehr bewusst.

Risiken

Sie müssen verhindern, dass der Klient sich zurücklehnt, sobald der Lebenslauf steht. Denn jetzt ist die Arbeit nur im Geiste getan – und die Umsetzung fängt erst an! Bitten Sie ihn, sich auf die ersten Schritte verbindlich festzulegen und die weiteren Schritte vorzubereiten, etwa indem er sich Informationen zu Fortbildungen einholt. Nur wenn den Gedanken auch Taten folgen, war die Übung erfolgreich.

Umsetzungs-Plan

Notieren Sie bitte, wann und wie Sie diese Methode einsetzen wollen:

23.

Der 100-Meter-Lauf

Veränderungen sind wie 100-Meter-Läufe: Man muss gut aus dem Startblock kommen, auf die Zwischenzeiten achten und seine Kräfte richtig einteilen. Eine Übung mit dieser Metapher spornt dazu an, den Erfolg schrittweise und realistisch zu planen.

Ziele

- Die Klientin sieht den Weg zu ihrem Ziel klar vor sich.
- Sie erkennt, dass sie schon einen Teil der Strecke bewältigt hat.
- Sie setzt sich Zwischenziele und teilt ihre Kräfte ein.

Fallbeispiel

Sandra Schlegel (31) arbeitet in einem männerdominierten Großkonzern und möchte dort in eine Führungsposition aufsteigen. Vor sechs Wochen hat sie die Verantwortung für ein eigenes Projekt übernommen. „Das ist meine Bewährungsprobe", sagt sie. Doch im Moment „läuft alles schief. Mehrere Mitarbeiter im Team zanken, statt konzentriert zu arbeiten. Und viele Aufgaben bleiben liegen, weil die Projektmitarbeiter daneben noch ihre Tagesarbeit erledigen müssen". Ihr Wunsch: „Ich möchte meine Führungsrolle selbstbewusster ausüben. Und mich durch ein erfolgreiches Projekt für eine Abteilungsleitung empfehlen." Gleichzeitig hegt sie Zweifel: „Wie soll ich gut führen können? Ich habe bislang doch keine Erfahrung."

Die Idee

So mancher blickt skeptisch auf sein Ziel: Er weiß nicht, ob er die Herausforderung bezwingt – oder von ihr bezwungen wird. Wer sich Ziele setzt, kann scheitern. Die Fantasie vom Misserfolg blockiert.

Der 100-Meter-Lauf macht den Erfolg planbar. Die Klientin muss nur die Ziellinie vor Augen haben und die Schritte dorthin festlegen. Der Glaube an ihre Selbstwirksamkeit wächst, zumal die 100-Meter-Skalierung eine Erkenntnis erleichtert: Die Klientin steht nicht mehr im Startblock, sie ist bereits vorwärtsgekommen – auch weil sie sich ausgerechnet jetzt für ein Coaching entschieden hat. Diesen Schwung kann sie fürs Weiterlaufen nutzen.

Etliche Parallelen zum 100-Meter-Lauf wirken inspirierend. Wie ein Sprinter vor Wettkämpfen ins Trainingslager geht, muss die Klientin für Herausforderungen ihre Fähigkeiten ausbauen. Wie er eine Ziellinie anstrebt, braucht sie ein klares Ziel. Und wie der Sportler einen Trainer und eine Fangemeinde hat, die ihn fit machen und anfeuern, kann sich die Klientin ebenfalls Unterstützer organisieren.

Schritte zum Erfolg

1. Bringen Sie die Metapher in das Coaching ein. Versuchen Sie das mit einem kurzen Text, der die 100-Meter-Stecke und den Beförderungswunsch verknüpft, zum Beispiel durch eingeschobene Fragen.

Übung: Bitte entwerfen Sie einen Textvorschlag, ehe Sie weiterlesen.

Mein Vorschlag (langsam gesprochen, mit Pausen bei den indirekten Fragen):

„Vielleicht haben Sie Lust auf ein unterhaltsames Gedankenspiel. Und zwar schlage ich vor, dass Sie sich Ihren Weg in eine Führungsposition einmal als 100-Meter-Laufstrecke vorstellen. Es gibt einen Startblock, es gibt eine Ziellinie – und eine Strecke dazwischen, die jetzt vor Ihnen liegt und die Sie so schnell wie möglich bewältigen wollen.

Gerne dürfen Sie die Augen schließen und sich die Strecke in allen Details ausmalen. Interessant wäre zum Beispiel, ob Sie Startblöcke sehen – wie beginnt eine Führungskarriere in Ihrer Firma? –, ob weitere Läufer antreten – konkurrieren Sie mit Kollegen? –, ob es Zuschauer gibt und wen diese anfeuern – wie gut sind Ihre Netzwerke, wer unterstützt Sie? –, wie weit Ihnen die gesamte Strecke vorkommt – leicht zu schaffen oder unendlich weit? –, wer als Schiedsrichter am Ende steht – also über Ihre Beförderung entscheidet – und wie klar Sie die Ziellinie vor den Augen haben – wissen Sie eigentlich genau, in welche Position Sie am Ende wollen?

Lassen Sie dieses Bild, diese 100-Meter-Beförderungsstrecke, gerne ein oder zwei Minuten auf sich wirken, dann sprechen wir darüber."

2. Nun darf die Klientin erzählen, welche Assoziationen ihr bei dem meditativen Text gekommen sind.

Klientin: „Stichwort Konkurrenz: Im Startblock neben mir habe ich Jens Heidner gesehen, einen jungen, sehr ehrgeizigen Kollegen. Der will unbedingt eine Führungsposition. Und ich fürchte, er wird mich abhängen."
Coach: „Ein Lauf wird ja immer erst an der Ziellinie entschieden: Was könnten Sie bis dahin unternehmen, um Ihre Chancen zu steigern?"
Klientin: „Erst einmal mein Projekt mit Erfolg abschließen! Solange es hier hakt, werde ich nicht von der Stelle kommen."
Coach: „Sie hängen Jens Heidner also ab, wenn Ihr Projekt große Anerkennung erntet?"
Klientin: „Das allein wird nicht reichen! Ich müsste auch anders auftreten."
Coach: „Nämlich?"
Klientin: „Wie eine Führungskraft! Ich muss zum Beispiel auf die Abteilungsleiter zugehen und für meine Projektmitarbeiter ein tägliches Stundenkontingent fordern."
Coach: „Lassen Sie uns einmal durchspielen, wie ein solches Gespräch ablaufen könnte."
Usw.

Der Coach geht alle Punkte des Einleitungstextes mit ihr durch, von den Netzwerken bis zum Beförderer. Ihre Gedanken werden auf die Zielrichtung gepolt.

3. Bitten Sie die Klientin, zehn Pappkarten linienförmig im Raum auszulegen. Diese Karten sind beschriftet mit „10 Meter", „20 Meter", „30 Meter" usw. Am Ende folgt: „100 Meter: ZIEL!" Damit ist die Laufstrecke in den Raum geholt; die gedankliche Dimension wird um eine räumliche ergänzt.

4. Regen Sie die Klientin mit Fragen dazu an, sich bewusst zu machen, wie weit sie bislang schon auf dem Weg zu ihrem Ziel gekommen ist:

- Wo stehen Sie eigentlich auf der Strecke? Wirklich noch im Startblock? Oder haben Sie schon einen Teil bewältigt?
- Wie viele Meter haben Sie schätzungsweise bereits hinter sich?
- Was hat sich verändert, seit Sie den Startblock verlassen haben?
- Inwieweit können Sie diesen Schwung für den weiteren Lauf nutzen?

- Gibt es vielleicht Menschen um Sie herum, die Sie noch dichter beim Ziel sehen würden?
- Wie würden diese Menschen ihren Standpunkt begründen?
- Haben Sie sich selbst in manchen Momenten schon weiter gefühlt?
- Was haben Sie in solchen Momenten anders gemacht?

Sandra Schlegel stellte sich nach einem Zögern auf die 20-Meter-Marke. Ihren Blick richtete sie automatisch nach vorne.

5. Der Coach bittet sie, sich zunächst in Richtung Startblock umzudrehen, um ihr die bereits zurückgelegte Entfernung bewusst zu machen und sie zu würdigen. Die Fragen zielen nun auf ihre Ressourcen:

- Welchen Ihrer Fähigkeiten ist es zu verdanken, dass Sie schon 20 Meter weit gekommen sind, also ein Fünftel der Strecke bewältigt haben?
- Welches Trainingslager, vielleicht auch im Privaten, hat Ihnen diese Eigenschaften verliehen?
- Was ist bereits besser als zu jenem Zeitpunkt, da Sie noch im Startblock kauerten?
- Welche Hürden sind aufgetaucht? Und wie haben Sie diese übersprungen?
- Wer hat Sie unterstützt, dorthin zu kommen, wer waren Ihre Trainer oder Fans?
- Was würde mir dieser Mensch über Ihre Qualitäten als Führungs-Läuferin sagen?
- Warum sind Sie bei zehn Metern nicht stehen geblieben? Was hat Sie motiviert, die doppelte Strecke zurückzulegen?
- Bitte erklären Sie mir, was Ihnen die Entschlusskraft verliehen hat, ausgerechnet jetzt ins Coaching zu kommen?

Bei diesen Fragen kommt heraus, dass Sandra Schlegel durchaus über Führungserfahrung verfügt: Für die örtliche Pfadfinder-Jugend organisiert sie seit ihrem 18. Lebensjahr große Camping-Lager. Ihrem Planungstalent schreibt sie es zu, eine Projektleitung übertragen bekommen zu haben. Gegenüber den jungen Pfadfindern tritt sie souverän und willensstark auf. Ihr kommt der Gedanke: „Wenn ich diese Autorität in die Firma mitnehme, ist viel gewonnen!“

6. Bitten Sie die Klientin nun, ihren Blick auf der skalierten 100-Meter-Strecke nach vorne zu richten und sich auszumalen, was sie für den nächsten Schritt auf die 30-Meter-Marke unternehmen müsste.

Sie sagt, während sie tatsächlich im Raum einen Schritt nach vorne geht: „Ich werde meine zerstrittenen Mitarbeiter an einen Tisch holen und sie in meiner Rolle als Projektleiterin ansprechen: Was können wir unternehmen, dass der Laden reibungsloser läuft? Was kann ich tun? Was steuern sie bei? Und woran messen wir das Ergebnis? Solche Vermittlungen habe ich unter den Pfadfinder-Kindern schon oft hinbekommen. Das kann ich auch als Projektleiterin schaffen. Bislang war ich viel zu unsichtbar."

Nach demselben Prinzip geht sie die weitere Strecke in Zehn-Meter-Schritten ab. Auf die Frage, wo sie eine Zwischenzeit nehmen will, antwortet sie: „Nach 50 Metern, auf halber Strecke. Hier komme ich nur an, wenn ich endlich die Geschäftsführung und die Abteilungsleiter an einen Tisch hole. Alle müssen wissen, wie hoch mein Stundenbedarf für das Projekt ist. Gerade in unserem männerdominierten Konzern werden nur klare Ansagen verstanden, keine Botschaften zwischen den Zeilen." Sie legt jeweils „Laufzeiten" fest, also Termine, bis wann sie was erreicht hat.

Schließlich tritt sie auf die 100-Meter-Marke: „Ich übernehme eine Abteilungsleitung in spätestens zwei Jahren." Alles, was sie dazu braucht, hat sie auf den Wegpunkten davor festgelegt: dass sie ein Netzwerk knüpft (60 Meter), sich eine Mentorin organisiert und aus eigener Initiative Führungskurse besucht (70 Meter), ihren Führungsanspruch gegenüber ihren Chefs und der Personalabteilung deutlich verkündet (80 Meter) und sich Alternativen am Arbeitsmarkt schafft (90 Meter).

7. Der Praxistransfer soll wasserdicht sein. Deshalb geht der Coach mit seiner Klientin die möglichen Hindernisse auf der Strecke durch. Unter der Überschrift „Hürden" werden sie, unter Angabe der Meterzahl, in der linken Spalte eines A4-Blatts festgehalten. Nachdem alle Hürden gesammelt sind, überschreibt die Klientin die rechte Spalte mit: „Sprung". Und nun entwickelt sie Strategien und alternative Lösungen, mit deren Hilfe sie ihr Ziel auch unter ungünstigen Umständen erreichen und die Hürden überspringen kann.

Weitere Fragen

- Welche Rolle spielen die Zuschauer bei diesem Lauf?
- Wessen Unterstützung könnte Sie am meisten beflügeln?
- Wie können Sie sich diese Rückendeckung organisieren?

- Welches Trainingsprogramm brauchen Sie, um fit für die Führung zu sein?
- Welche Einheiten davon können Sie in Ihren Alltag einbauen?
- Woran würden Sie Ihre Fortschritte bemerken?
- Welche Zwischenzeiten müssen Sie erreichen, um zu wissen, dass Sie gut im Rennen sind?
- Wie schätzen Sie die firmeninterne Wetterlage ein: Rücken- oder Gegenwind?
- Wie bekommen Sie es hin, die günstigen Witterungen für sich zu nutzen?

Varianten

Diese Übung können Sie auch auf einem Sportplatz mit Laufbahn durchführen. Dann bekommt die Klientin ein Gefühl für die Strecke und erlebt jeden Meter, den sie zurücklegt, auch körperlich. Das prägt sich ein und motiviert. Außerdem führt ein Ortswechsel zu einem Gedankenwechsel: Vielleicht sind der Klientin auf dem Sportplatz Gedanken möglich, die ihr im Büro nicht kämen. Wenn auf der Bahn andere Sportler trainieren, können Sie Parallelen bilden, zum Beispiel: „Haben Sie gesehen, wie sich diese Läuferin über Minuten gedehnt hat? Sie ist nicht einfach losgelaufen, sie hat erst mal ihre Muskeln geschmeidig gemacht. Was könnten Sie an sich auflockern, ehe Sie die nächste Etappe angehen?"

Profi-Tipp

Lassen Sie Ihre Klientin die komplette Strecke bis zum Ziel durchgehen und bitten Sie sie immer wieder um Zeitprognosen: Wie lange wird sie für die nächsten zehn, zwanzig, dreißig Meter brauchen? Regen Sie die Klientin an, auch mögliche Hindernisse zu bedenken. Auf diese Weise kann sie realistische Zwischenziele für sich ableiten. Nichts ermutigt einen Menschen mehr, als wenn er merkt: Ich bin auf dem richtigen Weg!

Risiken

Die 100-Meter-Strecke kann der Klientin unüberwindbar lang und hindernisreich erscheinen. Das deutet hin auf ein allzu ambitioniertes Ziel. In diesem Fall können Sie die Klientin eine andere Laufstrecke wählen lassen. Vielleicht wäre ihr zunächst mit einem 50-Meter-Lauf gedient? Dieser könnte zum Beispiel darin bestehen, dass sie ihr Projekt mit Erfolg abschließt. Wenn die ersten 50 Meter bewältigt sind, lassen sich immer noch weitere 50 Meter anbauen.

Umsetzungs-Plan

Notieren Sie bitte, wann und wie Sie diese Methode einsetzen wollen:

24.

Hallo, ich bin deine Lösung

Wo steckt sie bloß, die Lösung? Das fragt sich jeder, der ein Problem hat. Wie wäre es, die Lösung in den Raum zu bitten und den Klienten zum Gespräch mit ihr einzuladen? Ein ungezwungener Dialog kann zu Aha-Erlebnissen führen.

Ziele

- Der Klient kommt der Lösung im wahrsten Sinne nahe.
- Er verfolgt sie mit dem spielerischen Scharfsinn eines Detektivs.
- Als Coach können Sie aus der Rolle der Lösung natürliche Denkanstöße geben.

Fallbeispiel

Nils Otten (26) steht kurz davor, sein Jura-Studium abzuschließen. Seine Noten sind ausgezeichnet, er würde ohne Probleme einen Arbeitsplatz finden. Was ihn bremst, ist sein Privatleben: Er ist mit einer Brasilianerin zusammen, die noch ein halbes Jahr in Deutschland bleibt, dann aber wieder zurück in ihre Heimat will. Nun fühlt er sich zerrissen: „Meine Freundin will ich auf keinen Fall verlieren – ich liebe sie! Aber mit meinem deutschen Jura-Studium kann ich in Brasilien nichts anfangen. Dort bin ich eine ungelernte Arbeitskraft, ich spreche ja nicht mal die Muttersprache.“ Im Coaching will er „nach Wegen aus der Zwickmühle“ suchen.

Die Idee

Dass der Klient „nach Wegen aus der Zwickmühle“ fahndet, ist ein schlechter Ansatz. Allein das Wort „Zwickmühle“ bereitet körperliches Unbehagen: Es zwickt und drückt. Fragen Sie sich, ob die Annahme des Klienten überhaupt zutrifft: Ist das, was er für eine Zwickmühle hält, tatsächlich eine? Oder sind es allein seine Gedanken, die eine solche Bredouille assoziieren?

Die meisten Menschen, die meinen, ein Problem zu haben, haben zugleich eine Lösung – nur ist sie verdeckt von der selbst konstruierten Wirklichkeit. Lenken Sie die Gedanken des Klienten auf die Lösungsspur, ohne dabei den Eindruck zu hinterlassen, das Problem zu ignorieren – sonst käme es immer wieder an die Oberfläche gesprungen, wie ein unter Wasser gedrückter Ball.

Eine spielerische Übung kann den Klienten in Kontakt mit der Lösung bringen. Wenn er mit ihr einen Dialog eingeht – wie mit einem Menschen – erfährt er dabei dreierlei:

1.) Es gibt sie tatsächlich, die Lösung! Seine Gedanken müssen sich nicht länger aufs Ob, sondern können sich aufs Wie richten.

2.) Die Lösung ist sein Freund – es zieht ihn ja zu ihr hin! Deshalb kann sie ihm sehr direkte und auch verblüffende Fragen stellen, ohne ihn damit in Verlegenheit zu bringen oder zu knicken.

3.) Seine Gedanken lösen sich von der Schwerkraft des Problems und steigen auf in die Höhen der Lösung.

Diese Übung ist das Gegenstück zu „Hallo, ich bin dein Problem!" (siehe Seite 76 ff.). Sie kann im Anschluss daran, aber auch unabhängig davon eingesetzt werden.

Schritte zum Erfolg

1. Erklären Sie dem Klienten, dass Sie nun die Rolle seiner Lösung einnehmen. Machen Sie ihm deutlich, welche Chance das für ihn bedeutet: „Ich werde gleich in die Rolle Ihrer Lösung schlüpfen – als wäre die Lösung ein Mensch aus Fleisch und Blut. Das ist eine tolle Gelegenheit für Sie: Als Lösung weiß ich all das, was Sie gerne wüssten. Nur darf ich es Ihnen nicht direkt auf die Nase binden, sondern muss Sie durch vorsichtige Hinweise und Rückfragen darauf bringen. Spielen Sie doch einmal den Detektiv und versuchen Sie, möglichst viel über mich herauszubekommen. Ich schlage vor, dass wir uns für diesen Dialog duzen – dann wird unser Gespräch noch vertraulicher und unkomplizierter. Diese Übung macht Spaß, und vielleicht nehmen Sie ein paar wichtige Impulse mit."

2. Diesmal stehen die Stühle nicht konfrontativ (wie bei der Übung „Hallo, ich bin dein Problem!"), sondern leicht versetzt. Überlegen Sie im Vorfeld, welche Hinweise auf die Lösung der Klient Ihnen bislang gegeben hat – oder welche Hypothesen Sie selbst entwickelt haben. Bringen Sie all dies in das Gespräch ein. Der Klient muss den Eindruck gewinnen, es sei nur eine Frage der Zeit, bis ihm – dank Ihrer Vorlagen – der entscheidende Einfall kommt. Das setzt bei Ihnen die Grundhaltung voraus, dass der Klient nicht in erster Linie Träger seines Problems, sondern Träger der Lösung ist.

Der Dialog mit Nils Otten begann etwa so:

Coach (als Lösungsdarsteller): „Das ist jetzt eine lustige Situation für mich, Nils! Ich weiß, dass du mich, deine Lösung, pausenlos suchst. Dabei sitze ich doch vor deiner Nase, nur hast du mich noch nicht gesehen."
Klient (als Lösungsdetektiv): „Du hast gut reden! Ich habe meinen Kopf ja schon durchwühlt wie eine Rumpelkammer, aber ich bin nicht auf dich gestoßen. Ich sehe immer nur die Möglichkeit, entweder meine berufliche oder meine private Zukunft zu verlieren."
Coach: „Nun gehst du in dieses Gespräch ja als Lösungsdetektiv. Ich bin schon gespannt, was du dir einfallen lässt, um mir auf die Schliche zu kommen."
Klient: „Also gut, dann will ich dir ein paar Fragen stellen: Was genau muss ich tun, um dich zu finden?"
Coach: „Denk einfach mal daran, was du schon alles getan hast. In welchem Moment hast du dich mir am nächsten gefühlt?"
Klient (grübelt lange): „Das war, als ich nach deutschen Unternehmen recherchiert habe, die Niederlassungen in Brasilien haben. Ich dachte, dort wird vielleicht ein deutscher Jurist gesucht. Aber bislang habe ich keine Anhaltspunkte dafür gefunden."
Coach: „Das ist sehr spannend! In diesem Moment warst du mir, der Lösung, schon dicht auf den Fersen, denn du hattest erkannt: Die Liebe und der Beruf lassen sich durchaus unter einen Hut bringen. Die Frage ist nur: wie?"
Klient: „Ich habe auch schon umgekehrt gedacht: Wie wäre es, wenn meine Freundin einen Job in Deutschland annähme? Aber sie hat in Brasilien eine große Familie!"
Coach: „Wow, da hast du ja gleich eine zweite Türe gefunden, die zu mir führen kann: Du suchst nach einer Möglichkeit, wie sie die Liebe zu dir und zu ihrer Familie vereinbaren kann. Denk einfach mal nach, wie sie das im Moment – sie ist ja in Deutschland – schon macht."

Klient: „Sie ist ein halbes Jahr hier und dann wieder drei Monate zu Hause. Dieser Wechsel ist für sie eine gute Mischung."
Coach: „Wechsel ist ein gutes Stichwort! Denk diesen Gedanken doch einfach mal ein Stück weiter (...)"

3. Je länger der Dialog mit der Lösung dauerte, desto mehr schaltet der Klient seinen Kopf in den Lösungsmodus. Mit kindlicher Freude, ähnlich wie bei dem Spiel „Ich sehe was, was du nicht siehst!", fragt, rät und fantasiert er – voller Begeisterung, dass es eine Lösung für sein Problem gibt, dass sie, in Gestalt des Coachs, vor ihm sitzt. Und während er meint, die Lösung aus Ihnen zu kitzeln, kommt sie aus ihm selbst – wie bei jedem guten Coaching-Dialog, nur spielerischer.

4. Bitten Sie den Klienten nun, mit Ihnen die Position im Raum zu wechseln und auf das Spielfeld dieses Dialogs zu schauen. Wie hat es sich angefühlt, mit der Lösung ein Gespräch zu führen? In welchem Moment gab es einen Durchbruch? Wodurch hat ihn der Coach in der Lösungsrolle unterstützt? Wie hat er es geschafft, sich der Lösung so sehr zu nähern? Welche Lösungsmöglichkeiten, die er schon im Kopf hatte, sind durch dieses Gespräch konkreter geworden? Welche neuen kamen dazu? Und welches sind seine wichtigsten Erkenntnisse aus dem Dialog?

In diesem Fall hat der Klient gleich mehrere Lösungen entwickelt:

1.) Warum nicht die modernen Medien nutzen und aus Brasilien für ein deutsches Unternehmen arbeiten? Etliche juristische Arbeiten sind ortsungebunden – gerade für eine Firma mit Niederlassung in Brasilien könnte er ein wichtiges Bindeglied sein.

2.) Warum überhaupt als Jurist arbeiten? Ihm wurde bewusst, dass er sich mit seiner Qualifikation ebenso zum Beispiel als Vorstandsassistent eines deutschen oder englischsprachigen Managers in Brasilien bewerben könnte.

3.) Das ganze Jahr von einem Ort arbeiten? Er kam auf die Idee, jeweils ein halbes Jahr in Deutschland und ein halbes Jahr in Brasilien zu leben, zusammen mit seiner Freundin. Sowohl eine Arbeit mit wechselndem Ort als auch eine 50-Prozent-Stelle im Wechsel mit einem anderen Mitarbeiter konnte er sich vorstellen.

5. Bitten Sie den Klienten, alle Lösungsmöglichkeiten zu Hause einmal im Kopf durchzuspielen (in diesem Fall zusammen mit seiner Partnerin). Laden Sie ihn ein, zu jeder der Optionen möglichst viele Informationen zu sammeln. Und auf dieser Grundlage führen Sie das Gespräch beim nächsten Coaching zur endgültigen Entscheidung fort.

Weitere Fragen

- Mit welcher Strategie haben Sie in der Vergangenheit Ihre Lösungen entwickelt?
- Was davon haben Sie – vielleicht unbewusst – auch in diesem Dialog angewandt?
- Wodurch unterscheidet sich für Sie eine gute Lösung von einer schlechten?
- Welche Möglichkeiten sehen Sie, es mit Ihren Lösungen wie mit der Kleidung zu machen – also sie vor dem „Kauf" einmal anzuprobieren, um zu schauen, ob sie passen?
- Angenommen, ein Ihnen vertrauter Mensch hätte ebenfalls mit der Lösung sprechen dürfen – welche Fragen hätte er gestellt?
- Inwieweit hätte dieser Ansatz hilfreich sein können?
- Wenn Sie jetzt noch einmal mit der Lösung sprechen dürften: Welche Fragen würden Sie gerne nachschieben?

Varianten

Sie können den Klienten im Vorfeld fragen, wen seine Entscheidung berühren wird. Und nun stellen Sie für die wichtigsten Menschen Stühle im Raum auf. Und wenn der Klient seinen Dialog mit der Lösung beendet hat, wechselt er zum Beispiel auf den Stuhl seiner Freundin. Dort doppeln Sie ihn ein, gehen zurück in die Rolle der Lösung und führen den Dialog aus der neuen Perspektive fort. Diese Variante ist interessant, weil sie die systemischen Zusammenhänge anschaulich macht und zu neuen Lösungsgedanken führt.

Profi-Tipp

Immer wieder wird Ihr Klient beim Dialog mit der Lösung sein Problem beschreiben. Ihre Aufgabe besteht darin, diese positiv zu übersetzen – also die Wünsche dahinter hervorzuheben. Ein Beispiel aus dem obigen Dialog:

Klient: „(...) sie hat in Brasilien eine große Familie!"
Coach: „Du suchst nach einer Möglichkeit, wie sie die Liebe zu dir und zu ihrer Familie vereinbaren kann."

Damit lenken Sie den Klient vom Problem zur Lösung, von der Unmöglichkeit zur Möglichkeit.

Übung: Bitte übersetzen Sie die drei folgenden Aussagen positiv (und duzen Sie den Klienten dabei, aus der Rolle seiner Lösung):

1.) „In Brasilien bin ich ohne die Landessprache nicht viel mehr als ein Hilfsarbeiter."

2.) „Ich finde es besonders schade, dass ich meine guten Noten nicht nutzen kann."

3.) „Halbe Jobs für Volljuristen sind doch eine Rarität!"

Lösungsvorschlag unter: www.karriereberater-akademie.de, Rubrik „Bücher".

Risiken

Der Klient kann das Rollenspiel missverstehen und Sie als Guru ansprechen – schließlich sind Sie ja „die Lösung in Person"! Deshalb ist es wichtig, dass Sie ausdrücklich vereinbaren: Die (von Ihnen verkörperte) Lösung darf ihr Wissen nicht hinausposaunen, sondern nur Anhaltspunkte geben. Auf diese Abmachung können Sie sich berufen und den Ball immer wieder vor die Füße des Klienten spielen. Nach einiger Zeit werden die Spielregeln akzeptiert.

Umsetzungs-Plan

Notieren Sie bitte, wann und wie Sie diese Methode einsetzen wollen:

25.

Auf zur Fantasiereise!

Was der Verstand nicht schafft, leistet die Fantasie: Sie entspannt den Klienten und lässt ihn Wege erkennen, die er bislang übersehen hat. Eine Fantasiereise macht Spaß, weckt die Kreativität und lässt sich ideal durch fantasievolle Fragen ergänzen

Ziele

- Der Klient lässt sich in einen tranceähnlichen Zustand gleiten.
- Sein Unbewusstes übernimmt das Kommando.
- Ressourcen und fantasievolle Lösungsideen kommen ans Licht.

Fallbeispiel

Sven Zeisenberg (40) leitet die IT-Abteilung eines Reifenherstellers. Doch er hat das Gefühl, seine Mitarbeiter seien einfach nicht motiviert. „Immer wieder muss ich Einzelnen vor der ganzen Gruppe den Kopf waschen! Zum Beispiel geht es gar nicht, dass die Leute privat im Internet surfen, wenn's bei uns brennt!" Ebenso stört ihn, dass sie „halbherzig und ohne Engagement arbeiten, auch wenn Land unter ist! Manchmal denke ich: Die warten den ganzen Tag nur auf den Feierabend!"

Einer seiner Mitarbeiter, Klaus Reibler, sei dagegen „engagiert bis in die Haarspitzen". Ihn preist er als Vorbild an. „Dennoch läuft es immer schlechter – als hätte ich Gegenarbeiter und keine Mitarbeiter. Inzwischen mache ich viele Fachaufgaben wieder selber." Sein Ziel: „Ich möchte meine Leute so führen, dass sie motivierter arbeiten und unternehmerischer denken."

Nebenbei erwähnt Zeisenberg, dass er ein großer Fußballfan von Hannover 96 und jedes Wochenende im Stadion sei.

Die Idee

Vielleicht kennen Sie das: Je mehr Sie nach der Lösung eines Problems suchen, desto mehr verschließt sich Ihre Kreativität. Aber später, wenn Sie joggen, duschen oder vorm Einschlafen sinnieren, fliegt Ihnen die Lösung einfach zu. Wer völlig entspannt ist, kann seine Gedanken fließen und in den tieferen Schichten seines Bewusstseins nach Lösungen suchen lassen.

Aber wie entspannt ist ein Klient, wenn er ins Coaching kommt? Die ganze Zeit hat er im Kopf: „Ich bin hier, um mein Problem zu überwinden!“ Und je mehr er sich anstrengt, desto mehr verkrampft sein Denken.

Wenn Sie Ihren Klienten zu einer Fantasiereise einladen, fällt die Verkrampfung von ihm ab: Seine Gesichtszüge entspannen sich, sein Unbewusstes übernimmt die Regie, er gleitet in einen tranceähnlichen Zustand. Und auf einmal fliegen ihm Gedanken zu, auf die er beim intensiven Denken nicht gekommen ist.

Bei der Fantasiereise leiten Sie Ihren Klienten an, sich in eine Parallelwelt zu versetzen. Dabei sprechen Sie in einer beruhigenden Tonlage den Rahmen der Handlung, reichern ihn mit sinnlichen Eindrücken an und überlassen die nähere Ausgestaltung dem Klienten. Seine Fantasie lässt sich anregen, zum Beispiel mit Fragen zur Handlung. Das unterscheidet die halb-offene Fantasiereise von der gelenkten Reise, bei der die komplette Handlung vorgegeben wird, und von der offenen Reise, bei der ihm nur einzelne Begriffe zugespielt werden.

Idealerweise ist die Fantasiereise individuell zugeschnitten. Zum Beispiel kann sie das leidige Thema des Klienten (hier ein Führungsproblem) mit einem Lieblingsthema (hier dem Fußball) verknüpfen. Diese Mischung öffnet den Klienten und sorgt dafür, dass er sich Zugang zu neuen Ressourcen und Ideen verschafft.

Schritte zum Erfolg

1. Eine Fantasiereise besteht aus drei Phasen: dem Reisestart, einer meditativen Entspannungsphase; der eigentlichen Fantasiereise, bei der Ihr Klient eintaucht in eine Handlung; und der Rückreise, bei der Sie ihn langsam zurück in die Realität holen.

Aber wie schaffen Sie es, einen rationalen IT-Manager für ein solches Spielchen zu gewinnen? Wird er es nicht als Zeitverschwendung, als „albernen Kinderkram“ betrachten?

Übung: Bitte schlagen Sie eine Einführung vor, die einen Manager für eine Fantasiereise öffnen könnte, ehe Sie meinen Text lesen. Versuchen Sie dabei, seine alltägliche Arbeit mit der Kreativität zu verknüpfen.

Mein Vorschlag:

„Sicher kennen Sie das von IT-Problemen: Man muss im Kopf ganz schön beweglich sein, um Lösungen zu finden. Und manchmal laufen die Gedanken stundenlang in die falsche Richtung, ehe der Gedankenblitz in einem völlig unerwarteten Moment kommt, zum Beispiel auf der Heimfahrt." (Er nickt.) „Entspannung erhöht die Kreativität. Und es gibt eine Methode, wie sich solche Gedankenblitze anlocken lassen. Interessiert Sie das?" (Er nickt erneut.) „Ich spreche von einer Gedankenreise. Dabei schicken Sie Ihre Fantasie wie einen Spürhund los, um einfach mal zu schauen, was sie Ihnen mitbringt. Etliche Manager haben schon sehr von dieser Methode profitiert. Hätten Sie Lust auf einen solchen Versuch? Ich verspreche Ihnen auch, dass Sie an einen äußerst spannenden Ort reisen: in ein Fußballstadion!"

2. Holen Sie von Ihrem Klienten die Genehmigung ein, ihn für die Zeit der Reise zu duzen, weil sich sein Unbewusstes dann leichter ansprechen lässt. Dann bitten Sie ihn, sich eine möglichst bequeme Position zu suchen, etwa entspannt auf dem Stuhl (wer will, darf sich auch hinlegen). Zu enge Kleidungsstücke soll er lockern, ebenso zu enge Gedanken. Seine Welt darf weit werden, grenzenlos, abenteuerlich.

Und dann beginnen Sie mit einem Einführungstext, der ihn auf die Reise vorbereitet und innerlich entspannt. Sprechen Sie langsam und in einer warmen Tonlage. Lassen Sie nach den Fragen genug Zeit, damit der Klient die Pausen mit seiner Fantasie füllen kann. Die folgende Einführung (und die weiteren Reisetexte) stammen aus meinem „Handbuch Fantasiereisen" (Beltz, 2011), in dem ich die Anwendung im Coaching ausführlich erläutere und 50 Reisetexte vorschlage.

Reisestart:

Entscheide selbst, wie du dich jetzt vollkommen entspannst.
Vielleicht willst du deine Augen schließen,
dich von der warmen Dunkelheit umfließen lassen
und deine Muskeln so lange lockern,

bis du ihr Gewicht nicht mehr tragen musst,
bis es vollkommen in den Boden unter dir fließt.

Vielleicht willst du deine Ohren so weit öffnen,
bis sie zu einem offenen Windkanal werden,
bis alle Geräusche, die in sie eindringen,
einfach durch sie hindurchströmen
wie ein warmer, unbedeutender Lufthauch,
bis vollkommene Stille dich ausfüllt.

Vielleicht willst du all deinen Gedanken,
die deinen Kopf durchsegeln wie Schiffe das Meer,
ein letztes Mal zuwinken, von deinem Hafen aus,
aber nur so lange, bis sie sich allmählich verlieren,
Schiffchen für Schiffchen, am fernen Horizont,
bis dein Kopf leicht wie ein Ballon wird,
bis du ihn schweben spürst.

Und vielleicht genießt du es, dass dein Geist so leicht geworden ist
und du zugleich so fest in diesem Moment verwurzelt bist
wie ein riesiger Berg in der Erde.
Diese Welt trägt dich auf ihrer großen Hand,
du kannst dich ganz tief sinken lassen,
ganz tief in diesen Augenblick, ganz tief in deine Entspannung.

3. Gehen Sie nun, da der Klient entspannt ist, zur eigentlichen Reise über.

Übung: Fällt Ihnen eine Idee ein, wie Sie das Führungsthema mit dem Fußball verbinden könnten? Schreiben Sie gerne einen Fantasiereise-Text, ehe Sie meinen Vorschlag lesen. Je mehr Sinne Sie ansprechen, je anschaulicher Sie die Situation beschreiben, desto leichter wird es dem Klienten fallen, seine Gedanken ziehen zu lassen.

Fantasiereise

Reise jetzt mit deiner Fantasie in ein Fußballstadion.
Du stehst am Rand des Spielfelds
und spürst, dass der Boden ganz leicht zittert,
als wäre er der Rücken eines riesigen Tiers.
Das Beben kommt von den Rängen.
Dort klatschen die Fans und stampfen und schwenken Fahnen.
Heisere Stimmen singen Sprechchöre.
Hör so lange hin, bis du jedes Wort verstehst.

Schau jetzt auf das Fußballfeld, dort jagen
rote und blaue Trikots dem Ball hinterher.
Konzentrier dich ganz auf diesen Ball,
wie er sich vorwärtsdreht über den Rasen.
Und dreht und dreht. Und dreht und dreht.
Zoom dich ganz dicht an den Ball heran.
Zwei Paar Stollenschuhe kommen ihm jetzt näher,
Rasenfetzen wirbeln hoch, dann kracht es hölzern.
Ein schriller Pfiff geht dir ins Ohr: Freistoß.

Du läufst unruhig am Spielfeldrand auf und ab.
Du bist der Trainer, der Trainer der roten Mannschaft.
Dein Team liegt 0 zu 2 hinten, gleich ist Halbzeit.
Deine Mannschaft spielt schlecht, grottenschlecht.
Am liebsten würdest du aufs Spielfeld rennen
und den Ball selbst ins Tor hauen.
Du atmest durch und riechst den schwefligen Rauch,
den der Wind in Fetzen aus der Fankurve mitnimmt
und zu dir vor die Trainerbank haucht.

Der Pausenpfiff hallt durchs Stadion.
In der Kabine riecht es nach Schweiß und Lederschuhen.
Eine Spraydose faucht, der Arzt vereist ein Schienbein.
Was sagst du zu deinen Spielern?
Und wie sagst du es: ruhig oder erregt?
Welchen Unterschied macht die Tonlage?
Was passiert, wenn du mit deiner Mannschaft schimpfst?
Glaubst du, das kann die Spieler aufrütteln?
Was passiert, wenn du über die Fehler sprichst?
Werden sie dadurch in der zweiten Halbzeit weniger?
Wissen die Spieler dann, was zu tun ist?

Und redest du mit der ganzen Mannschaft zur gleichen Zeit,
sagst du Sätze wie: „Ihr habt ...", „Ihr müsst ...", „Ihr sollt ..."
Oder sprichst du jeden Spieler einzeln an?
Den Tormann, der am Ball vorbeigegriffen hat?
Den Verteidiger, der nicht wachsam genug war?
Den Stürmer, der eine große Chance vergeben hat?
Was passiert, wenn du Einzelne herausgreifst
und sie vor der Gruppe kritisierst?
Oder umgekehrt: Wie kommt es beim Team an,
wenn du den besten Mann lobst?

Irgendwer flucht in der Kabine leise vor sich hin,
eine Wasserflasche gluckert beim Trinken.
Was sagst du der Mannschaft, ehe sie zurück aufs Feld geht?
Warum könnte es klug sein,
sie an ihren letzten Sieg zu erinnern?
Warum könnte es wichtig sein,
den Spielern zu sagen, dass du an sie glaubst?

Klopf jedem auf den Rücken
und spür dabei die warme Nässe der Trikots,
und hör das platschende Geräusch.
Und nun geh deinem Team voraus durch die Katakomben,
dem Licht entgegen, dem Lärm entgegen, hinaus ins Stadion.
Der Schiedsrichter pfeift die zweite Halbzeit an.
Wieder zittert der Boden, wieder rollt der Ball.
Wie lautet deine Prognose für dieses Spiel?

4. Holen Sie Ihren Klienten nun mit einem Rückreise-Text sanft aus dem Land der Fantasie zurück. Dabei empfiehlt es sich, den Reisestart wieder aufzugreifen.

Rückreise:

Und nun wirf ein Lasso nach deiner Fantasie aus
und zieh sie Stück für Stück in diesen Raum zurück.
Sieh deinen Gedanken-Schiffchen dabei zu,

wie sie wieder am Horizont auftauchen,
wie sie zurück in deinen Kopf fahren
und ihn mit tausend Gedanken füllen.

Spür den Stuhl, auf dem du sitzt –
er gibt dein Gewicht wieder an dich zurück.
Hör die Geräusche um dich herum –
sie bleiben wieder in deinen Ohren haften.
Denk an die friedlichen Menschen,
die mit dir im selben Raum sitzen.

Werd wieder wach, öffne die Augen,
komm aus der Welt der Fantasie ganz entspannt
zurück in diesen Seminarraum.

5. Fragen Sie den Klienten, wie er seine Reise erlebt hat und welche Parallelen zu seiner Situation er sieht. Sven Zeisenberg ist aufgewühlt: „Ich kann es gar nicht glauben! Als Fußballtrainer wäre ich ganz anders, als ich es in meiner Rolle als Chef bin. Ich würde die Jungs aufbauen, statt sie einen Kopf kürzer zu machen. Ich würde ihnen sagen, was sie alles können. Ich würde sie an die Siege der Vergangenheit erinnern. Aber was mache ich als Chef? Das Gegenteil!"

Gehen Sie mit dem Klienten durch, was er aus der Reise für seinen Führungsstil lernen kann und lassen Sie ihn messbare Ziele daraus ableiten. Sven Zeisenberg entwickelt ein völlig neues Verständnis seiner Führungsrolle.

Weitere Fragen

- Wie kommt es bei einer Mannschaft an, wenn der Trainer in einer schwierigen Situation nicht hinter ihr steht?
- Und woran merkt ein Team, dass es sich auf den Trainer verlassen kann?
- Was denken die Spieler von einem Trainer, der aufs Spielfeld rennt und die Tore selber schießen will?
- Welche Tonlage haben Sie in der Kabine angeschlagen? Mit welchem Ziel?
- Zu welcher Tonlage neigen Sie beim realen Führen?
- Wie haben Sie Lob und Kritik dosiert?

- Gruppenansprache oder Einzelgespräch – was ziehen Sie vor?
- Inwieweit schien es Ihnen schlüssig, Ihr Team am Ende an Erfolge zu erinnern?
- Wann schnitt Ihr reales Team zuletzt schlecht ab? Wie sind Sie damit umgegangen?
- Wie feiern Sie eigentlich große Siege?

Varianten

Für die Kurzarbeit bietet sich eine offene Fantasiereise an. Dabei spielen Sie dem Klienten einzelne Begriffe zu, die er selbst interpretieren und zu einer Handlung zusammenführen kann. Zum Beispiel könnten Sie sagen, jeweils mit längeren Pausen dazwischen: „Fußballtrainer – Rückstand – Halbzeitpause – Ansprache an die Mannschaft – die richtigen Worte – neuer Mut – Vertrauen – Ruder rumreißen“ usw.

Danach erzählt Ihnen der Klienten, was er vor dem inneren Auge gesehen hat. Meist verbindet die Fantasie die Begriffe zu einer Handlung.

Profi-Tipp

Bei der Fußballtrainer-Reise (und ähnlichen Themen) liegt es nahe, mit dem Klienten eine Fortsetzungs-Reise zu unternehmen, um seine Erkenntnisse zu festigen und zu erweitern. Wie wird die zweite Halbzeit laufen? Was wird anders sein, nachdem er mit der Mannschaft gesprochen hat? Wie erklärt sich dieser Effekt, und was kann er daraus für sich ableiten? Die Fortsetzungsreise „Der Fußballtrainer II“ finden Sie in meinem „Handbuch Fantasiereisen“ und im Bonusmaterial zu diesem Buch (unter: www.karriereberater-akademie.de, Rubrik „Bücher“).

Risiken

Es kann passieren, dass der Klient sich vollkommen entspannt – und einschläft, während Sie die Reise anleiten. Nun kommt es darauf an, wie Sie diesen Vorgang interpretieren: als Ihr Versagen („Ich habe ihn gelangweilt!“)? Oder als großen Qualitätsbeweis für Ihre Arbeit („Er hat seine Gedanken bis in den Traum wandern lassen!“). Die zweite Variante ist produktiver: Tatsächlich bringen Klienten aus dem Halbschlaf oder aus den Kurzträumen oft die besten Ideen mit.

Notieren Sie bitte, wann und wie Sie diese Methode einsetzen wollen:

Umsetzungs-Plan

5. Blick aufs Rüstzeug: „Was bringen Sie mit?"

Wer eine weite Reise antritt, braucht dafür Proviant. Jeder Mensch führt in seinem Lebensgepäck eine beachtliche Menge Ressourcen mit sich: Eigenschaften, Erfahrungen, Kontakte. Nur ist dieses Gepäck so groß, dass er nicht immer den Zugriff auf das Benötigte hat. Und manche Ressourcen liegen so weit unten, dass sie ihm mit den Jahren entfallen sind. Darum lohnt es sich, dass Sie das Ressourcen-Gepäck mit Ihrem Klienten vor der Reise sichten und neu sortieren. Was dabei ans Licht kommt, kann in schwierigen Situationen seine Rettung sein – zum Beispiel eine Ressource namens Humor.

Zeichnung 5: Zwei Schatzsucher am Werk! Wenn Sie den Klienten zur Schatzkiste seiner Ressourcen führen, ist das die halbe Miete auf dem Weg zum Ziel. Nun kann er auf seine Kompetenzen, Erfahrungen und Kontakte bauen.

26. Ich lade dich ein, Eigenschaft: Wie eine nette Einladung dafür sorgt, dass Ihr Klient Besuch von einer erwünschten Eigenschaft bekommt.

27. Märchen-Coaching: Wie Sie Hänsel und Gretel in ein Coaching holen, um einen Menschen klarer sehen zu lassen, worum es ihm wirklich geht.

28. Das Kabarett-Programm: Warum ein Problem seinen Schrecken verliert, wenn Sie Ihre Klientin dazu bringen, dass sie darüber Witze macht.

29. Anpfiff zur zweiten Halbzeit: Warum es oft lohnt, ein Coaching zu unterbrechen und den Klienten als Trainer seiner selbst in die Kabine zu schicken, zur Halbzeitansprache.

30. Der schönste Kindheitstag: Wie ein fernes Erlebnis aus der Kindheit Ihrer Klientin die Augen für die Chancen der Gegenwart öffnet.

31. Die Plus-Lupe im Lebenshaus: Wie ein Mensch es schafft, seinen Blick von den Löchern auf den Käse zu richten – mithilfe einer „Plus-Lupe".

26.

Ich lade dich ein, Eigenschaft!

Wer sagt, ihm fehle eine Eigenschaft, meint in Wirklichkeit: Sie fehlt manchmal. Positiv gesprochen: In anderen Situationen ist sie da! Was kann Ihr Klient tun, um eine vermisste Eigenschaft einzuladen, ihn in den entscheidenden Momenten zu begleiten?

Ziele

- Der Klient richtet seinen Blick vom (scheinbaren) Mangel auf das Vorhandene.
- Er sondiert, wie er die Eigenschaft in der Vergangenheit aktiviert hat.
- Er denkt systemisch und richtet das Umfeld für die Eigenschaft ein.

Fallbeispiel

Paul Odental (55) ist freiberuflicher Trainer und arbeitet vor allem für einen großen Maschinenbauer. In den letzten Jahren fühlt er sich immer mehr ausgenutzt. Seine Honorare sind mehrfach gekürzt worden. Und die Teilnehmer empfindet er als respektlos: „Zum Beispiel werde ich geduzt, ohne dass ich geduzt werden will. Und wenn mein Training am Freitag um 16.00 Uhr enden soll, verabschiedet sich die Hälfte der Gruppe spätestens eine Stunde früher." Sein Resümee: „Ich bin einfach zu feige. Wahrscheinlich trage ich so ein Weichei-Gen in mir." Sein Ziel fürs Coaching: „Ich will was gegen meine Feigheit tun!"

Die Idee

Jeder Mensch trägt alle Charakter-Eigenschaften in sich. Der Grobian kann zärtlich sein, der Draufgänger zurückhaltend, der Zauderer entschlossen, der Sparsame verschwenderisch. Von seiner soziologischen Rolle und von der Situation hängt es ab, welche Eigenschaft ein Mensch aufs Spielfeld schickt und welche auf der Reservebank bleibt. Ein Manager, der im Job als Dampfwalze gilt, kann als Familienvater die Einfühlsamkeit in Person sein. Und so manche Frau, die gegenüber ihrem Chef keine Gehaltsforderung über die Lippen bringt, vertritt ihre Interessen gegenüber dem Partner wie eine geübte Rechtsanwältin.

Im Coaching können Sie den Menschen bewusst machen: Die Eigenschaft, nach der sie oft verzweifelt suchen, befindet sich längst im Team! Sie muss nicht neu erworben, sondern nur eingeladen werden, ins Spiel einzugreifen. Der Klient muss nicht bei null anfangen, sondern kann auf Vorhandenes bauen. Das lässt die Motivation durchstarten und die Chancen des Praxistransfers steigen.

Schritte zum Erfolg

1. Helfen Sie Ihrem Klienten, den erkannten Mangel in einen Wunsch zu übersetzen. Das gelingt durch positives Zuhören. Hier ein kurzer Auszug des Dialogs mit Paul Odental:

Klient: „Ich will was gegen meine Feigheit tun!"
Coach: „Sie wünschen sich, Ihren Mut öfter zu aktivieren?"
Klient: „Ja, genau. Ich will dieses Feigling-Gen überwinden."
Coach: „Sie wollen Rückgrat zeigen, wo Sie es für richtig halten."
Klient: „Rückgrat trifft es! Ich will mich nicht länger den Wünschen der anderen unterwerfen. Warum lasse ich mich eigentlich duzen, ohne es zu wollen?"
Coach: „Also ist es Ihnen wichtig, dass Sie Ihre eigenen Wünsche auch dann aufrechterhalten, wenn sie angefochten werden."
Klient: „Ja! Ich will abends mit dem Gefühl nach Hause gehen, mein Leben so gelebt zu haben, wie ich es für gut und richtig halte. Ich will mutig sein, viel mutiger!"

Weil der Coach die negativen Aussagen des Klienten immer wieder positiv übersetzt, schaltet der Klient am Ende auf das gleiche Denken um: Er beklagt nicht mehr den Mangel, sondern definiert den Wunsch. Damit ist die Eigenschaft – der Mut – benannt, die er sich in größerem Maße wünscht. Dies klären Sie durch eine Rückfrage, ehe Sie zum nächsten Schritt übergehen.

2. Der Coach stellt seine These in den Raum, dass die gesuchte Eigenschaft schon vorhanden sei – und belegt diese Aussage am Lebenslauf des Klienten:

„Nun haben wir festgestellt, dass Sie auf der Suche nach einer Eigenschaft sind: dem Mut. Ich behaupte jetzt einfach mal, dass Sie schon oft in Ihrem Leben mutig waren – etwa damals, als Sie sich als Trainer selbstständig gemacht haben. Oder als Sie sich ein halbes Jahr Auszeit für Ihre Australien-Reise genommen haben. Sicher fallen Ihnen noch viele weitere Beispiele ein. Gerne würde ich jetzt mit Ihnen besprechen: Wie schaffen Sie es, den Mut dazu einzuladen, dass er bei Ihnen wieder mal vorbeischaut?"

3. Der Klient wird gebeten, von Gelegenheiten aus der Vergangenheit zu erzählen, bei denen er mutig war. Der Coach fragt nach, bezeichnet den Mut als Gast und will wissen, wodurch dieser eingeladen und willkommen geheißen wurde:

Klient: „Damals, als ich aus der Festanstellung in die Freiberuflichkeit wechselte, war ich felsenfest von meinem Erfolg überzeugt. Ich glaube, dieser Optimismus hat mir den Mut dazu gegeben."
Coach: „Also kann man sagen: Der Mut ist vor allem dann bei Ihnen zu Gast, wenn Sie glauben, ein Wagnis könne Erfolg haben?"
Klient: „Ja, das denke ich! Denn sonst würde ich ja die Tollkühnheit einladen, und die passt nun wirklich nicht zu mir."
Coach: „Lassen Sie uns beim Schritt in Ihre Freiberuflichkeit bleiben. Was haben Sie noch getan, um den Mut zu Ihnen einzuladen?"
Klient: „Ich habe im Vorfeld gut recherchiert! Ich wusste, dass es für meine Trainings eine Nachfrage gibt. Und ich hatte ja gute Kontakte zu potenziellen Auftraggebern."
Coach: „Das heißt: Je besser Sie auf einen gewagten Schritt vorbereitet sind, desto eher ist der Mut bereit, Sie dabei zu begleiten?"
Klient: „Darüber habe ich noch nie nachgedacht. Aber wenn ich es richtig überlege ... Ja, doch, ich bin da wie ein Boxer: Ich wage auch einen schweren Kampf, aber vorher will ich gut trainieren."
Coach: „Und offenbar helfen Ihnen auch Ihre Netzwerke, den Mut einzuladen – Sie haben ja gerade von den Kontakten zu möglichen Auftraggebern gesprochen (...)."

4. Nach dem Dialog bittet der Coach seinen Klienten, die gerade identifizierten Umstände, die den Mut als Gast anlocken, auf einzelne Karten zu schreiben, Am Ende steht auf den Karten:

5. Der Coach bittet den Klienten, die Karten im Raum zu verteilen. Je wichtiger ein Punkt ist, desto näher soll er an der Fensterseite liegen. Der Klient überfliegt die Kärtchen und greift sich dann das letzte heraus: „Es muss schon ein Ziel sein, für das es sich zu kämpfen lohnt. Nur dann ist mein Mut motiviert genug." Er legt die Karte ganz dicht ans Fenster. Es folgen: „entschlossen sein", „Alternativen haben", dann – auf einer Höhe – „Kontakte nutzen" und „Rückendeckung sichern" und schließlich „gezielte Vorbereitung", „Bereitschaft zum Konflikt" und „gute Erfolgsaussichten".

6. Nun darf der Klient sich zu den einzelnen Kärtchen stellen, beginnend gegenüber dem Fenster mit „gute Erfolgsaussichten". Der Coach sagt: „Dann lassen Sie uns mal schauen, wie es Ihnen gelingt, den Mut in der jetzigen Situation einzuladen. Sprechen Sie ihn an, als wäre er ein Mensch. Und sagen Sie ihm jetzt einmal, warum die Erfolgsaussichten gut sind – oder was Sie tun können, um sie zu erhöhen."

Der Klient sagt: „Auf meinem Trainingsgebiet bin ich der Spezialist. Die Firma wird ganz sicher nicht auf mich verzichten, auch wenn ich den Teilnehmern ihre Grenzen zeige. Wenn ich mich erst einmal überwinde, wird das schon klappen."

In derselben Manier schreitet der Klient von Karte zu Karte. Und weil die Wichtigkeit der Voraussetzungen steigt, wird seine Einladung an den Mut immer attraktiver – bis er schließlich, kurz vorm Fenster, neben die letzte Karte tritt: „Ziel, für das es sich zu kämpfen lohnt". Dort hält er ein wahres Plädoyer, das seine Motive betont und den Mut als Kampfgenossen an seine Seite ruft.

7. Besprechen Sie mit dem Klienten, wie er die Erkenntnisse der Übung auf seine Praxis übertragen will: „Nun haben Sie den Mut mit vielen guten Argumenten eingeladen: Wie sicher sind Sie, dass er Sie besuchen wird?" Es folgen weitere Frage, um den Praxistransfer zu gewährleisten, zum Beispiel:

- Was können Sie im Alltag tun, um Ihre Einladung zu erneuern?
- Woran werden Sie merken, dass der Mut den Raum betreten hat?
- Und wie können Sie sicherstellen, dass er an Ihrer Seite bleibt?
- Angenommen, er verdrückt sich kurzzeitig: Wie locken Sie ihn zurück?

Weitere Fragen

Übung: Bitte entwerfen Sie mindestens fünf weitere Coaching-Fragen, die den Mut als Gast betrachten und den Klienten zu neuen Gedanken anregen.

Mein Vorschlag:

- Sie wissen ja, wie Gäste so sind: Sie kommen selten allein! Welche anderen nützlichen Eigenschaften könnte der Mut als seine Begleiter in Ihr Leben bringen?
- Angenommen, diese Besucher wären tatsächlich bei Ihnen: Was fiele Ihnen dann bedeutend leichter?
- Welche weiteren Besucher hat der Mut in der Vergangenheit schon auf den Weg zu Ihnen gebracht?
- Können Sie sich an eine solche Situation erinnern – wie hat sich das angefühlt?
- Angenommen, Ihr Mut könnte Ihnen ein Kompliment machen, das beginnt mit den Worten: „Ich besuche dich gerne, denn du ..." – wie könnte der Satz weitergehen?
- Welche Menschen um Sie herum könnten Sie dabei unterstützen, ein noch besserer Gastgeber für den Mut zu sein?
- Wenn Sie die Voraussetzungen für Ihren Mut einmal anschauen: Welche gehören zusammen und könnten ein schlagkräftiges Team bilden?
- Was müssten Sie tun, um den Mut gründlich abzuschrecken?
- Was lässt sich, ins Positive verkehrt, für Sie daraus ableiten?

Varianten

Wenn sich Klienten besonders schwertun mit dieser Übung, kann ein Anlauf in die paradoxe Richtung sinnvoll sein: „Was müssten Sie tun, um die Feigheit zu sich einzuladen?" Der Klient schreibt nun alle Möglichkeiten auf. Am Ende fragt der Coach: „Und was müssten Sie tun, um den Mut einzuladen?" Oft reicht es aus, die Avancen ins Gegenteil zu drehen. Zum Beispiel wird aus „Mir alles gefallen lassen" dann: „Bereitschaft, meine Interessen durchzusetzen!"

Profi-Tipp

Holen Sie den Mut am Ende der Übung in den Raum, indem Sie ihm eine Stimme geben – Ihre! Schlüpfen Sie in die Rolle des Mutes und suchen Sie den Dialog mit dem Klienten. Dabei können Sie spielerisch-provokant sein, zum Beispiel so:

Coach (als Mut): „Warum sollte ich dich besuchen? Du lässt dich doch von jedem Seminarteilnehmer ins Boxhorn jagen."
Klient: „Das stimmt. Aber ich will das ja gar nicht. Darum lade ich dich ein."
Coach: „Und was hast du mir zu bieten?"
Klient: „Nun, ich werde mich gut vorbereiten auf den nächsten Disput mit einem Teilnehmer. Ich werde üben, wie ich souverän ‚Nein' sage, wenn am Freitag mal wieder einer früher gehen will. Ich werde ..."

So kann der Klient die Argumente, die er in der Übung erarbeitet hat, auf lebendige Weise vortragen und so verinnerlichen.

Risiken

Im Coaching kann sich der Klient ausmalen, wie er eine Eigenschaft einlädt – aber verschicken muss er diese Einladung in seinem Alltag! Deshalb besteht die Gefahr, dass der Erkenntnis keine Taten folgen. Es sei denn, Sie vereinbaren mit dem Klienten ganz konkret erste Schritte, mit denen er seine Einladung auf den Weg bringt. Ebenso ein gutes Instrument für den Praxistransfer: Lassen Sie den Klienten zu Hause eine schriftliche Einladung an den Mut schreiben, die er jeden Morgen wieder durchliest, um entsprechend zu fühlen, zu denken und zu handeln.

Umsetzungs-Plan

Notieren Sie bitte, wann und wie Sie diese Methode einsetzen wollen:

27.

Märchen-Coaching

Im Märchen ist alles möglich. Der Esel kann zum Goldesel werden, das Aschenputtel zur Prinzessin. Wenn Ihr Klient seine Situation auf ein Märchen überträgt, ist das ein Sesam-öffnet-dich für seine Fantasie – und so manches Problem löst sich auf.

Ziele

- Lassen Sie Ihren Klienten eine eingefahrene Situation mit neuer Fantasie betrachten.
- Laden Sie ihn ein, verrückte Lösungsideen zu entwickeln.
- Nutzen Sie seine kindliche Lust am Fabulieren, um Konstruktives aus seinen Ideen abzuleiten.

Fallbeispiel

Wer in ein Coaching kommt, hat vorher schon vieles versucht, eine Herausforderung zu bewältigen – offenbar ohne nachhaltigen Erfolg. Zum Beispiel hatte sich der überarbeitete Abteilungsleiter Jürgen Grün (43) vorgenommen, dreimal pro Woche pünktlich um 17 Uhr nach Hause zu gehen. Doch in den meisten Fällen scheiterte er. Mal bekam er einen eiligen Vorgang von seinem Chef auf den Tisch geworfen. Mal wollte er unbedingt noch ein Konzept abschließen. Mal bat ihn ein Mitarbeiter kurz vor Feierabend um ein „dringendes" Gespräch.

Seine bisherige Strategie war, schon im Morgengrauen zur Arbeit zu kommen, um gegen 17 Uhr möglichst viel geschafft zu haben. Doch dieser Ansatz führte dazu, dass er abends nicht nur als Letzter ging, sondern morgens auch noch als Erster gekommen war. Das kostete ihn noch mehr Freizeit. Nun sucht er nach neuen Ansätzen.

Die Idee

Die Welt der Märchen ist uns aus der Kindheit vertraut – eine Welt voller Zauberwesen, wo Geister aus der Flasche steigen, Räuberhöhlen sich auf Zuruf öffnen und Tischlein sich von alleine decken. In der Welt der Märchen gibt es keine Grenzen der Realität. Kein Problem ist zu groß, um es zu lösen.

Das Ziel des märchenhaften Coachings besteht darin, die Denkschranken im Kopf Ihres Klienten zu heben. Er verlässt die Niederung seines Problems – und lässt seine Fantasie wie einen Drachen steigen. Fragen ebnen den Weg: Welches ist sein Lieblingsmärchen? Welche Parallelen zu seiner Situation weist es auf? Als welche Figur könnte er dort agieren? Und wie würde alles ein gutes Ende nehmen?

Nun kann Spektakuläres geschehen: Derselbe Mensch, der seine Situation in der Realität für unveränderbar hält, findet in der Märchenwelt etliche Ideen, um sie zu lösen. Denn als Märchenerzähler darf er sich Lösungen erlauben, ohne zu fragen, ob sie realistisch sind. Er ist frei von Handlungsdruck. Der innere Zensor quittiert seinen Dienst, das kreative Kind-Ich übernimmt das Kommando.

Und aus dem Rohmaterial, das die Fantasie liefert, kann er sich danach in der Realität maßgeschneiderte Lösungen zimmern. Er nimmt neue Ansätze und neue Perspektiven mit. Sein Problem verliert an Bedrohlichkeit, die bunte Märchenwelt färbt darauf ab.

Schritte zum Erfolg

1. Laden Sie Ihren Klienten ein, seine Situation auf ein Märchen zu übertragen, um neue Lösungsansätze zu finden. Bitten Sie ihn, an seine Kindheit zu denken. Welche Märchen wurden ihm erzählt? Welche haben ihn am meisten fasziniert? Und was genau hat ihm an der Märchenwelt am besten gefallen? Je mehr er erzählt, desto entspannter wird er. Sein Gehirn schaltet in den Alphazustand, die Kreativität schwingt ihr Zepter.

2. Fragen Sie ihn, welches sein Lieblingsmärchen war – und warum? Der Abteilungsleiter antwortete: „Ich habe Hänsel und Gretel geliebt! Gefallen hat mir, dass diese beiden Kinder schlauer als die Erwachsenen waren. Alle Welt war gegen sie – die böse Stiefmutter, die böse Hexe und auch die Vögel, die das ausgestreute Brot aufgepickt haben. Und doch haben die beiden sich nicht unterkriegen lassen, ja sogar den Spieß umgedreht."

3. Bitten Sie Ihren Klienten, mit viel Fantasie ein paar Parallelen zwischen diesem Märchen und seiner Situation herzustellen. Der Abteilungsleiter Jürgen Grün sagt: „Mit meinen Feierabend-Plänen ist es wie mit dem ausgestreuten Brot: Sie werden von anderen aufgepickt. Aber gibt es auch eine böse Hexe? Nun ja, unser Bereichsleiter erwartet schon, dass wir Führungskräfte immer am längsten arbeiten. Mit etwas Fantasie könnte ich sagen: Er will mich verheizen!"

4. Haken Sie mit Fragen nach, um das Szenario noch konkreter zu machen:

- Wer hat Sie eigentlich so tief in den Wald Ihrer Überstunden geführt?
- Wohin soll Sie Ihr Rückweg idealerweise führen?
- Gibt es weitere Vögel, die Ihre Pläne aufpicken?
- Was könnten Sie mit Ihrem Chef, der Hexe, anstellen, um wieder die Hoheit über Ihr Arbeitsleben zu erlangen?
- Wenn Sie Hänsel sind: Wer ist dann die Gretel an Ihrer Seite? Und inwieweit kann sie Sie unterstützen?

5. Mit immer mehr Freude lässt sich der Klient auf die märchenhafte Situation ein. Bitten Sie ihn, das Märchen zu einem Happy End zu führen – und unterstützen Sie ihn dabei mit Fragen:

Klient: „Ich muss etwas gegen die Vögel unternehmen, die meine Pläne wegpicken."
Coach: „Wer sind diese Vögel?"
Klient: „Meine Mitarbeiter, die kurz vor Feierabend ein ausführliches Gespräch wollen. Oder mein Chef, dessen Aufträge immer noch am selben Tag fertig werden sollen."
Coach: „Nun können Sie ja die Handlung des Märchens bestimmen. Was genau würden Sie gegen diese Vögel unternehmen?"
Klient: „Also, diesen Mitarbeiter-Vögeln würde ich einen Maulkorb umhängen. Und meinen Chef, der mich verheizen will, würde ich selbst in den Ofen schieben – damit er einmal weiß, wie sich das anfühlt."
Coach: „Und dann ist sicher, dass Sie pünktlich nach Hause gehen?
Klient: Falls ich es mir erlaube!"
Coach: „Das klingt nach Zweifeln – als könnte Ihr Plan an den eigenen Ansprüchen scheitern."
Klient: „Ja, schon. Vielleicht müsste mich Gretel, also meine Frau, einfach an der Hand packen und aus der Firma ziehen – ganz egal, wie sehr ich mich dagegen wehre." (...)

6. Bitten Sie Ihren Klienten, die Ansätze aus seinem Märchen auf die Realität zu übertragen, indem Sie ihm Anregungen zuspielen:

Coach: „Im Märchen haben Sie Ihren Mitarbeiter-Vögeln einen Maulkorb umgehängt, damit Sie niemand kurz vor Feierabend in Anspruch nimmt. Wie könnten Sie dasselbe Ziel in der Realität erreichen?"
Klient: „Vielleicht sollte ich die Regel einführen: Wer längere Gespräche mit mir führen will, soll bitte vor 16 Uhr kommen."
Coach: „Und mit welcher Begründung?"
Klient: „Weil ich dann die nötige Zeit und Ruhe habe."

Es kommt heraus, dass er die Grenzen seiner Erreichbarkeit noch nie mit seinen Mitarbeitern besprochen hat – weil er als Chef kein „schlechtes Vorbild" sein wollte. Nach einiger Reflexion kommt er jetzt zu dem Ergebnis: „Vielleicht wäre es für die Mitarbeiter sogar ein gutes Vorbild, wenn der Chef an drei Tagen pünktlich geht – dann wissen sie, dass sie dasselbe nicht nur tun dürfen, sondern sogar sollen."

Mit Blick auf seinen Chef beschließt er, nicht diesen selbst, sondern nur dessen Terminvorstellungen in den Ofen zu schieben: „Wahrscheinlich wird er es akzeptieren, wenn ich bei einem Auftrag gleich sage: ‚Das kann ich Ihnen bis morgen um 13 Uhr liefern.' Bislang habe ich wie automatisch am selben Tag geliefert."

Und zur Rolle von Gretel, seiner Frau, sagt er: „Ich lasse mich von ihr an den drei Tagen einfach um 16.55 Uhr anrufen. Sie soll nur sagen: „Tasche packen, losfahren! Ich freue mich auf dich."

Mit dieser Strategie ist es ihm – nach einigen Rückfällen – tatsächlich gelungen, seine Work-Life-Balance entscheidend zu verbessern. Ein Märchen wurde wahr.

Weitere Fragen

- Was ist in einem Märchen anders als in der Wirklichkeit?
- Was würden Ihnen Kinder, die Ihr Märchen im Kasperletheater sehen, angesichts der nahenden Gefahr zurufen?
- Was genau würde sich an Ihrem Denken verändern, wenn Sie wüssten „Alles wird ein gutes Ende nehmen!"?
- Zu welchen Schritten würde Sie dieses neue Denken womöglich veranlassen?
- Was täten Sie, wenn Sie den Mut eines Helden hätten?
- Welche Figuren, die im Originalmärchen fehlen, würden Sie gerne einführen?

- Wenn es Ihre Aufgabe wäre, mehrere Möglichkeiten für ein Happy End zu entwerfen – welche könnten das sein?

Varianten

Übung: Angenommen, Ihr Klient ist kein Freund von Märchen. Welche drei Alternativen fallen Ihnen ein, um ein Coaching nach demselben Prinzip durchzuführen?

1. ______________________________

2. ______________________________

3. ______________________________

Mein Vorschlag: Zum Beispiel könnte sich Ihr Klient in ein Kinderbuch, ein Kasperletheater, ein Bühnenstück, einen Kinofilm oder in einen Roman versetzen. Jede Fantasiewelt ist geeignet, sofern sie Ihrem Klienten vertraut ist. Falls Sie die Geschichte nicht kennen, sollten Sie ihn vorab bitten, die Handlung und die Personen zu umreißen – dann können Sie gezielter nachfragen.

Profi-Tipp

Wenn Sie „Grimms Märchen" auf den Tisch legen und Ihren Klienten im Inhaltsverzeichnis blättern lassen, fällt es ihm besonders leicht, in die Märchenwelt einzutauchen und sich ein passendes Märchen auszusuchen. Bieten Sie ihm an, dass er das Märchen vor der Übung in Ruhe lesen kann. Dann muss er im Gespräch kaum Energie auf die Handlung des eigentlichen Märchens aufwenden, sondern kann sich voll auf seine eigene Fassung konzentrieren

---

Risiken

Gut möglich, dass Ihr Klient Ideen entwickelt, die sich nur schwer in die Realität übertragen lassen. Was, wenn die Lösungen aus der Wunderlampe aufsteigen, die Probleme weggezaubert werden, die Gegner von einem bösen Drachen gefressen werden? Vielleicht wird Ihr Klient am Ende sagen: „Realität ist eben kein Märchen!"

Nun liegt es an Ihnen, die unrealistischen Ansätze vorsichtig mit der Realität zu verbinden. Das gelingt mit tastenden Fragen, zum Beispiel:

„Angenommen, die Wunderlampe funktioniert nicht richtig, Ihr Problem wird nur zu einem winzigen Teil gelöst. Woran würden Sie das zuerst bemerken?“ Indem Sie die Konzentration auf Teillösungen lenken, steigt die Realisierbarkeit.

Umsetzungs-Plan

Notieren Sie bitte, wann und wie Sie diese Methode einsetzen wollen:

28.

Das Kabarett-Programm

Geistige Haltung ist wie Körperhaltung: Mit wenig Aufwand lässt sie sich verändern, zumindest probeweise. Und manchmal fühlt sich die neue Haltung viel besser an. Wer mit Humor auf sich blickt, aktiviert neue Veränderungs-Energien.

Ziele

- Die Klientin experimentiert mit neuen Bewertungen.
- Sie lernt, ihre schwierige Lage mit einem Augenzwinkern zu betrachten.
- Die Kraft für eine Veränderung nimmt zu.

Fallbeispiel

Die freiberufliche Designerin Anna Perstein (34) schleicht mit hängenden Schultern ins Coaching. Ihr Händedruck ist kaum spürbar, ihre Stimme klingt gedämpft wie nach einem Trauerfall. Ein solcher ist auch eingetreten, wenigstens beruflich: Auf die Vermittlung eines guten Freundes hat sie sich bei einem großen Internet-Konzern für die Gestaltung der Print-Anzeigen beworben. Der Freund hat einen direkten Draht zur Geschäftsführung, sie ist fest davon ausgegangen, wenigstens ins Vorstellungsgespräch eingeladen zu werden. Dann kam eine Standardabsage. Nun ist sie völlig verunsichert: „Wenn es nicht einmal mit einer solchen Empfehlung klappt, dann klappt es nie. Dabei möchte ich unbedingt in eine Festanstellung wechseln! Offenbar sind meine Bewerbungsunterlagen miserabel. Ich weiß, mein Lebenslauf ist voller Schlangenlinien; das hassen die Firmen. Bitte helfen Sie mir!"

Die Idee

Haben Sie schon einmal beobachtet, was passiert, wenn ein kleines Kind stürzt? Einen kurzen Moment, ehe es auf den Sturz reagiert, blickt es zu seinen Eltern: Und dann, je nachdem, welche Signale es empfängt, beginnt es fürchterlich zu weinen – oder setzt ein Lächeln auf. Wenn die Eltern bestürzt aufspringen, weint es garantiert. Wenn sie selbst lächeln, stehen die Chancen gut, dass das Kind auch lächelt.

Worauf wir uns konzentrieren, ob auf den Schmerz oder auf die Komik einer Situation, ist auch für Erwachsene eine freie Entscheidung. Als Coach haben Sie die Chance, die Wahrnehmung Ihrer Klientin zu lenken. Wie wäre es, sie einmal mit viel Humor auf ihre Situation blicken zu lassen: mit den Augen einer Kabarettistin, die daraus eine Nummer entwickelt? Humor ist ein Heilmittel: Er kitzelt Kräfte wach. Humor ist ein guter Freund: Er weiß Rat, wie das Leben leichter zu tragen ist. Und Humor verschafft gesunde Distanz: Über sich selber lachen kann nur, wer von außen auf sich blickt. Aus dieser Perspektive fühlt sich jedes (vermeintliche) Unglück bedeutend leichter an.

Schritte zum Erfolg

1. Damit die Klientin ihren Humor aktivieren kann, sollten Sie ihr Problem vorher ausreichend würdigen – sonst könnte sie sich verhöhnt fühlen. Fassen Sie ihre Gefühlslage durch aktives Zuhören zusammen – und probieren Sie dann, sie neugierig auf das Experiment zu machen, ohne es schon im Detail auszuführen:

„Aus Ihren Worten höre ich heraus: Sie hätten sich so sehr eine Zusage gewünscht, eine sichere Festanstellung! Und jetzt bietet sich eine große Chance, jetzt öffnet Ihnen ein Freund die Tür. Alles sieht nach einem Durchmarsch in eine Festanstellung aus. Und dann wird Ihnen die Tür vor der Nase zugeschlagen, völlig überraschend. Ich kann mir vorstellen, wie enttäuscht Sie sind.

Auf der anderen Seite werden Sie Energie und Optimismus brauchen, um Ihr Ziel doch noch zu erreichen – es gibt ja Tausende anderer Firmen, für die Sie eine interessante Kandidatin sind. Darum frage ich mich: Was können Sie tun, um von diesem Rückschlag vielleicht sogar zu profitieren, was Ihre innere Haltung angeht? Gerne würde ich Sie einladen, einmal aus einem ganz anderen Blickwinkel zu schauen – nämlich mit Humor, mit einem lachenden Auge. Den meisten Menschen macht diese Übung viel Spaß. Sind Sie daran interessiert?“

2. Erläutern Sie der Klientin, worin die Übung besteht:

„Mal angenommen, Sie wären eine begabte Kabarettistin. Ihnen fällt immer ein flotter Spruch ein, Sie haben einen scharfen Blick für die Komik des Alltages. Und nun wird Ihnen als Stoff das

Bewerbungs-Erlebnis einer gewissen Anna Perstein angeboten. Ihre Aufgabe: Verarbeiten Sie den Stoff so, dass sogar Anna selbst darüber lachen kann. Bitte denken Sie sich mal ein paar komische Sätze aus, vielleicht sogar eine Szene. Wie müssten Sie das Erlebnis überzeichnen und auf die Schippe nehmen, dass es zumindest ein bisschen komisch würde?"

3. Der Coach gibt der Klientin fünf Minuten Zeit, sie macht sich Notizen. Erst lahmt ihr Stift, doch in den letzten beiden Minuten eilt er davon – während über das Gesicht der Klientin, bis dahin steinern, die Andeutung eines Lächelns huscht.

4. Richten Sie den Raum ein und vergeben die Rollen:

„Hier wird Ihre Bühne sein. Und auf diesem Stuhl wird Ihr Publikum sitzen. Sie haben nur eine Zuschauerin: die Bewerberin Anna. Und die ist sehr geknickt. Stellen Sie sich vor, dass sie auf diesem Stuhl sitzt. Sprechen Sie die Ärmste direkt an! Wenn Sie erlauben, werde ich die Rolle der Anna einnehmen und Ihnen noch einmal kurz von meiner fürchterlichen Lage berichten – und das ein wenig übertrieben. Danach dürfen Sie mich aufheitern. Sprechen Sie mich direkt als Anna an. Einverstanden?"

5. Schlüpfen Sie in die Rolle der Bewerberin und überzeichnen Sie die Situation in drastischen Worten, um der Kabarettistin den Weg zum humorvollen Gegensteuern zu eben:

Coach (als Anna): „Diese Absage war ein Schlag vor den Bug. Ich liege am Boden, so wie ein Käfer auf dem Rücken liegt, völlig hilflos. Davon werde ich mich die nächsten zehn Jahre, ach, was sage ich: 20 Jahre nicht mehr erholen. Woher soll ich jetzt noch den Mut nehmen, morgens aus dem Haus zu gehen oder mich jemals wieder zu bewerben? Die Schlacht ist verloren, die Trümmer rauchen, ich bin erledigt." (...)

6. Nun bekommt die „Kabarettistin" das Wort. Sie räuspert sich und braucht ein wenig Zeit, in die Rolle zu finden. Dann sagt sie (unter anderem):

Klientin (als Kabarettistin): „Also, Anna, du bist mir ja eine Nummer! Da meinst du, eine Zusage schon in der Tasche zu haben, dabei hast du nur eine Bewerbung geschrieben. Man kann ja mal was verwechseln! Wahrscheinlich hast du erwartet, dass du gleich in den Vorstand der Firma befördert wirst und als Erstes deinen eigenen Gehaltsscheck layouten darfst, zwei Millionen oder so. Immerhin hast du dir ja viel Mühe gegeben: eine Bewerbung in fünf Jahren! Da ist die Absage natürlich ein schwerer, schwerer Schlag. Eigentlich müsstest du auf die Intensivstation und man müsste Menschen, die Krebs im Endstadium haben, sofort zur Seite karren – weil es dir viel schlechter geht. Armes, armes Mäuschen, mach mal ‚piep'." (An dieser Stelle muss der Coach in der Rolle der Anna lachen – das ist erlaubt und sogar nützlich.) „Wie bitte? Du lachst? Dazu gibt es keinen Grund, denn wenn du dein Bewerbungstempo beibehältst – eine in fünf Jahren – hast du in den kommenden 20 Jahre nur noch vier Versuche offen." (...)

7. Das Rollenspiel wird beendet. Beide kehren zurück an den Ausgangs-Platz. Der Coach blickt die Klientin erwartungsvoll an. Sie sagt: „Das hat mir jetzt richtig gut getan! Dabei habe ich es erst für eine alberne Übung gehalten!" Dann stellt der Coach Fragen, vor allem mit Blick auf den Kontrast zwischen der todernsten und der humorvollen Sichtweise.

Übung: Bitte entwickeln Sie zehn solcher Fragen, ehe Sie weiterlesen.

- Wie haben Sie sich gefühlt als Kabarettistin: besser oder schlechter als in Ihrer eigenen Rolle?
- Was hat der Humor bewirkt?
- Was genau hat sich beim humorvollen Blick auf Ihre Lage verändert?
- Wie haben Sie die Bewerberin Anna aus der inneren Entfernung wahrgenommen?
- Was fanden Sie am komischsten?
- Welchen Spruch hätten Sie ihr augenzwinkernd mit auf den Weg geben können?
- Woraus können Sie Mut ziehen?
- Was würde die Kabarettistin der Bewerberin Anna raten?
- Welche dieser Tipps wollen Sie annehmen und umsetzen?
- Was könnten Sie tun, um Ihren Humor künftig öfter zu aktivieren?"

Anna Perstein sagte unter anderem: „Besonders komisch fand ich den Kontrast zwischen der Zahl der Bewerbungen – eine in fünf Jahren – und dem Drama, das die Absage bedeutet hat. In diesem Moment dachte ich: Was sollen dann Leute sagen, die 500 Bewerbungen geschrieben haben? Und ist es nicht ein Luxusproblem, über eine einzige Absage zu jammern? Vor allem wurde mir klar: Ich habe meine Chancen deutlich überschätzt. So eine Empfehlung ist ja keine Garantie."

In einer heiteren Gelassenheit beschließt sie, sich nun gezielt zu bewerben, mindestens bei vier Unternehmen pro Monat: „Ich glaube, da gibt es viele Möglichkeiten bei uns in der Region – ich habe sie nur noch nicht genutzt." Erst im letzten Drittel der Sitzung geht sie mit dem Coach ihre Bewerbungsunterlagen durch – und entwickelt in ihrer beschwingten Stimmung viele Ideen, was sie noch verbessern und wie sie die „Schlangenlinien" zu einem roten Faden verbinden kann.

Weitere Fragen

- In welchen anderen Lebenslagen beweisen Sie Humor?
- Wie würden Menschen, mit denen Sie lachen, Ihren Humor beschreiben?
- Woran würde ein neutraler Beobachter bemerken, ob Sie gerade humorvoll drauf sind?
- Was verändert sich nach Ihrer Meinung, wenn man eine persönliche Niederlage als humorvolle Geschichte erzählt?
- Welche Vorbilder haben Sie in Sachen Humor?
- Und wie hätten diese Vorbilder Ihre Geschichte wohl erzählt?
- Was gefällt Ihnen daran am besten?
- Auf eine Skala von eins (für ganz schlecht) bis zehn (für sehr gut): Wie viel Lebensenergie und Tatkraft schenkt Ihnen der Humor?
- Was könnten Sie tun, um Ihren guten Freund, den Humor, öfter zu sich einzuladen?

Varianten

Fragen Sie vorher nach, welche humoristischen Talente Ihre Klientin hat: Kann sie humorvoll erzählen? Bekommt sie eine witzige Zeichnung hin? Oder bringt sie andere mit ihrer Mimik zum lachen? Daraus können Sie eine maßgeschneiderte Übung ableiten. Wenn die Klientin am liebsten zeichnet, bietet es sich an, sie eine Karikatur entwerfen zu lassen – und die darf sie dann vorstellen. Je vertrauter die Klientin mit dem Transportmittel des Humors ist, desto mehr kann sie sich auf die Inhalte konzentrieren.

Profi-Tipp

Mit Ihrer Reaktion als Zuschauer(in) beeinflussen Sie die Form, zu der die Kabarettistin aufläuft. Es gilt die Kybernetik zweiter Ordnung, nach der laut Heinz von Foerster ein Zuschauer das System beeinflusst. Darum: Seien Sie ein dankbares Publikum! Lachen Sie, wenn etwas komisch ist, glucksen Sie, wenn Sie überrascht sind, schütteln Sie den Kopf, wenn es grotesk ist – lassen Sie sich ganz auf die Vorstellung ein. Das ist auch deshalb notwendig, weil Sie nicht nur Zuschauer sind, sondern zugleich die Klientin repräsentieren.

Risiken

Was tun, wenn die Kabarettistin ihre Rolle mit jener der gescheiterten Bewerberin vermengt und ins Selbstmitleid abdriftet? Dann rate ich Ihnen zu einer spielerischen Reaktion: Stimmen Sie als Publikum im humorvollen Ton ein „Buh" an und rufen Sie: „Ich will mich doch amüsieren! Machen Sie weiter wie vorhin, das war richtig gut!" Meist muss die Klientin dann lächeln – und kehrt zu ihrer humorvollen Sicht der Dinge zurück.

Umsetzungs-Plan

Notieren Sie bitte, wann und wie Sie diese Methode einsetzen wollen:

29.

Anpfiff zur zweiten Halbzeit

Was tut ein Fußballtrainer in der Halbzeit, wenn seine Mannschaft am Verlieren ist? Er baut die Spieler auf und motoviert sie, damit sein Team – so der Reporter – „wie ausgetauscht“ aus der Kabine kommt. Eine Halbzeitpause im Coaching kann denselben Effekt bringen.

Ziele

- Der Klient betrachtet sein Verhalten aus einer gesunden Entfernung.
- Er überdenkt seine bisherige Haltung.
- Er tankt neue Energie und belebt damit den Rest des Gespräches.

Fallbeispiel

Jonas Parker (48) ist Geschäftsführer eines mittelständischen Unternehmens. In seinem Betrieb beschäftigt er acht (meist entfernte) Verwandte. Einige davon bringen ihre Leistung nicht und nehmen sich Sonderrechte heraus, zum Beispiel gehen sie bei Bedarf früher nach Hause. Bislang hat er dieses Verhalten durchgehen lassen, auch wenn die Fachvorgesetzten ihn um ein klärendes Wort baten.

Er sagt: „Ich will gegenüber meiner Verwandtschaft doch nicht den Chef raushängen. Auf der anderen Seite finde ich es frech, dass ich ausgenutzt werde. Und in den Augen meiner Abteilungsleiter stehe ich als Schwächling da.“

Nun sucht er nach einer Möglichkeit, die Lage zu klären. Doch in den ersten 30 Minuten dreht sich das Coaching im Kreis – er läuft immer wieder gegen die Mauer des alten Problems.

Die Idee

Jene Automatismen, die den inneren Dialog (Silent Speech) lenken, greifen auch im Coaching: Der Klient reproduziert beim Sprechen, was er schon tausendmal gedacht hat: Problem- statt Lösungsdenken. Seine Gedanken rasen auf neuronalen Einbahnstraßen, das Abbiegen fällt ihnen schwer.

In der ersten halben Stunde des Coachings kommt Jonas Parker nur zu einer halbherzigen Erkenntnis: „Ich weiß, eigentlich müsste ich klare Kante zeigen. Aber ich will bei der nächsten Familienfeier nicht der Außenseiter sein, will meine Frau und meine Kinder da nicht reinziehen." Mehrere Klärungsfragen des Coachs laufen ins Leere.

Ein verfahrenes Coaching-Spiel. Nun kann es helfen, das Coaching durch einen Pausenpfiff zu unterbrechen. Die „Halbzeit" gibt dem Klienten die Chance, seinen eingeschlagenen Denkweg zu überprüfen. In aller Ruhe kann er reflektieren, wie das Gespräch und sein Ringen um eine Lösung bislang gelaufen sind.

Die Vorstellung, er sei sein eigener Trainer, ist dabei sehr hilfreich: Er sieht das „Spiel" von außen, verstrickt sich nicht in Details, sondern hat das angestrebte Ergebnis im Auge. Dadurch kann er seine Bedürfnisse priorisieren, eine klarere Entscheidung fällen und Taten ableiten.

Schritte zum Erfolg

1. Geben Sie dem Klienten Jonas Parker eine Rückmeldung, warum Sie eine Halbzeitpause für angebracht halten und wie er davon profitieren kann.

Übung: Formulieren Sie einen solchen Einleitungstext, ehe Sie meinen Vorschlag lesen.

Mein Vorschlag: „Ich habe das Gefühl, wir drehen uns im Kreis. Auf der einen Seite wollen Sie Ihrer Rolle als Vorgesetzter gerecht werden. Auf der anderen Seite ist es Ihnen wichtig, es sich nicht mit Ihren Verwandten zu verderben. Solange diese Gewichte auf Ihrer inneren Waage gleich schwer wiegen, wird sich nichts bewegen. Aber Sie sind ja zu mir gekommen, damit sich etwas bewegt!

Deshalb mein Vorschlag: Wir legen jetzt eine Halbzeitpause ein, sagen wir von zehn Minuten. Ich bitte Sie, in dieser Zeit einmal unser Gespräch zu reflektieren, als wären Sie ein Fußballtrainer, der es von außen verfolgt hat: Was ist Ihnen aufgefallen? Wie zufrieden waren Sie mit Ihrer eigenen Haltung? In welchen Punkten hätten Sie mehr Einsatz und mehr Kampfgeist erwartet? Werten Sie die erste Halbzeit einfach einmal aus für sich – und überlegen Sie, was in der zweiten Halbzeit anders laufen kann. Dazu werde ich Sie gleich befragen. Und natürlich mache ich mir in der Zwischenzeit auch meine Gedanken."

2. Während der Klient sich an einen ruhigen Platz zurückzieht und zehn Minuten über das Gespräch nachdenkt, tun Sie dasselbe: Mit welchen Fragen haben Sie die größten Treffer erzielt? Was könnten Sie in der zweiten Halbzeit tun, um daran anzuknüpfen? Welche Interventionen waren die erfolgreichsten? Und was können Sie daraus folgern? Welche Möglichkeiten sehen Sie, Ihren Klienten intensiver mit der Lösung flirten zu lassen? Welche Fragetypen, zum Beispiel provokante oder zirkuläre Fragen, sind bislang zu kurz gekommen? Und, spannende Frage: Mit welcher Einstellung und welcher Spielanalyse, denken Sie, wird Ihr Klient zurück aus der Pause kommen? Welche Anhaltspunkte veranlassen Sie zu dieser Einschätzung?

3. Bitten Sie den Klienten nach zehn Minuten an den Coaching-Tisch zurück. Und jetzt laden Sie ihn ein, seine Spielanalyse mit Ihnen zu teilen: „Nun haben Sie das Gespräch von außer angeschaut, als wären Sie der Fußballtrainer Ihrer selbst. Wie zufrieden waren Sie?"

Klient: „Überhaupt nicht! Es war eine erbärmliche Vorstellung. Ich bin hier doch angetreten, um mein Problem zu lösen. Aber zugleich habe ich mich geweigert, eine Entscheidung zu fällen. Da ich es allen ein bisschen recht machen will, mache ich es niemandem so richtig recht, am wenigsten mir selbst."
Coach: „Angenommen, das Spiel geht in der zweiten Halbzeit so weiter – wie groß sind dann die Chancen auf das gewünschte Resultat?"
Klient: „Gleich null! Wenn es so weitergeht, hätte ich erst gar nicht zu Ihnen kommen brauchen. So weit war ich alleine schon."
Coach: „Nun haben Sie als Ihr Trainer wahrscheinlich eine flammende Rede in der Kabine gehalten, eine Strategie für die zweite Halbzeit ausgegeben. Lassen Sie mich einmal Mäuschen spielen!"
Klient: „Also, ich habe zu mir selbst gesagt: Ich muss jetzt endlich umsetzen, was ich doch schon längst erkannt habe – nämlich dass ich alle Mitarbeiter gleich behandeln muss. Irgendwie sollte es mir doch gelingen, das auch meinen Verwandten zu verklickern." (...)

4. Der Klient hat während der vermeintlichen Pause wichtige Arbeit geleistet: Er analysierte sein eigenes Verhalten und gab eine Richtschnur für die zweite Hälfte des Coachings aus. Diese Selbstklärung ist

der erste Schritt zum Erfolg. An seine Richtschnur können Sie ihn im weiteren Gespräch erinnern, falls er davon abweicht.

Jonas Parker entschied sich am Ende, mit seinen angestellten Verwandten ein klärendes Gespräch zu führen, seinen Standpunkt deutlich zu machen und in der Folge konsequent danach zu handeln. Diese Maßnahme wollte er auch gegenüber seinen Führungskräften kommunizieren. Ohne die Halbzeitpause wäre er in diesem Coaching sicher nicht so weit gekommen.

Weitere Fragen

- Welcher Gedanke aus der ersten Hälfte unseres Gesprächs war für Sie der wichtigste?
- Was könnten Sie tun, um dieser Idee mehr Raum zu verschaffen?
- Und welchen Gedanken haben Sie als hinderlich empfunden?
- Was könnten Sie tun, um diesen Gedanken in seine Grenzen zu verweisen?
- Welchen Verlauf des Gespräches hätten Sie sich gewünscht?
- Was genau hätten Sie dazu beitragen müssen?
- Woran werden Sie in der zweiten Gesprächshälfte merken, dass wir auf einem guten Weg sind?
- Welches Ergebnis versprechen Sie sich von unserem Coaching: Reicht ein Unentschieden? Oder spielen Sie auf Sieg?
- Woran kann ich im Gespräch erkennen, dass Sie alles für den Sieg tun?

Varianten

Die Fußball-Metapher wäre eine schlechte Wahl, wenn Ihr Klient sich für diesen Sport kein bisschen interessiert. Darum sollten Sie vor der Übung fragen, welcher Mannschaftssport ihm der liebste ist. Wenn er „Handball" antwortet, bitten Sie ihn in die Handball-Pause. Und bei kulturbeflissenen Menschen ist es erlaubt, im Theater nach dem ersten Akt den Vorhang fallen zu lassen, damit er das bisher Aufgeführte als Regisseur analysiert.

Profi-Tipp

Am emotionalsten verläuft diese Übung, wenn Ihr Klient tatsächlich eine „Halbzeit-Standpauke" an sich selber hält! Dazu braucht es ein Rollenspiel, nachdem er in sich gegangen war: Sie nehmen die Rolle der Mannschaft ein (also des Klienten). Und er setzt sich als Trainer

Ihnen gegenüber. Fordern Sie ihn auf: „Na, wie zufrieden mit der ersten Halbzeit sind Sie, Trainer?" Nun darf er seine Meinung sagen.

Falls Sie merken, dass er sich sehr zurückhält, können Sie ihn durch unangemessenes Eigenlob aus der Reserve locken: Je mehr Sie sich als Spieler (sprich in seiner Klienten-Rolle) loben – gerne völlig übertrieben! – desto mehr wird er gegensteuern.

Wichtig: Den größten Teil der Ansprache sollte die Anweisung für die zweite Halbzeit einnehmen – sie ist lösungsorientiert und kann motivieren. Fragen Sie nach, was nun anders laufen soll und wie sich das positiv auswirkt.

Risiken

Es ist für Klienten nicht leicht, die beiden Ebenen auseinanderzuhalten: die Fußball-Metapher und das Coaching-Gespräch. Wenn es einem Klienten allzu schwerfällt, sich in dieses Gedankenspiel zu versetzen, gibt es eine einfachere Variante: Geben Sie ihm dann einfach eine Pause, um die erste Gesprächshälfte zu analysieren, zu kommentieren und Vorsätze daraus zu schlussfolgern. Die spielerische Fußballmetapher ist kein Muss, auch wenn sie besonders wirksam sein kann.

Umsetzungs-Plan

Notieren Sie bitte, wann und wie Sie diese Methode einsetzen wollen:

30.

Der schönste Kindheitstag

Wie findet ein Mensch heraus, was ihn glücklich macht? Wie kann er seine Werte identifizieren, seinem Leben eine neue Richtung geben? Manchmal hilft ein Blick in die ferne Vergangenheit: auf den schönsten Tag seiner Kindheit.

Ziele

- Ihre Klientin entspannt sich und wird kreativ, wenn sie über eine entspannende und kreative Zeit spricht.
- Geben Sie ihr die Chance, ihre lebenslangen Werte zu entdecken.
- Lassen Sie sie die Ressourcen von einst für die Gegenwart nutzen.

Fallbeispiel

Ines Stach (51) arbeitet seit über zehn Jahren für eine große Versicherungsgruppe. In letzter Zeit fühlt sie sich immer leerer. Sie sagt: „Ich habe im Grunde keine Lust mehr auf meine Arbeit." Ihr neuer Bürokollege, Herr Schulz, habe sie wegen eines kleinen Fehlers beim Chef angeschwärzt. „Der Typ quatscht mir den ganzen Tag die Ohren voll, aber er ist einfach nur falsch." Außerdem gehe ihr die ständige Routinearbeit auf den Geist: „Ich mache seit einem Jahrzehnt jeden Tag dasselbe. Meine Augen sind zwar geöffnet, doch meine Gedanken längst eingeschlafen."

Im Coaching möchte sie besprechen, woran es in ihrem Leben fehlt und welche Voraussetzungen ein neuer Arbeitgeber erfüllen müsste.

Die Idee

Wer in einem Problem steckt, schränkt seinen Horizont ein. Er sieht nur, was nicht funktioniert. Damit richtet sich die Aufmerksamkeit auf den falschen Punkt: auf das abstoßende Problem, nicht das anziehende Ziel!

Effektiver wäre es, erst die eigenen Werte und Ressourcen zu identifizieren – um dann, mit diesem Rüstzeug, ein attraktives Ziel anzusteuern. Aber wie findet ein Mensch heraus, wofür er wirklich brennt? Wie kann er entdecken, was ihn glücklich macht? Der Blick in die Kindheit ist aus drei Gründen hilfreich:

- Wer sich in einen glücklichen Tag seiner Kindheit zurückversetzt, wird von der damaligen Glücksquelle gespeist: Seine Gedanken werden freier, kreativer, farbiger. Statt an (vermeintliche) Regeln zu glauben, regelt er die Dinge selbst.
- Sein Blick wird weggelenkt vom Problem: vom Unglück zum Glück. Der Druck, eine Lösung zu finden, entfällt. Er kann sich, nicht nur beim Denken, „mehr erlauben".
- Viele Menschen verändern sich zwar äußerlich, aber erhalten ihren Wesenskern. Der Blick auf den glücklichsten Kindheitstag erinnert sie an ihre Werte, an ihre Ressourcen, an all die Möglichkeiten, die das Leben für sie bereithält und die sie im hektischen Alltag viel zu oft übersehen.

Schritte zum Erfolg

Übung: Angenommen, Sie müssten auf der Basis der vorliegenden Informationen die Methode selbst gestalten: In welchen Schritten würden Sie damit arbeiten? Wodurch gelänge es Ihnen, den Bogen von der Kindheit in die Gegenwart zu spannen? Und wie müssten Sie das Tool anwenden, um Ihrer Klientin Ines Stach neue Einsichten zu ermöglichen? Bitte entwickeln Sie ein Konzept, gerne schriftlich, bevor Sie weiterlesen.

Mein Vorschlag:

1. Laden Sie Ihre Klientin ein, einen Streifzug durch die glücklichsten Tage ihrer Kindheit zu unternehmen. Mit Ihren Fragen können Sie diese Reise anleiten: Wann hat sie sich wie eine Prinzessin gefühlt? Wann war sie ganz mit sich und der Welt im Reinen? Wann war ihr Glück so groß, dass sie die Welt vor Freude hätte umarmen können? Lenken Sie den Blick auf verschiedene Möglichkeiten: Wie war es an Feiertagen, etwa an Geburtstagen und Heiligabend? Welche schönen Erlebnisse mit ihren Eltern oder Geschwistern fallen ihr ein? Welche Abenteuer hat sie mit Freunden erlebt? Was waren die Höhepunkte im Kindergarten oder in der Schule? Gab es ein Erlebnis im Hobby oder in der Natur, das sie besonders fasziniert hat?

2. Nun bitten Sie die Klientin, sich unter den besonders schönen Tagen einen auszusuchen und ausführlich davon zu erzählen. Ines Stach berichtet (hier sehr verkürzt):

„Mein schönster Kindheitstag, das war ein Ausflug an den Wasserfall in einem Wald bei unserem Dorf. Eigentlich war es uns Kindern untersagt, dort alleine hinzugehen. Der Wasserfall lag in einer Schlucht, man musste einen steilen Waldhang hinabklettern. Doch wir, mein Spielkamerad Peter und ich, wir sind einfach losmarschiert. Ich sehe uns noch, wie wir den Hang hinabrutschen. Er war ungeschickter als ich, ich musste ihm ein paar Mal helfen. Schließlich standen wir in einer Fontäne aus gischtendem Wasser. Es hat in allen Farben des Regenbogens geglitzert, die Sommersonne schien darauf. Wir haben uns auf einen Felsen gesetzt und einfach nur dem Wasserfall gelauscht. Das Tosen und Gluckern klang wie eine fröhliche Melodie. Ich glaube, wir haben kein Wort geredet; wir haben uns still verstanden. Und das Schönste war: Bis heute weiß niemand von unserem Ausflug. Wir kamen zwar verdreckt nach Hause, aber die Eltern haben nie erfahren, wo wir waren."

3. Im ersten Schritt stellen Sie Fragen, die sich auf die Vergangenheit beziehen und der Klientin helfen, das damalige Erlebnis einzuordnen.

- Aus welchen Gründen haben Sie sich gerade für dieses Erlebnis entschieden – und nicht für die anderen?
- Wenn Sie aus Ihrer ganzen Geschichte nur ein Standbild im Kopf behalten dürften – welches wäre Ihnen das liebste?
- Was hat diese Situation mit Ihnen gemacht? Vielleicht wollen Sie einmal den Satz zu Ende führen: „Ich war so glücklich, weil ..."
- Welche Rolle hat es für Sie gespielt, dass Sie heimlich zum Wasserfall gelaufen sind, also eine Regel gebrochen haben?
- Beim Abstieg haben Sie Peter geholfen. Welches Gefühl hat das in Ihnen erzeugt, dass Sie einen anderen an die Hand genommen und vor dem Sturz bewahrt haben?
- Als Sie unten am Wasser saßen, haben Sie sich ohne Worte verstanden. Was war daran reizvoll?
- Was wäre anders gewesen, wenn Sie sich erst hätten austauschen müssen?
- Haben Sie eine Ahnung, was mir Peter über Ihren Ausflug heute erzählen würde?
- Welche Bedeutung hatte es für Sie, dass dieses Geheimnis zwischen Ihnen gewahrt wurde?

4. Im zweiten Schritt stellen Sie durch Ihre Fragen eine Verbindung zur Gegenwart her. Beginnen Sie mit einer inhaltlich weiten Frage, ehe Sie sich präziser (und damit auch eingrenzender) erkundigen.

- Wenn Sie Ihre heutige Lage bei der Arbeit mit dem damaligen Erlebnis vergleichen, was ist dann gleich – oder auch vollkommen anders?
- Angenommen, Sie müssten ein typisches Standbild von Ihrem Arbeitsalltag anfertigen – wie sähe dieses Standbild aus?
- Und wenn Sie jetzt die beiden Standbilder, das vom Wasserfall und das vom Büro, nebeneinanderhalten – wo läge der wichtigste Unterschied?
- Vielleicht haben Sie Lust, den folgenden Satz zu Ende zu führen: Damals hatte ich, was mir heute fehlt, nämlich ...
- Ist das alles? Was noch?
- Am Wasserfall haben Sie ein Abenteuer erlebt – wie müsste eine Arbeit aussehen, um Ihren Abenteurer-Geist zu wecken?
- Was können Sie dazu beitragen, eine solche Arbeit zu bekommen?
- Am Wasserfall hatten Sie einen guten Kameraden – welche Voraussetzungen müsste ein Arbeitskollege erfüllen, damit Sie ihn so sehen könnten?
- Was können Sie dazu beitragen, ein solches Verhältnis zu einem Kollegen aufzubauen?
- Am Wasserfall haben Sie sich ohne Worte verstanden. In welchen Situationen Ihrer Arbeit gelingt das ebenfalls?
- Welche Strategie verwenden Sie, um eine so intime Ebene zu Menschen aufzubauen?
- Angenommen, der kleine Peter wäre Ihr Bürokollege: Wie wäre er wohl mit Ihrem Fehler umgegangen, den Herr Schulz angeschwärzt hat?
- Welcher Wert, der Ihnen wichtig ist, wäre dann verwirklicht worden?

5. Leiten Sie mit Ihrer Klientin aus den Antworten zweierlei ab: eine Analyse der Ist-Situation, die durch den Kontrast leichter gelingt; und einen Entwurf der Soll-Situation, abgeleitet aus dem Kindheitserlebnis.

Im geschilderten Fall kam die Klientin zu folgender Einsicht:

„Ich glaube, ich bin nicht für Routinearbeit gemacht. Ich brauche Abwechslung, immer wieder was Neues, auch wenn die Gefahr besteht, dass ich scheitere. Damals am Wasserfall wussten wir ja auch nicht, ob wir heil unten ankommen. So wird es auch sein, wenn ich mich jetzt wieder bewerbe. Aber nach unserem Gespräch habe ich einfach das Gefühl, dass es sich lohnt. Zumal mir klar geworden ist: Ich brauche Menschen um mich herum, denen ich vertrauen kann. Mein jetziger Bürokollege ist das Gegenteil von Peter. Mit ihm könnte ich auf Dauer nicht glücklich werden." (...)

Über ein Jahr lang hat sie sich bundesweit beworben und Dutzende Absagen kassiert, ehe es schließlich klappte. Heute führt sie ein stimmigeres Arbeitsleben. Den Anstoß und die Energie dazu gab ihr die Reise in die Kindheit.

Weitere Fragen

- Wenn Sie sich einmal vergleichen, als Kind und als Erwachsene – inwieweit haben Sie sich auch zu Ihrem Vorteil verändert?
- Welche Eigenschaften und Werte von damals haben Sie im Laufe der Zeit bewusst ersetzt?
- Und welche sind Ihnen unbemerkt abhanden gekommen, wie eine Münze, die durch ein Loch in der Hosentasche rutscht?
- Bei welchen Eigenschaften und Werten halten Sie es für möglich, dass sie immer noch in der Hosentasche sind, nur lange nicht mehr von Ihnen gesucht wurden?
- Was genau müssten Sie tun, um diese Werte wieder zu finden und zu leben?
- Wenn ich Menschen, die Sie schon seit Ihrer Kindheit kennen, jetzt fragen könnte: „Was hat sie sich über all die Jahre erhalten?" – wie fielen die Antworten wohl aus?
- Wenn das Mädchen von damals der erwachsenen Frau von heute über die Schulter schauen könnte: Wofür würden Sie ihr Lob einheimsen? Und was sollten Sie ihrer Meinung nach wohl anders machen?

Varianten

Lassen Sie Ihre Klientin ein Fotoalbum aus ihrer Kindheit mitbringen. Dann kann sie sich anhand der Bilder noch leichter ins Damals versetzen. Das Blättern darin entspannt, es gibt viel zu lachen. Nun fällt es ihr besonders leicht, sich für eine Zeit und für ein Erlebnis zu entscheiden. Manchmal gibt es ein Bild, das für dieses Erlebnis steht. Das ist aber keine Bedingung.

Profi-Tipp

Wenn die Gedanken in die Vergangenheit reisen, sind die Wege weit. Achten Sie darauf, dass Sie Ihre Fragen wirken lassen, statt voreilig nachzuhaken. Wenn Sie sich zum Beispiel nach den Parallelen zwischen dem heutigen und dem damaligen Erleben erkundigen, ist es normal, dass die Klientin bis zu einer halben Minute grübelt. Fassen Sie dieses Schweigen als Zeichen auf, dass Ihre Frage die gewünschte Wirkung entfaltet. Jedes Nachschieben von Fragen, etwa „Denken Sie zum Beispiel an ...", würde den Denkprozess unterbrechen und die Gedanken in eine Richtung lenken, die nicht dem inneren Empfinden der Klientin entsprechen muss.

Risiken

In der Kindheit liegt nicht nur das größte Glück, sondern auch das größte Unglück verborgen – zum Beispiel kann eine glückliche Situation ein unglückliches Ende nehmen, etwa wenn die kleine Ines für ihren Ausflug erstmals in ihrem Leben den Hintern versohlt bekommen hätte. Achten Sie darauf, dass die Gedanken beim Positiven bleiben. Wenn Sie vorher eine solche Vereinbarung mit der Klientin treffen, können Sie sich bei Ihren Interventionen darauf berufen.

Umsetzungs-Plan

Notieren Sie bitte, wann und wie Sie diese Methode einsetzen wollen:

31.

Die Plus-Lupe im Lebenshaus

Wer sein Leben verändern will, richtet die Aufmerksamkeit auf die Mängel. Doch Energie ziehen kann er nur aus dem, was schon gut läuft. Die „Plus-Lupe" hilft ihm dabei, solche Erfolge zu würdigen und als Antrieb zu nutzen.

Ziele

- Die Klientin lenkt ihren Blick aufs Positive.
- Ihr Selbstbild verändert sich in hilfreicher Weise.
- Ihre Energie und Handlungsbereitschaft werden erhöht.

Fallbeispiel

Lisa Klein (23), eine BWL-Studentin, sagt in der Beratung: „In meinem Leben läuft einfach alles schief! Ich habe das Gefühl, ich studiere das falsche Fach, und ich lebe in der falschen Stadt. Außerdem schlage ich mich mit chronischen Kopfschmerzen herum. Ich weiß einfach nicht, woher ich die Kraft nehmen soll, mit meinem Studium weiterzumachen."

Ihr Anliegen fürs Coaching: „Ich möchte verhindern, dass ich mit meinem Studium in ein Unglück laufe. Meine Eltern sparen sich meine monatliche Unterstützung vom Munde ab. Ich will sie nicht enttäuschen."

Die Idee

Ein Blick auf die Klientin spricht Bände: Zusammengesunken sitzt sie in ihrem Stuhl, sie räuspert sich oft, nuschelt und meidet den Blickkontakt. Wenn sie über ihr Studium erzählt, schüttelt sie sich zwischendurch, als müsste sie eine lästige Erinnerung loswerden. Ihre Hände faltet sie mit solcher Kraft zusammen, dass die Fingerspitzen weiß anlaufen.

So sieht ein Mensch aus, der ein Gefangener seines Problemdenkens ist! Aus diesem Gefängnis heraus sind keine Lösungen möglich. Doch es gibt einen Schlüssel, um auszubrechen: den Blick auf das, was im Leben der Klientin schon gut läuft, lief oder laufen wird; den Blick auf das, was sie keinesfalls verändern will; den Blick auf ihre Erfolge, ihre Ressourcen, ihre Selbstwirksamkeit.

Aber wie gelingt es Ihnen, diesen Schlüssel in die Zelle zu schmuggeln? Indem Sie Ihre Klientin einladen, mit der „Plus-Lupe" durch ihr Leben zu gehen. Der Begriff „Lupe" kommt nicht von ungefähr: Manchmal muss sie sich den Dingen dicht nähern, muss ganz genau hinsehen, um zu erkennen, was es in ihrem Leben zu erhalten gilt. Diese Übung leitet sie dazu an.

Schritte zum Erfolg

1. Erklären Sie der Klientin, warum Sie es für ratsam halten, den Blick auf das Funktionierende zu richten. Dabei kann es helfen, ihr Leben mit einem Haus zu vergleichen, dessen Räume in unterschiedlich gutem Zustand sind:

„Vielleicht mögen Sie sich Ihr Leben einmal wie ein Haus vorstellen – ein Haus, das viele Stockwerke und Zimmer hat. Nun sind Sie mit dem Zustand einiger Räume nicht zufrieden, sagen wir: Es bröckelt der Putz, es sind ein paar Fenster undicht. Aber niemals würden Sie das komplette Haus abreißen, ohne durch jeden einzelnen Raum zu gehen und alles zu sichern, was Sie erhalten wollen. Es kann Räume geben, die völlig intakt sind. Manchmal muss das Haus nicht komplett renoviert werden, sondern es reicht aus, die Räume neu einzuteilen. Gerne würde ich Sie einladen, einmal durch die Räume Ihres Lebens mit der Lupe zu gehen und alles Erhaltenswerte zu erkennen und zu sichern – damit Ihnen am Ende unseres Coachings nichts Wertvolles fehlt."

2. Nun bitten Sie die Klientin, das Haus Ihres Lebens aufzuzeichnen. Gerne mit mehreren Stockwerken. Verwenden Sie dazu einen quer gelegten Flipchart-Bogen: Welche Räume gibt es in diesem Haus? Stellen Sie Fragen, die sich an die soziologischen Rollen anlehnen, zum Beispiel:

- Welche Räume könnten für Ihr Familienleben stehen? Fallen Ihnen Namen für diese Räume ein?
- In welchen Räumen wohnen Ihre schönsten Erinnerungen?

- Und wo haben sich Ihre schönsten Fantasien von der Zukunft eingerichtet?
- Wo sind Ihre Hobbys zu Hause?
- Welche Räume würden Sie nach Ihren Freunden benennen?
- In welchen Räumen tun Sie etwas für Ihre Gesundheit?
- Wie sehen die Räume Ihrer beruflichen Zukunft, sprich Ihres Studentenlebens aus? (...)

Die Klientin kann die einzelnen Räume benennen und einzeichnen. Achten Sie darauf, dass sie bei negativen Einordnungen differenziert. Zum Beispiel will sie den Raum ihres Studentenlebens „Zimmer der Qual“ nennen.

Übung: Welche Fragen fallen Ihnen ein, um diese Einordnung („Zimmer der Qual“) zu differenzieren?

Mein Vorschlag:

- Welche schönen Ecken in diesem Raum gibt es, zum Beispiel für Ihre Erfolgserlebnisse?
- Welches waren die schönsten Tage Ihres Studiums? Wo sind diese Glückserlebnisse in Ihrem Zimmer gelagert?
- Welche Erfahrungen durch das Studium möchten Sie nicht missen?
- Welches sind die interessantesten Kontakte, die Sie durch Ihr Studium geknüpft haben? Wo sind diese im Raum untergebracht?
- Gibt es vielleicht eine Verbindungstür zu jenem Raum, in dem Ihre schönsten Fantasien von der Zukunft wohnen? Oder zum Raum mit Ihren Freunden?

3. Nun bitten Sie die Klientin, die einzelnen Räume mit einer Lupe zu durchschreiten, während Sie weiterhin mit Ihren Fragen aufs Positive zielen:

- Was soll sich in diesem Raum durch unser Coaching auf keinen Fall verändern?
- Was läuft schon so gut, dass Sie vollkommen zufrieden sind?
- In welchen Momenten scheint die Sonne heller ins Zimmer als sonst?
- Wie schaffen Sie es, so viel Licht in Ihr Leben zu lassen?
- Was ist anders als sonst, wenn es so gut läuft?

Bitten Sie die Klientin, jedes dieser positiven Details unter die Lupe zu nehmen: Wo wird es in dem Zimmer gelagert? Wodurch tritt es in Erscheinung? Wie wird es sichtbar für sie? Und wie für andere? Welchen Einfluss hat sie darauf, ob sie es durch ihre Lupe groß sieht – oder durch Schauen in eine andere Richtung ausblendet?

Diese exakte Beschäftigung mit dem Positiven kann eine kopernikanische Wende nach sich ziehen: Die Klientin verändert ihre Bewertung. Probleme bestehen aus Sichtweisen. Ein neuer Blickwinkel ermöglicht Lösungen.

Die BWL-Studentin stellte fest: „In meinem ‚Ich-muss-studieren-Raum'" – so hat sie es schließlich genannt – „ist doch mehr Erfreuliches, als ich es gedacht hätte. Zum Beispiel habe ich meine beste Freundin beim Studium kennengelernt und freue mich jeden Tag, sie zu sehen. Das möchte ich in jedem Fall beibehalten. Und natürlich gibt es eine Verbindungstür zwischen dem Studium und meiner Zukunft: Ich hoffe ja immer noch, dass ich eines Tages im Marketing eines großen Unternehmens arbeiten kann. Das ist mein Traum. Und was mein Hobby angeht, bin ich ohnehin sehr zufrieden: Seit ich mit meiner Studienfreundin zusammen ein Pferd habe, reite ich pro Woche dreimal aus."

4. Regen Sie die Klientin an, bis zum nächsten Termin einmal mit der „Plus-Lupe" durch das komplette Haus ihres Lebens zu gehen (meist lässt sich im Coaching nur ein Teil der Räume gründlich erforschen): In welchen Momenten ihres Tages fühlt sie sich wohl? Was macht oder denkt sie in solchen Momenten anders als sonst? Wie kann sie gewährleisten, dass diese positiven Augenblicke erhalten bleiben? Und welche Winkel oder Räume im Haus ihres Lebens hat sie noch gar nicht erkannt und benannt?

5. Beim nächsten Termin stellen Sie vorweg die Frage: „Nun sind Sie mit der ‚Plus-Lupe' durch Ihr Leben gegangen: Was hat sich dadurch an Ihrer Situation verändert?" In fast allen Fällen werden Sie, unabhängig vom Anliegen, feststellen: Durch die neue Sichtweise hat sich die Klientin ihrem Ziel genähert. Außerdem bringt sie neue Tatkraft mit.

Die BWL-Studentin wirkte in der Folgesitzung wie ausgewechselt: Sie saß aufrecht im Stuhl, hielt den Blickkontakt und deutete sogar ein

Schmunzeln an, als sie berichtete, sie habe einen wichtigen Raum in ihrem Lebenshaus übersehen:

„Da gibt es auch noch einen Raum der Ermutigung. Ich habe mir vorgestellt, dass an der Wand all die Sprüche jener Menschen hängen, die an mich glauben. Zum Beispiel hat mir mein alter BWL-Lehrer vor dem Fachabitur gesagt, ich hätte für Marketing-Ideen ein fantastisches Händchen. All das hätte ich vergessen, auch weil wir beim Studium im Moment fast nur noch Mathematik machen. Da hilft es mir, wenn ich auf den Raum der Zukunft schaue." (...)

6. Regen Sie die Klientin an, ihre Räume weiter mit Positivem auszustatten und die Verbindungstüren zwischen den Zimmern zu nutzen. Zum Beispiel beschloss die BWL-Studentin, mit ihrer besten Freundin, die sie bislang vor allem beim Reiten traf, öfter am Nachmittag zu lernen. Diese Verbindungstür zwischen dem „Ich-muss-studieren-" und dem „Freundschafts-Raum" hat ihr Befinden entscheidend verbessert.

Weitere Fragen

- Welches waren in früheren Jahren, etwa in der Kindheit, die schönsten Räume Ihres Lebenshauses?
- Was ist von diesen Räumen übrig geblieben? Und wie oft erfreuen Sie sich daran?
- Wenn Sie sich das Lebenshaus Ihrer Zukunft vorstellen: Welche Räume würden Sie dann gerne ausbauen?
- Welche Häuser sollten idealerweise in Ihrer Nachbarschaft stehen?
- Was verändert sich, wenn Sie mit der Plus-Lupe durch die Räume gehen?
- Was ist Ihnen am kostbarsten in Ihrem bisherigen Lebenshaus?
- Inwieweit strahlt dieses Kostbare auf die anderen Räume ab?

Varianten

Bei dieser Übung können Sie die Stockwerke symbolisch aufteilen lassen: Unten, als Fundament, dient dann die Kindheit. Was bringt die Klientin aus diesen frühen Jahren mit, zum Beispiel an Unbeschwertheit und Fröhlichkeit? Welche prägenden Erfahrungen können ihr als Kompass im Leben dienen? Welche Erzieher oder Mentoren haben ihre Spuren hinterlassen?

Im Erdgeschoss platziert die Klientin, was im Moment die größte Bedeutung in Ihrem Leben hat: den Beruf, die Familie, die Freunde, die Hobbys usw.

Und ganz oben, im Dachgeschoss, dürfen dann die Visionen und Träume wohnen. Und das Dachfenster, aus dem sie schaut, öffnet den Blick in die Zukunft.

Profi-Tipp

Belassen Sie es nicht bei einer geistigen Wanderung durch die Räume – sondern erklären Sie eine Fläche im Coaching-Raum zu dem entsprechenden Zimmer, etwa durch einen Grundriss mit Kreppband. Manchmal kann die Klientin körperliche Unterschiede fühlen, je nachdem, in welchem Raum und in welcher Ecke sie sich dort bewegt. Wo fühlt es sich am harmonischsten an? An welchen Besonderheiten liegt das? Wie hat sie für solche Wohlfühl-Ecken gesorgt? Eine in warmem Ton gesprochene Anleitung, ähnlich einer halb-offenen Fantasiereise, kann ein körperliches Empfinden erzeugen und die Wirkung der Methode verstärken.

Risiken

Die Klientin sagt: „Ich kann da wirklich nichts Positives finden!“ In diesem Fall sollten Sie erst zu einer genaueren Suche anregen: „Vielleicht können Sie wenigstens Spuren, zum Beispiel Fingerabdrücke, des Positiven entdecken?“ Wenn diese Intervention nichts bringt, lenken Sie den Blick in die Vergangenheit: „Was hätte Ihre Plus-Lupe vor fünf (oder zehn) Jahren in diesem Raum vielleicht entdeckt?“ Und der letzte Schritt führt in die Zukunft: „Was genau möchten Sie künftig in diesem Raum unter der Plus-Lupe sehen? Bitte beschreiben Sie ganz genau, woran Sie merken werden, dass es allmählich in Ihr Leben einzieht!“

Umsetzungs-Plan

Notieren Sie bitte, wann und wie Sie diese Methode einsetzen wollen:

5. Praxistransfer: „So schaffen Sie es!“

Nicht die Pläne zählen, sondern ihre Umsetzung. Ein gelungenes Coaching hat einen langen Arm: Es greift in den Alltag des Klienten, verändert seine Situation, schenkt ihm dauerhaft ein erfüllteres Leben. Nicht der Arm des Coachs sorgt für Bewegung, sondern der des Klienten: Er selbst muss die Dinge anschieben und umsetzen, weit über den Abschlusstermin hinaus. Coaching leiht keine fremde Kraft, sondern stärkt die eigene. Was können Sie tun, um eine solche Nachhaltigkeit zu ermöglichen? Diese vier Methoden ebnen den Weg zum Praxis-Transfer.

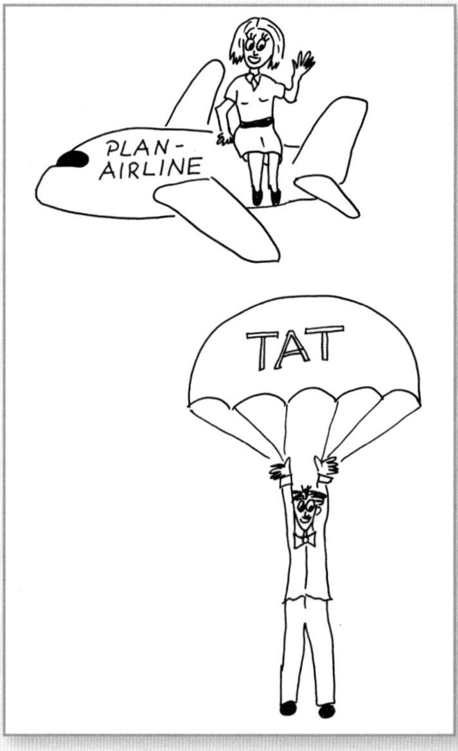

Zeichnung 6: Die Pläne fliegen immer hoch, doch am Ende des Coachings ist entscheidend: Gelingt der Absprung in die Praxis? Die richtige Mischung aus Fantasie und Verbindlichkeit sichert den Praxistransfer.

32. Das Floß im wilden Fluss: Wie Sie Ihre Klientin an ein Flussufer bekommen, sie ein Floß aus Ressourcen bauen und den Coaching-Erfolg analysieren und genießen lassen.

33. Das HMW-Sofortprogramm: Wie Sie Ihren Klienten veranlassen, wie ein Blitz vom Reden zum Handeln überzugehen – noch am Tag des Coachings.

34. Das Coaching ohne Coach: Wie Sie einen würdigen Stellvertreter Ihrer selbst installieren, sprich den Klienten in die Kunst des Selbstcoachings einweihen.

35. Der Selbst-Vertrag: Warum es sich lohnt, dass Ihr Klient einen Vertrag aufsetzt, einen Richter benennt und seinen Praxistransfer akribisch überwacht.

32.

Das Floß im wilden Fluss

Am Ende des Coachings hat die Klientin es geschafft, vom Ufer des Problems an das Ufer der Lösung zu wechseln. Aber wie ist es ihr gelungen, den reißenden Fluss dazwischen zu überwinden? Das Floß waren ihre Ressourcen. Diese Übung zieht eine fantasievolle Bilanz.

Ziele

- Die Klientin reflektiert ihren Fortschritt auf kreative Weise.
- Sie kann beide Ufer betreten und ihrer Entwicklung nachspüren.
- Dabei entdeckt sie Ressourcen und Fähigkeiten, die ihr auch künftig nützen.

Fallbeispiel

Die Medizinerin Edith Oppermann (49) ist im Außendienst eines Pharmaherstellers tätig. Ihre Aufgabe ist es, den Kontakt zu Ärzten zu pflegen und sie von den neuen Produkten ihrer Firma zu überzeugen. Doch immer mehr Ärzte bevorzugten zuletzt ein neues, gut beworbenes Produkt der Konkurrenz – obwohl ihre Firma ein ähnliches Medikament anbietet. Ihre Umsätze sind eingeknickt, ihr Chef macht Druck. Zunehmend verliert sie ihre Arbeitslust. Manchmal kreist sie minutenlang um Arztpraxen, statt sie einfach zu betreten. Ihre Kundengespräche bezeichnet sie als „besseres Gestammel". Sie sagt: „Ich verlerne meinen eigenen Job." Im Coaching will sie erfahren: „Wie kann ich wieder mit mehr Freude und mehr Erfolg arbeiten?"

Nach vier Coaching-Terminen, in denen sie konkrete Schritte erarbeitet und mit Erfolg umgesetzt hat, steht nun die Abschlusssitzung an.

Die Idee

Mit Fortschritten ist es wie mit Kindern: Sie wachsen so langsam, dass die Eltern es kaum bemerken. Doch Freunde aus der Ferne, die das Kind lange nicht gesehen haben, sagen nach einem Jahr verblüfft: „Bist du aber groß geworden!" Wer aus der Distanz schaut, sieht den Fortschritt schärfer. Wer ihn vor seiner Nase hat, kann ihn übersehen, denn er geschieht langsam.

Am Ende eines Coachings sollten Sie mit Ihrer Klientin genau begutachten, was seit dem ersten Termin gewachsen ist: Wie sah die Situation aus, als sie damals zu Ihnen kam? Mit welchen Problemen hatte sie zu kämpfen? Wie hat sich diese Situation auf ihren (Arbeits-)Alltag ausgewirkt? Welche Ziele hat sie daraus entwickelt?

Und dann wandert der Blick zum Ist-Zustand: Welche Fortschritte hat sie gemacht? Was hat sich an ihrer Situation verändert? Welche Ziele hat sie erreicht? Und wie wirkt sich das auf die Qualität ihres (Arbeits-)Lebens aus? Damit wird deutlich, inwieweit das Coaching erfolgreich war.

Ein dritter Blick erfasst die Ressourcen: Wie hat die Klientin es geschafft, vom Problem zur Lösung zu gelangen? Welche Qualitäten und Kompetenzen haben ihr dabei geholfen? Welche Fähigkeiten hat sie während des Coachings aufgebaut oder reaktiviert? Diese Ressourcen sind es, mit denen sie künftige Herausforderungen bewältigen kann.

Eine Metapher macht die Übung lebendig: Der Coach spricht von einem Fluss, der zwei Ufer hat: das Ausgangsufer (Beginn des Coachings) und Zielufer (Ende des Coachings). Was die Klientin von der einen Seite zur anderen Seite getragen hat, ist das Floß ihrer Kompetenzen. Dieses Szenario – Ufer, Fluss und Floß – lässt sich mit einem minimalen zeichnerischen Aufwand in den Raum holen. Damit stellen Sie sicher, dass es in der Abschlusssitzung höchst lebendig und fantasievoll zugeht.

Schritte zum Erfolg

1. Bereiten Sie die Übung vor, indem Sie drei Flipchart-Blätter in der Mitte des Raumes längs aneinanderreihen. Nun greifen Sie einen blauen Stift und verbinden die Blätter zu einem Fluss, dessen Ufer jeweils dicht am Rand des Papiers verlaufen. Viele blaue Striche verleihen dem Papier Flussfarbe, ein Pfeil markiert die Strömungsrichtung. Wer gerne zeichnet, kann noch ein paar Stromschnellen, Fische und Wasservögel hinzufügen.

Nun bereiten Sie zwei Wolken vor: auf der einen steht „Ausgangsufer", auf der anderen „Zielufer". Zugleich halten Sie Karten in drei Farben parat: rote, gelbe und grüne.

2. Die Klientin betritt den Raum. Laden Sie sie ein, das Szenario in der Raummitte zu besichtigen. Dabei können Sie die natürliche Neugier der Klientin nutzen und ihr Fragen stellen, um sie auf die Metapher einzustimmen, ehe sie ihr die Übung erklären:

Coach (deutet auf den gemalten Fluss): „Was sehen Sie da?"
Klientin: „Ich würde mal sagen, das soll ein Fluss sein."
Coach: „Spekulieren Sie mal: Was könnte das mit unserem heutigen Termin, der Abschlusssitzung, zu tun haben?"
Klientin: „Keine Ahnung. Baden gehen wollen wir sicher nicht." (Sie lacht.)
Coach: „Angenommen, dieser Fluss wäre tief und reißend – was bräuchten Sie, um ihn zu überqueren?"
Klientin: „Ich bräuchte Mut. Ich müsste eine exzellente Schwimmerin sein. Oder ich müsste mir ein Floß zimmern."
Coach: „Am Anfang unseres Coachings standen Sie ja auch vor einer großen Herausforderung, die Ihnen vielleicht unüberwindbar wie ein tiefer Fluss schien."
Klientin: „Das ist wahr! Und ich hatte schon ein paar Versuche unternommen, ohne ans andere Ufer zu kommen."
Coach: „Und nun ist es Ihnen doch gelungen, über den Fluss zu gelangen. Heute biete ich Ihnen an, beide Ufer zu besichtigen: das Ufer, auf dem Sie bei unserem ersten Termin standen, und jenes Ufer, an dem Sie heute angekommen sind. Und gleichzeitig könnten wir schauen: Wie haben Sie eigentlich Ihr Floß gezimmert? Welche Einstellung, welche Kompetenzen und welche Handlungen haben Sie über diesen Fluss getragen?"

3. Nun legen Sie die Wolke „Ausgangsufer" an jenes Ufer des Flusses, an dem Sie mit Ihrer Klientin stehen. Versetzen Sie sie in Gedanken zum ersten Termin zurück:

„Jetzt stehen wir am Ausgangsufer. Dort, wo Sie standen, als wir uns kennenlernten. Bitte erinnern Sie sich genau, wie es Ihnen ging, als Sie zum ersten Coaching-Termin kamen. Welche Herausforderung schien Ihnen die größte?" Die Klientin erzählt davon, dass sie immer weniger Lust auf ihren Beruf hatte, das Verhältnis zu ihrem Chef schlecht war, die Verkaufszahlen in den Keller rauschten und sie zunehmend Angst vor den Kundenbesuchen entwickelte. Der Coach bittet sie beim Erzählen, die jeweiligen Stichwörter auf rote Karten zu schreiben. Am Ende steht dort unter anderem:

- Keine Arbeitslust mehr
- Krise mit Chef
- Miese Verkaufszahlen
- Angst vor Kundenbesuchen
- Schlechte Rhetorik
- Streit mit Lebenspartner
- Zukunftssorgen

Diese roten Karten reiht die Klientin am Ausgangsufer des Flusses auf. Ihre Stimme klingt dabei müde, und ihre Bewegungen wirken langsam wie bei einem Unterwasser-Ballett. Diese Phase halten Sie so kurz wie möglich: Die Klientin soll ihre Probleme nachempfinden können, ohne von ihrem Sog verschlungen zu werden.

4. Der Coach bittet die Klientin, mit ihm um den Fluss herum ans andere Ufer zu laufen. Er legt die Wolke „Zielufer" aus, dann sagt er: „Und nun sind wir am Ufer der Gegenwart. Sie haben es tatsächlich geschafft, viele Ihrer Probleme hinter sich zu lassen. Sie haben es geschafft, diesen reißenden Fluss zu überqueren. Sie haben es aus eigener Kraft geschafft! Jetzt lassen Sie uns einmal anschauen, was sich alles seit dem ersten Termin verändert und entwickelt hat. Also, wo sehen Sie die größten Unterschiede?"

Die Klientin erzählt, dass sie mittlerweile wieder gerne zu den Kunden fährt. Das Verhältnis zu ihrem Chef sei noch nicht gut, aber entspannter. Vor allem habe sie stark an ihrem Auftritt gegenüber den Ärzten gearbeitet – ein Grund dafür, dass ihre Verkaufszahlen wieder anziehen.

Immer, wenn die Klientin ins Stocken gerät, fragt der Coach: „Was ist sonst noch anders?" Oder: „Welche Kleinigkeit hat sich noch verändert?" Der Klientin kommen immer neue Einfälle, auch außerhalb ihres Arbeitsplatzes. Diese Unterschiede schreibt sie dann auf grüne Karten, die sie am Lösungsufer auslegt, unter anderem steht dort:

- Mehr Freude an Kundenbesuchen
- Besseres Verhältnis zum Chef
- Professionellere Kundengespräche
- Anziehende Verkaufszahlen
- Gehe öfter Tennisspielen
- Harmonischere Beziehung zum Partner
- Jobalternativen im Kopf

5. Laden Sie die Klientin ein, sich am Ufer ihrer Lösung zu sonnen. Stellen Sie Fragen wie:

- Welchen Ihrer Fortschritte genießen Sie am meisten?
- Auf welche Leistung sind Sie am stolzesten?
- Was hätten Sie sich nicht zugetraut – und haben es doch geschafft?
- Wofür würde Sie ein Mensch, der viel von Ihnen hält, am ehesten loben?

Je länger die Klientin über ihre Fortschritte spricht, desto bewusster werden sie ihr. Und desto mehr kommt sie auch aus sich heraus: Ihr Körper strafft sich. Ihre Augen beginnen zu glänzen. Und ihre Körpersprache wird flink und füllt den Raum mit Lebendigkeit.

Sorgen Sie dafür, dass ihre Ausführung am Lösungsufer um ein Vielfaches länger als die am Problemufer dauert.

6. Nun stellen Sie sich mit der Klientin auf eine neutrale Position zwischen den beiden Ufern, dort im Raum, wo ihr Fluss auf dem Papier endet. Sie stehen auf Höhe der Flussmitte, ohne das Wasser zu betreten. Links sieht die Klientin ihre Ausgangssituation mit den Problemen, rechts die Ist-Situation mit den Lösungen. Und nun fragen Sie zum Beispiel:

- Wie ist es Ihnen eigentlich gelungen, diesen gefährlichen Fluss zu überqueren?
- Woher haben Sie die Kraft genommen?
- Welche Ihrer Eigenschaften haben Sie unterstützt?
- Und welches waren Ihre wichtigsten Schritte?"

Die Klientin erzählt davon, dass sie – wie im Coaching als Ideen entwickelt – ein ausführliches Gespräch mit ihrer Entwicklungsabteilung geführt und das eigene Medikament dadurch besser verstanden habe; dass sie sich bei ihrem erfolgreichsten Vertriebskollegen nach dessen Erfolgsrezepten im Verkaufsgespräch erkundigt habe; dass sie ihren Chef in diesen persönlichen Entwicklungsplan einbezogen und das Verhältnis entspannt habe.

Der Coach fragt gezielt nach Kompetenzen und Fähigkeiten. Die Klientin bescheinigt sich unter anderem Lernwillen, Ehrgeiz, Frustrationstoleranz und einen Blick nach vorne auf die Chancen.

Wieder darf die Klienten Stichwörter aufschreiben, diesmal auf gelbe Karten: Unter anderem steht dort:

- Gespräch mit Entwicklungsabteilung
- Kollegen als Benchmark genutzt
- Offener Dialog mit Chef
- Erfolgstagebuch nach Kundenbesuchen
- Abends mehr Sport
- Gemeinsame Unternehmungen mit Partner
- Lernfähigkeit
- Frustrationstoleranz
- Blick nach vorne auf Chancen

Am Ende hat die Klientin rund 20 Karten geschrieben.

7. Nun lädt der Coach die Klientin ein, diese Karten mit Büroklammern zu einem Floß zusammenzuheften. Dabei stellt er Fragen wie:

- Welches waren die ersten Bauteile Ihres Floßes?
- Welche Bauteile hängen miteinander zusammen?
- Und welche sind die wichtigsten und tragfähigsten?
- Was hat Ihnen den Mut verliehen, tatsächlich loszufahren – ein Floß kann ja auch zerbrechen!

Die Klientin reflektiert und analysiert, wie ihr die einzelnen Fortschritte gelungen sind. Diese Analyse hilft ihr, mit kommenden Herausforderungen umzugehen. Zugleich erkennt sie ihre Selbstwirksamkeit: Die Erfolge wurden nicht vom Coaching, sondern von ihr selbst erzielt.

Am Ende lässt sie ihr Floß symbolisch am Problemufer ins Wasser und schiebt es zum Lösungsufer, um dort sicher zu landen.

Weitere Fragen

Übung: Bitte entwickeln Sie zehn weitere Fragen, durch die Ihre Klientin mithilfe der Flussmetapher zu einer größeren Selbstkenntnis gelangen kann – gerne schriftlich.

Mein Vorschlag:

- Welchen Weg haben Sie zum anderen Ufer gewählt – den direkten? Oder sind Sie abgetrieben?
- Welche Vorteile hatte das Abtreiben?
- Was haben Sie getan, um gefährliche Stellen, zum Beispiel Strudel, zu umfahren?
- Welcher Wasserstand war der günstigste, um den Fluss zu überqueren – und wie haben Sie den Wasserstand beeinflusst?
- Wenn Sie mal in Ihren Körper horchen: Was verändert sich jetzt, da Sie am Lösungsufer stehen?
- Inwiefern können Sie diese positive Energie für die kommenden Wochen und Monate nutzen?
- Vielleicht haben Sie sich gefragt, was die Farben der Karten sollen: Es sind die Ampelfarben. Wo könnte nach Ihrer Meinung die Parallele liegen?
- Welche weiteren Flüsse wollen Sie in Zukunft überqueren?
- Und wenn Sie jetzt einmal Ihr Floß anschauen: Welche Baustoffe werden Ihnen dabei nützlich sein?
- Wovon hätten Sie gerne noch mehr – und wie können Sie es erlangen?

Varianten

Immer wieder passiert es, dass Klientinnen das Überqueren eines Flusses zu Beginn des Dialogs spontan mit einer Brücke verbinden. Wenn dieses Bild im Raum steht, sollten Sie es aufgreifen: Lassen Sie sie aus den Karten mit ihren Ressourcen eine Brücke bauen. Dazu darf sie diese mit Büroklammern länglich zusammenfügen, bis sie über den Fluss reichen. Dass die Klientin sich mit der Metapher identifiziert, ist entscheidend. Darum sollten Sie bereit sein, die Übung individuell zu variieren.

Profi-Tipp

Machen Sie den Lösungsmodus für Ihre Klientin spürbar. Laden Sie sie ein, erst an das bereits präparierte Problemufer des Flusses zu treten, die Karten laut vorzulesen, die Augen zu schließen und tief in sich hinein zu horchen. Fragen Sie, was sie in diesem Moment empfindet, wie schwer ihr Körper wiegt, wie wohl sie sich fühlt. Dann bitten Sie sie, auf das Lösungsufer zu wechseln und dort denselben Vorgang zu wiederholen. Abschließend wechseln Sie in eine neutrale Position und fragen: „Was hat sich am Lösungsufer anders angefühlt?“ Viele

Klienten beschreiben ein Gefühl der Leichtigkeit, das ihnen für die Zukunft viel Energie spendet.

Risiken

Die Klientin kann sich am Problemufer festreden. Je länger sie über die schwierige Ausgangssituation nachdenkt, desto tiefer kann sie zurück in diese gleiten. Einfaches Gegenmittel: Vereinbaren Sie mit der Klientin, wie lange sie am Ausgangsufer verweilt. In der Regel reichen fünf Minuten aus. Diese Begrenzung sorgt dafür, dass die Problemhypnose schlechte Chancen hat. Dagegen gibt es auf dem Lösungsufer keine Zeitbeschränkung. Hier halten sich die meisten Klienten mindestens zehn Minuten auf. Diese Gewichtung hilft, einen positiven Impuls zu setzen.

Umsetzungs-Plan

Notieren Sie bitte, wann und wie Sie diese Methode einsetzen wollen:

33.

Das HMW-Sofortprogramm

Wilhelm Busch hätte geschrieben: Erkenntnis haben, ist nicht schwer – sie umzusetzen, umso mehr! Aber wie bewirken Sie, dass Ihr Klient sofort handelt? Indem Sie mit ihm ein HMW-Sofortprogramm vereinbaren, das schon am Coaching-Tag beginnt.

Ziele

- Der Klient soll aus seinen Erkenntnissen gangbare Handlungsschritte ableiten.
- Er soll möglichst rasch den Praxistransfer starten.
- Ein Handlungsplan (bis zum nächsten Coaching-Termin) entsteht.

Fallbeispiel

Julian Scheibner (19) absolviert gerade sein Abitur. Weil er noch keine Ahnung hat, was danach kommen soll, haben ihm seine Eltern ein Karrierecoaching spendiert. Für seine Zukunft kann sich der junge Mann alles Mögliche vorstellen, von einem langen Auslandsaufenthalt über ein soziales Jahr bis zu einem Praktikum in der Industrie. Besonders reizen würde ihn eine Karriere als Trainer im Profifußball, da er seine eigene Laufbahn aufgrund einer Verletzung beenden musste, als er schon auf dem Sprung ins Profigeschäft war. „Aber das ist wohl nur ein unrealistischer Traum", sagt er.

Beim ersten Coaching-Termin kommt er zu der Einsicht: Für eine gute Entscheidung braucht er mehr Informationen, was ihn in den einzelnen Berufen oder bei einem Auslandsaufenthalt erwartet. Er vereinbart mit dem Coach, sich bis zum nächsten Termin schlauzumachen.

Die Idee

Haben Sie schon einmal beobachtet, was mit einer ersten Glut beim Grillen geschieht? Wenn sie nicht schnell angefacht wird, geht sie wieder aus. Die Chance, das Feuer anzupusten, besteht nur kurz. Ebenso verhält es sich mit den Impulsen durch ein Coaching: Wenn der Klient die Sitzung verlässt, leuchtet die Glut der Veränderung. Aber schnell kann sie wieder unter dem Teppich der Gewohnheiten ersticken.

Es sei denn, es gelingt Ihnen, den Klienten möglichst schnell zum Handeln zu bringen. Eine exzellente Methode ist das HMW-Sofortprogramm. Jeder Buchstabe steht für einen Zeitpunkt: H für heute, M für morgen, W für (die nächste) Woche. Statt nur festzulegen, was er bis zum kommenden Coaching-Termin in zwei Wochen erreicht haben will, gliedert der Klient seine Schritte.

Die Erfahrung zeigt: Wer mit dem Umsetzen begonnen und einen ersten (kleinen) Erfolg erzielt hat, dem fällt das Weitermachen leichter. Darum ist es so wichtig, dass Sie mit Ihrem Klienten vereinbaren: Schon am Tag des Coachings wird er mit dem Handeln beginnen. Nicht was er tut, ist entscheidend – sondern dass er etwas tut. Auch Unwesentliches kann Wesentliches ermöglichen.

Schritte zum Erfolg

1. Der Klient hat gegen Ende der Sitzung seine Vorsätze formuliert. Nun fassen Sie zusammen, was bei Ihnen angekommen ist (hier für Julian Scheibner):

„Also, ich habe vier Punkte aufgenommen: Erstens suchen Sie den Kontakt mit einem Freund Ihres älteren Bruders, der für ein Jahr in Australien war. Dieser Kontakt soll Ihnen dabei helfen, sich für oder gegen ein Jahr im Ausland zu entscheiden. Zweitens informieren Sie sich über die Chancen und Risiken eines sozialen Jahres. Dabei wollen Sie ein Internet-Forum nutzen. Drittens sprechen Sie mit einem Kommilitonen Ihres Vaters, der Geschäftsführer ist, über den Sinn eines Praktikums. Und viertens lesen Sie die Biografie eines Bundesliga-Trainers, um mehr über den Beruf zu erfahren. Habe ich jetzt alle Punkte genannt?"

2. Erläutern Sie dem Klienten das HMW-Sofortprogramm, gerne mit einem Vergleich, der seine Erfahrungswelt einbezieht:

„Vielleicht kennen Sie das von Schul-Hausaufgaben: Wenn man sie sofort macht, fallen sie am leichtesten. Aber wenn man sie aufschiebt, fühlen sie sich immer schwieriger an – und am Ende hat man sie versäumt. Ähnlich ist es mit den Vorsätzen, die Sie von hier mit nach

Hause nehmen: Je schneller Sie handeln, desto besser. Dabei kann Sie ein HMW-Sofortprogramm unterstützen."

Nun erläutert der Coach die Buchstaben und bittet den Klienten um Vorschläge zum ersten Buchstaben. Am Anfang steht das H: Was kann er heute noch tun?

3. In der Regel tun sich Klienten schwer damit, noch am Tag des Coachings zu handeln. Typisch ist eine Aussage wie: „Am liebsten würde ich alles erst mal sacken lassen, bevor ich was unternehme."

Übung: Diesen Widerstand sollten Sie würdigen, ohne ihm nachzugeben – durch eine positive Übersetzung, die den Wunsch herausarbeitet. Bitte versuchen Sie das schriftlich, ehe Sie meinen Vorschlag lesen.

Mein Vorschlag:

„Das klingt für mich, als wollten Sie ganz sicher gehen, dass Sie, wenn Sie handeln, auch das Richtige tun?" Der Klient stimmt zu. „Dafür habe ich volles Verständnis. Dann lassen Sie uns doch nach einer kleinen Handlung suchen, mit der Sie auf der sicheren Seite sind."

Der Klient sagt: „Da fällt mir nichts ein. Es ist ja schon später Nachmittag." Geben Sie ihm nun ein paar Beispiele, um die Fantasie anzuregen: „Neulich hat ein Klient eine Telefonnummer recherchiert, die er am nächsten Tag angerufen hat. Ein anderer hat im Internet Jogging-Schuhe bestellt, mit denen er in der nächsten Woche laufen wollte."

Der Klient versteht das Prinzip – offenbar hatte er die Latte zu hochgehängt! – und sagt nun: „Ich könnte heute schon mal nach einem Forum suchen, in dem sich junge Menschen über ihr soziales Jahr austauschen. Vielleicht kann ich jemanden ansprechen und fragen, ob wir uns für ein Telefonat verabreden können."

Damit ist das H des HMW-Sofortprogramms erfüllt.

4. Der Coach geht zum M über und fragt, was der Klient morgen tun wird. Und nun geschieht Bemerkenswertes: Weil es Julian Scheibner so schwer schien, ein Ziel für die nächsten Stunden zu finden, erscheint es ihm umso leichter, sich eine Handlung mit 24 Stunden Vorlauf auszudenken. Julian Scheibner sagt: „Dann werde ich morgen meinen

Vater bitten, dass er den Kontakt zu seinem Freund vermittelt. Ich kenne ihn, das ist ein netter Typ, der wird mir die Wahrheit über ein Praktikum sagen. Außerdem bin ich in der Innenstadt und kann mir die Biografie des Fußballtrainers Jörg Berger besorgen. Ich bin schon ein paar Mal an dem Buch vorbeigelaufen."

Damit ist das M des HMW-Sofortprogramms erfüllt.

5. Der Coach fragt nach der dritten Zeiteinheit, dem W: „Und was wird innerhalb einer Woche geschehen sein?" Der Klient antwortet: „Dann habe ich mich mit dem Freund meines Vaters verabredet. Außerdem will ich in dem Buch jeden Tag 20 Seiten lesen. Also werde ich etwa auf Seite 140 sein. Vielleicht ist es auch spannend und ich lese es schneller durch."

Falls Sie merken, dass ein Ziel noch nicht berücksichtigt ist, haken Sie nach: „Und was haben Sie bis dahin über ein soziales Jahr herausgefunden?" Der Klient nimmt sich vor, die lokale Sozialstation bis dahin zu besuchen und sich vor Ort einen Eindruck zu verschaffen: „Mal schauen, ob das dann mit meiner Foren-Recherche übereinstimmt."

Damit ist das W des HMW-Sofortprogramms erfüllt.

6. Der Coach regt an, über mögliche Hindernisse nachzudenken – und die Zeitreserve, hier eine Woche, bis zum kommenden Coaching zu nutzen: „Was könnte passieren, dass Sie Ihre Wochenziele nicht erreichen? Und inwiefern könnten Sie dann die verbleibende Woche bis zu unserem Termin nutzen?" Der Klient sagt unter anderem: „Ich weiß ja gar nicht, ob der Freund meines Vater vielleicht in Urlaub ist und wann ich einen Termin bei der Sozialstation bekomme. Zur Not weiche ich auf diese Woche aus."

Der Coach lädt den Klienten ein, die Zeit auch für Reflexion zu nutzen und dabei das private Umfeld einzubeziehen: „Angenommen, es klappt alles in der ersten Woche. Inwieweit könnten Sie die zweite Woche dann nutzen, schon vor unserem Termin mehr innere Klarheit zu finden, auch mithilfe Ihrer Familie oder Ihrer Freunde?" Der Klient schlägt vor, sich mit seinen Eltern auszutauschen.

Weitere Fragen

- Nun sind Sie ja Fußballkenner und wissen: Damit ein spektakuläres Tor entsteht, reicht oft eine unspektakuläre Vorlage. Welche Vorlage für Ihre nächsten Tage könnten Sie heute schon spielen?
- Was glauben Sie, wie es sich anfühlt, wenn Sie diesen ersten kleinen Schritt unternommen haben?
- Welche großen Veränderungen haben Sie in den letzten Jahren angeschoben?
- Können Sie sich erinnern, welches Ihre ersten kleinen Schritte dazu waren, vielleicht sogar unbemerkt?
- Was hat Sie damals zum Handeln motiviert?
- Und wenn Sie diese Erkenntnis auf heute übertragen: Welche Erfolgsrezepte können Sie wieder aufgreifen?
- Was wird für Sie einfacher, wenn Sie Ihr großes Ziel auf mehrere kleine Ziele herunterbrechen?
- Mit wem aus Ihrem Umfeld können Sie besprechen, ob Sie Ihre Ziele tatsächlich erreicht haben, noch ehe Sie zurück ins Coaching kommen?

Varianten

Lassen Sie den Klienten seinen ersten Schritt nicht nach dem Coaching unternehmen, sondern schon derweil. Dazu definiert er eine erste Handlung, die er aus dem Coaching-Raum heraus unternehmen kann. Zum Beispiel entwirft er einen schriftlichen Plan für die nächsten Tage, tätigt einen Anruf, recherchiert im Internet oder fertigt eine Liste seiner wertvollsten Ressourcen an. Ziehen Sie sich für eine vereinbarte Zeit aus dem Coaching-Raum zurück (in der Regel fünf Minuten), damit der Klient ganz auf sich gestellt ist, wie er es im Alltag auch sein wird – und das kleine Erfolgserlebnis auf sein eigenes Konto verbuchen kann.

Profi-Tipp

Der ideale Praxistransfer beginnt nicht nach dem Coaching, sondern schon davor! Nutzen Sie das Vorgespräch, um Ihren Klienten in Bewegung zu bringen. Ideal sind Aufgaben, die seine Selbstwahrnehmung fördern, zum Beispiel: „Können Sie bis zu unserem Termin einfach mal darauf achten, was in Ihrem Leben so gut läuft, dass Sie es unbedingt erhalten wollen?" Oder: „Sammeln Sie mal ein paar Aussagen von Menschen, die an Sie glauben." Solche Aufgaben legen Ressourcen frei, stärken die Selbstwirksamkeit und schlagen den Kurs in Richtung Lösung ein.

Risiken

Immer wieder kommt es vor, dass sich ein Klient zu viele Vorsätze auflädt. Was tun, wenn der Klient Ihnen zu ambitioniert scheint? Dann lautet mein Angebot: „Nun haben Sie viele Ziele formuliert. Das zeigt, wie motiviert Sie sind. Bitte picken Sie jetzt die zwei oder drei wichtigsten heraus. Auf die anderen können wir später zurückkommen." Dieses Angebot hilft, die Ziele zu priorisieren. Vor allem erhöht es die Wahrscheinlichkeit auf ein Erfolgserlebnis.

Umsetzungs-Plan

Notieren Sie bitte, wann und wie Sie diese Methode einsetzen wollen:

34.

Das Coaching ohne Coach

Wer überwacht den Praxistransfer? Idealerweise nicht der Coach – sondern der Klient selbst. Durch ein Gedankenspiel kann er sich diese Verantwortung bewusst machen und die entsprechenden Instrumente entwickeln.

Ziele

- Der Klient übernimmt die volle Verantwortung für sein Handeln.
- Er registriert alle Fortschritte, auch die kleinen.
- Er schafft einen fließenden Übergang für die Zeit nach dem Coaching.

Fallbeispiel

Christoph Zeisler (47) arbeitet als freiberuflicher Anwalt. Er hat sich auf Urheberrechtsfragen im Internet spezialisiert. Seine Arbeit betreibt er so erfolgreich, dass täglich eine Lawine von Anfragen auf ihn zurollt. Mittlerweile ertappt er sich dabei, dass er bis tief in die Nacht arbeitet, sogar an den Wochenenden. Seine Freunde laden ihn zu ihren Treffen schon nicht mehr ein, so oft hat er zuletzt geschwänzt. Im Coaching wollte er herausfinden, „was ich tun kann, damit mein Leben von der Arbeit nicht aufgefressen wird". In drei Coaching-Sitzungen, im Abstand von zwei Wochen, hat er eine Reihe von Ideen entwickelt, um sich gegen die Arbeit abzugrenzen. Die vierte Sitzung soll in einem größeren Abstand stattfinden. Der Coach will sicherstellen, dass der Atem des Praxistransfers bis dahin reicht.

Die Idee

Jedes Coaching ist nur so gut wie sein Ergebnis: Setzt der Klient seine Ziele um? Oder bleiben es Wolkenkuckucksheime? Die Chancen auf eine Veränderung stehen gut, denn Coaching schafft Verbindlichkeit; die Vorsätze des Klienten entwickeln eine Außenwirkung. Das ist ähnlich wie im Privatleben: Wer sich im stillen Kämmerlein vornimmt, mit dem Rauchen aufzuhören, kann diesen Vorsatz mit Leichtigkeit brechen.

Wer diese Absicht jedoch vor anderen erklärt hat, wird sich ein Abweichen davon dreimal überlegen; denn er will nicht als wortbrüchig dastehen.

Der Klient sagt dem Coach zu, was er bis zur nächsten Sitzung umsetzen wird. So entsteht doppelte Verbindlichkeit: Er steht in der Pflicht, gegenüber sich selbst und gegenüber dem Coach. Allerdings unterstützt ihn der Coach nur begrenzte Zeit. Deshalb dürfen Ziele nicht vom Coach als Kontrollinstanz abhängen. Die Verantwortung muss auf den Klienten übergehen – umso deutlicher, je mehr das Coaching sich dem Ende neigt.

Diese Übung versetzt den Klienten gedanklich in die Rolle des Coachs. Er entwickelt Ideen, wie er als Kontrollinstanz seine Fortschritte messen und sicherstellen kann. Davon profitiert er weit über das Coaching hinaus.

Schritte zum Erfolg

1. Am Ende einer Coaching-Sitzung kommt es darauf an, die Erkenntnisse in den Alltag des Klienten zu übertragen. Klassische Fragen des Coachs lauten:

- Was wollen Sie bis zu unserer nächsten Sitzung erreichen?
- Welcher Schritt könnte Ihr erster sein?
- Bis wann werden Sie ihn gegangen sein?
- Welcher Schritt bietet sich als nächster an?
- Und bis zu welchem Zeitpunkt?
- Welche Hindernisse können auftauchen?
- Was können Sie dann tun, um Ihr Ziel dennoch zu erreichen?
- Auf einer Skala von eins (für sehr unwahrscheinlich) bis zehn (für sehr wahrscheinlich): Wie hoch schätzen Sie die Chance ein, dass Sie Ihr Ziel tatsächlich erreichen?
- Was könnten Sie tun, um diese Wahrscheinlichkeit noch zu erhöhen?

Nach den ersten beiden Coaching-Terminen ist es Christoph Zeisler gelungen, dass er immer mehr Anfragen ablehnt. Mittlerweile wachsen die Aktenberge auf seinem Schreibtisch nicht mehr, sondern nehmen langsam ab. Mit dem Coach hatte er vereinbart, die Zahl der offenen Fälle zu senken. Durch eine Statistik seiner Sekretärin weist er diesen Erfolg nach. Dabei wirkt er stolz wie ein Schüler, der eine gute Note nach Hause bringt.

Vor dem letzten Coaching, das in vier Wochen stattfindet, setzt er sich als Ziel: „Ich möchte ein entspannteres Leben führen! Ich will wieder zu dem Grillabend meiner Freunde gehen – sie treffen sich jeden Dienstag, ich war schon lange nicht mehr dort. Ich möchte unbedingt mal wieder einen Roman lesen. Und ich möchte am Freitag wirklich in mein Wochenende fahren. Bis jetzt habe ich immer Ausreden gefunden, am Samstag oder Sonntag noch mal im Büro vorbeizuschauen."

2. Versetzen Sie den Klient durch eine hypothetische Frage in die Rolle des Coachs. Lassen Sie ihn Fragen entwickeln, mit denen Sie sich nach seinen Fortschritten erkundigen würden.

Coach: „Mal angenommen, wir hätten jede Woche einen Termin, also den nächsten am kommenden Mittwoch. Was, glauben Sie, würde ich Sie zu Beginn dieses Termins hinsichtlich der Fortschritte fragen?"
Klient (denkt lange nach): „Sie würden fragen, wie es gelaufen ist und was ich unternommen habe. Sicher wollten Sie nach einer Woche – das ist ein Viertel der Zeit – etwa ein Viertel des gesamten Erfolges sehen."
Coach: „Worin würde ein Viertel bestehen?"
Klient: „Wenn ich einen Roman von 400 Seiten lesen will, dann sollten 100 Seiten gelesen sein. Sonst käme ich ja in den letzten Wochen in Stress."
Coach: „Inwieweit wäre das realistisch für Sie, bis zum kommenden Mittwoch 100 Seiten zu lesen?"
Klient: „Das sind etwa 15 Seiten am Tag. Das geht prima. Nur müsste ich schon heute Abend damit anfangen."
Coach: „Und das heißt für Sie?"
Klient: „Dass ich heute Feierabend mache, ehe die Buchhandlungen schließen. Und mir einen schönen Roman aussuche."
Coach: „Wollen Sie das umsetzen?"
Klient: „Ja. Das können wir so abmachen."
Coach: „Nun haben Sie außerdem den Grillabend mit Ihren Freunden angesprochen. Was wollte ich bei einer Sitzung in einer Woche mit Blick darauf wohl wissen?" (...)

Auf diese Weise geht der Coach sämtliche Ziele des Klienten durch, in Wochen-Schritten, bis verbindliche Zwischenziele entstanden sind.

3. Der Coach nimmt den Klienten in die Verantwortung – und lädt ihn ein, sich selbst zu coachen, um seine Fortschritte zu kontrollieren:

Coach: „Nun ist es ja so, dass wir uns erst in vier Wochen wiedersehen. Was halten Sie davon, unsere Sitzungen dennoch stattfinden zu lassen?"
Klient (verwirrt): „Wie meinen Sie das?"
Coach: „Gerade haben Sie mir bewiesen, dass Sie ein sehr guter Selbstcoach sind: Sie haben sich Fragen gestellt, wie ich Sie selbst kaum besser hätte stellen können. Ich male mir aus, dass Sie sich jeden Mittwochabend eine halbe Stunde Zeit nehmen, um zu prüfen: Sind Sie auf dem richtigen Weg? Haben Sie Ihre Zwischenziele erreicht? Und wie können Sie von dem, was Ihnen guttut, noch mehr tun? Das heißt: Sie tun im Selbstgespräch genau das, was Sie von mir erwarten würden – Sie coachen sich selbst."
Klient: „Und Sie trauen mir das wirklich zu? Es wäre ja ein Leichtes für mich, mir was in die Tasche zu lügen!"
Coach: „Stellen Sie sich einfach vor, Sie wären in meiner Rolle – Sie wären Ihr Coach. Wie würden Sie sich auf die Sitzung vorbereiten?"
Klient: „Ich würde mir Fragen aufschreiben – ich habe ja noch Ihre Fragen der letzten Sitzungen im Ohr."
Coach: „Welche Fragen fallen Ihnen als Selbstcoach ein?"
Klient: „Zum Beispiel: ‚Welche Fortschritte haben Sie seit unserem letzten Termin gemacht?' Oder: ‚Inwieweit haben Sie das erreicht, was Sie sich vorgenommen haben?'"
Coach: „Und was werden Sie als Selbstcoach tun, wenn Sie feststellen, dass Sie hinter einem Ziel zurückgeblieben sind?" (...)

4. Schlagen Sie dem Klienten vor, jeweils ein Coaching-Protokoll mit drei Punkten anzufertigen,

- Was hat der Klient mit Blick auf seine Ziele seit dem letzten Coaching-Termin erreicht?
- Von allem, was der Klient mit Blick aufs Ziel getan hat: Was funktionierte am besten? Und welches ist seine wichtigste Lehre aus der abgelaufenen Woche?
- Was nimmt er sich bis zum nächsten Selbstcoaching vor? Welches wird sein erster Schritt sein und bis wann geht er ihn, um dort hinzukommen?

Die meisten Klienten schätzen diese Verbindlichkeit sich selbst gegenüber. Die Protokolle tragen sie beim nächsten Coaching-Termin mit Stolz aufs Erreichte vor. Und wenn das Coaching schon abgeschlossen ist? Dann bekommt der Coach manchmal ein Protokoll per Mail – sozusagen Kollegen-Post.

Weitere Fragen

- Welche Fragen würde ich Ihnen bei einem Coaching in einer Woche wohl stellen?
- Welche davon wäre für Sie am hilfreichsten, Ihren Fortschritt zu prüfen?
- Was wollten Sie mir dann unbedingt erzählen?
- Wird es vielleicht Tipps geben, die Sie von mir hören wollten?
- Inwieweit sind diese Fragen nützlich für Sie, Ihr Ziel zu erreichen?
- Was meinen Sie, wie fiele meine Antwort aus?
- Auf welche Ihrer Leistungen wären Sie am stolzesten?
- Und wer würde sich mit Ihnen darüber freuen?

Varianten

Das Netz dieser Übung lässt sich engmaschiger knüpfen. Zum Beispiel kann sich der Klient ausmalen, jeden Abend ein Gespräch mit Ihnen zu führen, wie er den Tag genutzt hat, um sich seinem Ziel zu nähern. Seine Gedanken darf er gerne in einem stichwortartigen Protokoll festhalten. Auf dieser Grundlage kann er feststellen, wann und wie ihm die größten Fortschritte gelungen sind – und an welchen Tagen er sich gerne zieldienlicher verhalten hätte. In jedem Fall erreicht diese Übung, dass Ihr Klient sein Handeln reflektiert und eine hohe Eigenverantwortung übernimmt.

Profi-Tipp

Diese Methode gibt Ihnen ein wertvolles Feedback auf Ihre Arbeit, denn meist wählt der Klient aus Ihren Fragen und Interventionen die nützlichsten fürs Selbstcoaching aus. Fragen Sie nach, wie er vorgegangen ist und welche Fragen er sich selbst gestellt hat. Dann erfahren Sie gleichzeitig, mit welchen Interventionen Sie die größte Wirkung erzielen. Wenn Sie diese Übung immer wieder mit Klienten durchführen, entsteht eine Landkarte Ihrer Stärken als Coach.

Übung: Bitten denken Sie an vergangene Coaching-Gespräche zurück und schätzen Sie ein: Womit haben Sie die Klienten am besten unterstützt? Welche Methoden liegen Ihnen besonders gut? Was davon könnten Klienten übernommen haben? Im Anschluss fragen Sie sich:

Sind Sie zufrieden mit diesem Spiegelbild, das Sie bei Ihrem Klienten womöglich hinterlassen? Oder: Welche Nuance wollten Sie noch hinzufügen?

Risiken

Manchmal sagt ein Klient spontan: „Das klingt jetzt, als sollte ich Ihre Arbeit machen!" Eine solche Äußerung weist darauf hin, dass die Rollen zwischen Coach und Klient nicht sauber geklärt sind. Der Klient sollte von Beginn an wissen, dass er die komplette Verantwortung für sein Handeln trägt. Der Coach kann ihm nur helfen, einen Rahmen dafür zu bauen. Selbstcoaching-Übungen können ein wertvoller Bestandteil sein.

Umsetzungs-Plan

Notieren Sie bitte, wann und wie Sie diese Methode einsetzen wollen:

35.

Der Selbst-Vertrag

Über alles, was Menschen wichtig ist, schließen sie Verträge ab: Eheverträge, Kaufverträge, Arbeitsverträge. Nur beim Umgang mit sich selbst verzichten sie darauf. Regen Sie einen Selbst-Vertrag an – damit Ihr Klient seine Vorsätze tatsächlich wahrmacht.

Ziele

- Der Klient schafft höchste Verbindlichkeit sich selbst gegenüber.
- Diese Verbindlichkeit wird durch die Aufsicht eines Vertrauten noch erhöht.
- Er überlegt, wie er seine Selbstwirksamkeit steigern kann.

Fallbeispiel

Der Steuerberater Marco Wiegand (45) liebäugelt seit Jahren damit, sein liebstes Hobby zum Beruf zu machen: Er will Segeltrips auf seinem alten Zweimaster anbieten, vor allem Events wie Hochzeitsfeiern und Betriebsausflüge. Längst hat er einen Plan im Kopf, wie er werben will, mit wem er kooperiert und wie er im Internet auftritt. Sogar Routen hat er sich schon ausgedacht. Aber statt seine Pläne umzusetzen, fühlt er sich im Würgegriff seiner Festanstellung: „Ich komme einfach nicht von dem großen Rückversicherer weg! Dort bearbeite ich seit Jahren die gleichen Schadensfälle. Ich wachse nicht mehr daran." Finanziell könnte er sich den Ausstieg nach einer stattlichen Erbschaft leisten.

Im Coaching nimmt er sich vor, in den nächsten zwölf Monaten die Weichen für seine Selbstständigkeit zu stellen. Damit es nicht wieder beim Vorsatz bleibt, schlägt ihm der Coach am Ende einen Selbst-Vertrag vor.

Die Idee

Beim Umsetzen von Zielen ist es wie beim Einkaufen: Vorher weiß man noch genau, was man Außergewöhnliches will. Aber wenn man dann vor dem Regal oder vor einer eingefahrenen Situation steht, greift man doch wieder zu dem, was man kennt – zum gewohnten Produkt, zum etablierten Verhaltensmuster.

Wie ein Einkaufszettel hilft, das Gewünschte tatsächlich zu bekommen, so hilft ein Selbst-Vertrag, das Gewünschte tatsächlich zu tun. Und mehr als dies: Der Selbst-Vertrag schafft eine hohe Verbindlichkeit, da er kein stiller und unverbindlicher Vorsatz ist (wie der Einkaufszettel). Vielmehr hat er offiziellen Charakter aus drei Gründen:

Erstens wird er in eine formale Form gegossen: Keine Kritzelei, sondern ein sauberer Ausdruck, der in Paragraphen gegliedert ist und einen formaljuristischen Ton anschlägt – genau wie ein Arbeitsvertrag.

Zweitens verpflichtet sich der Klient auch gegenüber dem Coach: Er schickt ihm seinen unterschriebenen Selbst-Vertrag zu und weiß genau, dass der Coach sich zu einem vereinbarten Zeitpunkt erkundigt, ob der Vertrag eingehalten wurde.

Und drittens gibt es noch eine unmittelbare Kontrollinstanz: Der Klient benennt einen Freund oder eine Freundin zum „Richter", um mit ihm erst in sehr kurzen, dann in längeren Abständen die Einhaltung des Vertrages zu überwachen – mit Sanktionen, falls er dagegen verstößt, und mit Belohnungen, falls er ihn einhält.

Die Wahrscheinlichkeit, dass ein Mensch seine Vorsätze (nach dem Coaching) dauerhaft wahrmacht, wird durch den Selbst-Vertrag um ein Vielfaches gesteigert.

Schritte zum Erfolg

1. Prüfen Sie, wie ernst es der Klient mit seinem Umsetzungsplan meint. Dabei ist es nützlich, wenn Sie erst fragen, wie groß sein Wille zum Umsetzen seiner Pläne ist – und dann, für wie wahrscheinlich er es hält, entsprechend zu handeln. Jede Kluft, die sich hier öffnet, gefährdet den Praxistransfer – und kann durch den Selbst-Vertrag verkleinert werden.

Coach: „Wie groß schätzen Sie Ihren Willen ein, das Ziel tatsächlich zu erreichen, sagen wir: auf einer Skala von eins (für überhaupt nicht) bis zehn (für unbedingt)."
Klient: „Mindestens eine Neun. Vielleicht sogar eine Zehn."

Coach: „Sie wollen also von ganzem Herzen! Nun sollten wir klären: Werden Sie es auch tun? Wie groß schätzen Sie die Wahrscheinlichkeit ein, dass Sie die vereinbarten Schritte tatsächlich gehen? Sagen wir wieder: Auf einer Skala von eins (für überhaupt nicht) bis zehn (für unbedingt)."
Klient: „Höher als bei meinen letzten Versuchen, würde ich sagen."
Coach: „Und in Zahlen?"
Klient: „Eine Sieben. Eine gute Sieben sogar!"
Coach: „Bei diesen Zahlen fällt mir auf: Die Wahrscheinlichkeit, dass Sie handeln, ist um zwei bis drei Punkte geringer als Ihr Wollen. Wir sprechen da von 30 bis 40 Prozent! Was halten Sie davon, dass wir nach einem Weg suchen, diese Wahrscheinlichkeit noch zu erhöhen?"

2. Stellen Sie dem Klienten das Modell des Selbst-Vertrages vor, indem Sie die Idee erläutern und ihm die Vorzüge schmackhaft machen. Mit dem Juristen Marco Wiegand entspann sich folgender Dialog:

Coach: „Als Steuerberater wissen Sie, wie sich eine hohe Verbindlichkeit schaffen lässt: durch einen Vertrag. Diesmal meine ich einen Vertrag mit dem einzigen Menschen auf dieser Erde, den Sie aus eigener Kraft verändern können – einen schriftlichen Vertrag mit Ihnen selbst."
Klient: „Wenn Sie schon mein juristisches Wissen ansprechen: Ein Vertrag entsteht durch übereinstimmende Willenserklärungen, auch mündlich. Also habe ich einen solchen Vertrag mit mir selbst doch schon abgeschlossen."
Coach: „Würden Sie eine Immobilie auf mündlicher Basis kaufen? Einen Arbeitsvertrag abschließen? Ein teures Auto erwerben?"
Klient: „Nein, aber das ist auch etwas anderes: Hier habe ich es mit einem Vertragspartner zu tun, der nicht mit mir identisch ist. Gut möglich, dass er sich später an Vereinbarungen mit mir nicht mehr erinnern will."
Coach: „Inwiefern könnte es hier eine Parallele zu Ihren bisherigen mündlichen Selbstverträgen geben? Ihre Vorsätze sind ja nicht neu ..."
Klient (überlegt lange): „Da ist was dran! Ich habe die bisherigen Verträge mit mir auf lange Frist nicht eingehalten. Aber hätte die Schriftform daran etwas geändert?"
Coach: „Wie ist das bei juristischen Verträgen: Warum halten Sie die Schriftform für wirksamer?"
Klient: „Weil Sie gerichtsfester ist! Sie lässt sich nachprüfen. Und vor einer Unterschrift denken die Menschen mehr nach als vor einer mündlichen Zusage."
Coach: „Das könnten auch die Vorteile eines Selbst-Vertrags sein. Und was ‚gerichtsfest' angeht: Ich würde Sie einladen, einen Vertrauten

als ‚Richter' zu benennen und ihn den Vertrag mitunterschreiben zu lassen. Dieser Mensch wird in regelmäßigen Abständen mit Ihnen sprechen, ob Sie den Vertrag einhalten. Das wird ein Ansporn sein für Sie, Ihren Vorsätzen treu zu bleiben."
Klient: „Und wenn ich gegen den Vertrag verstoße? Wozu werde ich dann vom ‚Richter' verdonnert?"
Coach: „Das legen Sie selbst im Vorfeld fest. Noch wichtiger: Sie können auch bestimmen, womit Sie sich bei Erfolg belohnen!"
Klient: „Jetzt bin ich aber neugierig!"

3. Drücken Sie dem Klienten einen Selbst-Vertrag in die Hand, als Beispiel. Das Thema sollte von seinem Anliegen abweichen, damit er inhaltlich frei bleibt. Nur die Form des Vertrages sollte er verstehen, als Grundlage für seine Selbstverpflichtung. Gerne lege ich diesen Selbst-Vertrag vor, mit dem sich eine Klientin gegen uferlose Arbeit abgegrenzt hat (aus meinem Spiegel-Bestseller „Bin ich hier der Depp – Wie Sie dem Arbeitswahn nicht längerer zur Verfügung stehen", Mosaik, 2013):

Arbeits-Selbst-Vertrag

Hiermit schließe ich folgenden Arbeitsvertrag mit mir selbst. Dieser Vertrag stellt meine eigenen Bedürfnisse in den Mittelpunkt, und ich werde ihn höher gewichten als jede Erwartung von außen. Ich werde alles tun, was in meiner Macht steht, um diese Vereinbarungen einzuhalten – zu meinem eigenen Vorteil!

§ 1 Ich arbeite pro Woche maximal ... Stunden.

§ 2 An folgenden zwei (oder drei) Tagen der Woche, nämlich ... und ... und ... werde ich spätestens um ... Uhr Feierabend machen.

§ 3 Meine Mails rufe ich maximal ... Mal am Tag ab, und zwar zu folgenden Zeiten: ... Uhr und ... Uhr.

§ 4 Ich schaue in meine Mails grundsätzlich nicht mehr ab ... Uhr, ebenso zu folgenden geschützten Zeiten und Tagen: ...

§ 5 Per Handy bin ich für die Firma grundsätzlich nicht erreichbar ab ... Uhr und/oder an folgenden Tagen: ...

§ 6 Ich verpflichte mich, all meine Urlaubstage im laufenden Kalenderjahr zu nehmen. Geplant sind folgende Urlaubstermine: ...

§ 7 Ich stelle sicher, dass mich meine Arbeit nicht in den Urlaub verfolgen kann, und zwar durch folgende Maßnahmen: ...

§ 8 Ich verpflichte mich, meine Arbeitstage zu folgenden Zeiten für Erholungspausen zu unterbrechen: ... Uhr bis ... Uhr, ... Uhr bis ... Uhr, ... Uhr bis ... Uhr.

§ 9 Unrealistische Terminvorgaben weise ich grundsätzlich zurück, zum Beispiel mit folgenden drei Argumenten:

- ...
- ...
- ...

§ 10 Wenn ich zu einer Arbeitsweise und zu Arbeitsergebnissen gezwungen werde, die sich nicht mit meinem Selbstanspruch vertragen, reagiere ich auf folgende Weise:
...

§ 11 An folgenden fünf Indizien erkenne ich, dass ich mich wohl in meinem Arbeitsleben fühle. Ich werde alles tun, solche Umstände herbeizuführen:

1. ...
2. ...
3. ...
4. ...
5. ...

§ 12 An folgenden fünf Indizien erkenne ich, dass mein Arbeitsleben ein erfülltes Privatleben zulässt. Ich werde alles tun, solche Umstände herbeizuführen.

1. ...
2. ...
3. ...
4. ...
5. ...

§ 13 Mein Vertrauter ..., im Vertrag „Richter" genannt, verpflichtet sich, mit mir bis zum ... (Datum) einmal täglich und ab dem ... (Datum) einmal wöchentlich über die Einhaltung des Vertrages zu wachen und bei Verstößen einzuschreiten.

Ort und Datum ...

Meine Unterschrift	Unterschrift des Richters
...	...

4. Geben Sie dem Klienten ein solches Muster mit nach Hause (zum Ausdrucken finden Sie es im Internet-Bonusmaterial zu diesem Buch, www.karriereberater-akademie.de, Rubrik „Bücher"). Vereinbaren Sie mit ihm, bis wann er einen Selbst-Vertrag entwirft, der seine eigenen Ziele und Handlungsschritte festhält. Bitten Sie darum, dass er Ihnen diesen Vertrag zumailt.

Übung: Bitte entwickeln Sie einen Selbst-Vertrag für ein eigenes Anliegen, um mit dem Instrument vertrauter zu werden. Achten Sie darauf, inwieweit Sie das obige Muster unterstützt – und welche Fragen sich vielleicht noch ergeben. Doppelter Nutzen: Wenn Sie den Vertrag tatsächlich unterschreiben, kommen Sie mit Ihrem Anliegen voran. Zudem wird es Ihnen leichter fallen, Klienten für Selbst-Verträge zu begeistern und mögliche Fragen schon im Vorfeld zu beantworten.

5. Abschließend erläutern Sie die Rolle des Richters (siehe Profi-Tipp). Hilfreich kann es sein, dem Klienten einen schriftlichen Dialog zwischen Richter und Vertragspartner zu geben. Diesen Text kann er an den „Richter" weiterreichen, um die Aufgabe zu erklären. Folgendes Beispiel bezieht sich auf den obigen Selbst-Vertrag, wobei Tania die Klientin ist und Ingo der Richter (wieder aus dem genannten Buch):

Tania: „Also, Ingo, ich muss beichten: Heute habe ich bis 18.30 Uhr gearbeitet. Laut Vertrag hätte ich um 17.00 Uhr aufhören sollen, ich weiß! Aber dann kam noch eine Mail meines Chefs rein, und ich musste ganz dringend liefern."

Richter Ingo: „Wenn ich dich richtig verstanden habe, sollte der Vertrag dich gerade vor solchen Versuchungen schützen. Du wolltest deine Bedürfnisse über die deiner Firma stellen."

Tania: „Darum ärgere ich mich auch so über mich selbst! Jetzt schließe ich einen Vertrag mit mir ab und mache genauso weiter wie bisher!"

Richter Ingo: „Vielleicht war das ja eine wichtige Lernchance. Was würdest du am Donnerstag – da willst du ja wieder um 17.00 Uhr gehen – anders machen als heute, wenn es zu derselben Situation käme?"

Tania: „Dann würde ich meinem Chef einfach antworten: ‚Tut mir leid, ich habe fest zugesagt, dass ich heute um 17.00 Uhr aus der Arbeit gehe.' Das wäre ja nicht einmal gelogen!"

Richter Ingo: „Nun hast du mich ja zu deinem Richter ernannt. Das heißt, ich soll auch einschreiten, wenn du gegen deinen Selbst-Vertrag verstößt. Welche Strafe schlägst du vor, falls du in den nächsten zwei Wochen deine Selbstverpflichtung noch einmal brichst?"

Tania: „Dann werde ich meine Schwiegereltern am Wochenende zum Abendessen ausführen. Du weißt ja: Ich kann sie nicht leiden!"

Richter Ingo: „Mal angenommen, du schaffst es beim nächsten Mal, einer solchen Versuchung zu widerstehen: Wie könntest du dich dafür belohnen?"

Tania: „Dann würde ich mit meinem Mann mal wieder in die Sushi-Bar gehen. Ich war dort eine gefühlte Ewigkeit nicht mehr."

Wer solche (Coaching-)Gespräche jede Woche führt, mit einem wohlwollenden Vertrauten, tankt Motivation und behält seinen Kurs im Auge. Der Vertrag, der „Richter", der regelmäßige Austausch und die selbst bestimmten Strafen sorgen dafür, dass ein Mensch sein Ziel mit großer Konsequenz verfolgt, statt von Gewohnheiten oder Impulsen verdriftet zu werden.

6. Nach einer Woche schickte Marco Wiegand seinen Selbst-Vertrag. Es war ein Werk mit 18 Paragraphen, vier Seiten lang und in geschliffener Juristensprache formuliert. Paragraph für Paragraph hatte er die vereinbarten Schritte in seine Selbstständigkeit festgelegt, jeweils mit Zeitfenster. Die wichtigsten Vereinbarungen: In einem halben Jahr

wollte er die ersten Segel-Wochenenden nebenberuflich veranstaltet, nach einem Jahr gekündigt haben und hauptberuflich als Segeltrip-Veranstalter durchstarten.

Vier Monate später flatterte dem Coach eine segelschiffförmige Postkarte ins Haus: „Ich lade Sie ein zu einem Segeltrip – mit meinen ersten Kunden, drei Geschäftsleuten!“

Weitere Fragen

- In welchen Situationen Ihres Lebens waren Sie froh, einen rechtswirksamen Vertrag in der Tasche zu haben?
- Inwieweit könnten Sie durch Ihren Selbst-Vertrag ähnliche Vorteile genießen?
- Wie müssten Sie Ihren Vertrag formulieren, um auf der einen Seite eine hohe Verbindlichkeit zu erzeugen – und auf der anderen Seite eine hohe Motivation?
- Verträge enthalten ja zahlreiche Nebenklauseln, aber auch Hauptpunkte: Welche Punkte wären Ihnen am wichtigsten?
- Und welche Nebenklauseln könnten als Unterstützung dienen?
- Wenn Sie in kritischen Situationen stets an Ihren Selbst-Vertrag denken: Was wird dann anders laufen?
- Inwieweit kann Sie der Gedanke motivieren, dass Sie beim Telefonat mit Ihrem Richter von Erfolgen berichten können?
- Welches werden wohl die ersten Erfolge sein, die Sie ihm mitteilen können? Und in welchen Worten werden Sie das möglichst anschaulich tun?
- Wie könnten weitere Erfolge aussehen?
- Wie würde Ihr Richter wohl auf diese Erfolgsmeldungen reagieren?

Varianten

Ein Klient von mir, seines Zeichens Anwalt, kam auf die Idee, eigene Gesetze für sein Leben zu verfassen: ein „Arbeitsschutzgesetz“, ein „Karrieregesetz“, ein „Familiengesetz“ und ein „Freizeitgesetz“. In fünf bis zehn Paragraphen hat er seine Werte definiert, sich Gebote und Verbote erlassen. Mit diesen Maßstäben fiel es ihm leichter, in schwierigen Situationen stimmige Entscheidungen zu fällen und im Einklang mit seinen Werten zu leben.

Profi-Tipp

Damit der Klient versteht, welche Rolle der Richter einnehmen soll, bietet sich ein Rollenspiel an: Der Coach agiert als Richter, der Klient als er selbst. Zum Beispiel können Sie ein Telefonat am Ende eines Arbeitstages durchspielen, unter der Annahme, der Klient habe einen Teil seiner Vorsätze verwirklicht und einen anderen Teil nicht. So entwickelt der Klient ein Gefühl, wie die Rolle des Richters gedacht ist: nicht als strafende Instanz, sondern als unterstützende (ähnlich dem Coach). Je besser er diese Rolle versteht, desto leichter kann er sie dem Richter seiner Wahl vermitteln.

Risiken

Wenn ein Klient schlechte Erfahrungen mit Verträgen gemacht hat, kann ihn diese Form der Selbstverpflichtung abschrecken. Erkundigen Sie sich dann, welche anderen Möglichkeiten er vorzieht, um sich selbst zu verpflichten. Eine Klientin von mir hat ihre Vorsätze mündlich auf ihren Computer diktiert, dieses Tondokument ihrem Richter gemailt und das Diktat jeden Abend nach Feierabend angehört. Bei ihr war diese auditive Form höchst wirksam. Je individueller die Verträge oder die Arbeitsweise, desto größer die Erfolgsaussicht.

Umsetzungs-Plan

Notieren Sie bitte, wann und wie Sie diese Methode einsetzen wollen:

Teil 2

Neue Coaching-Orte und Marketing-Ideen

1. Coaching-Orte: „Neuland wirkt Wunder!"

Ein Büro, ein Tisch, zwei Stühle: Warum finden die meisten Coachings eigentlich an einem so banalen Ort statt? Ließen sich ungewöhnliche Gedanken nicht leichter in einer ungewöhnlichen Umgebung wecken? Kommen, wenn ein Mensch joggt, nicht auch seine Gedanken in Bewegung? Fliegen, wenn er auf dem Airport steht, nicht auch seine Ideen höher? Stößt er, wenn er durch den Wald geht, nicht auch leichter auf seine eigenen Wurzeln und Werte? Dieses Kapitel plädiert für ungewöhnliche Coaching-Orte und stellt Ihnen zehn davon vor. Für jeden bekommen Sie einen Impact-Tipp. Wer beim Coachen in die Welt hinausgeht, kann seinem Klienten Erlebnisse verschaffen, die im (Lösungs-)Denken tiefe Spuren hinterlassen.

Zeichnung 7: Wer vom Riesenrad schaut, wechselt seine Perspektive und sieht mehr – auch innerlich. Außergewöhnliche Coaching-Orte ziehen außergewöhnliche Gedanken an.

36. Sportlich entwickeln: Beim Joggen: Wie Sie mit Ihrem Klienten seinem Ziel entgegenlaufen und beim Joggen nicht aus der Puste kommen, sondern zu Lösungen.

37. Sehenswürdig: Die Stadtführung: Wie Sie bei einer Stadtführung Ihren Klienten die größten Sehenswürdigkeiten in seinem eigenen Leben entdecken lassen.

38. Kurz vorm Abheben: Auf dem Flughafen: Warum der Flughafen ein perfekter Ort ist, die Pläne eines Menschen abheben und in Richtung Ziel fliegen zu lassen.

39. Natürlich erfolgreich: Beim Waldspaziergang: Warum Lösungen, die in städtischen Büros nicht zu finden sind, im Wald wie Pilze am Wegesrand wachsen.

40. Aber bitte mit Sahne: Im Café: Wie es Ihnen bei Kaffee und Kuchen gelingt, Ihre Klientin für jedes Ziel ein Sahnehäubchen finden zu lassen.

41. Karussell & Co.: Auf dem Jahrmarkt: Wie Sie ein Riesenrad zur Analyse einer Situation und eine Geisterbahn zur Konfliktklärung nutzen.

42. Ein feiner Zug: Mit dem ICE zum Ziel: Warum es sich lohnt, um Coachings in Zügen einen großen Bahnhof zu machen – sie sind reich an Metaphern und enorm effektiv!

43. Lust auf Literatur: Spaziergang mit Goethe: Wie ein Buch und ein Literaturspaziergang einen Menschen, der gerade noch Problemträger war, zu einem Weisen machen.

44. Mit Löwenmut: Unterwegs im Zoo: Wie es Ihnen im Zoo gelingt, dass Ihr Klient Löwenmut entwickelt und sich aus dem Käfig des Problems befreit.

45. Sandkasten frei: Auf dem Spielplatz: Wie Sie Ihre Klientin auf einem Spielplatz dazu bringen, dass sie jedes Problem im wahrsten Sinne geschaukelt bekommt.

36.

Sportlich entwickeln: Beim Joggen

Beim Joggen bewegen sich die Gedanken und der Körper. Je länger man läuft, desto intensiver wird das Flow-Erlebnis. Joggen Sie gern? Und Ihr Klient auch? Dann verabreden Sie sich doch zu einem Coaching-Lauf – das kann erstaunlich schnell ans Ziel führen.

Die Idee

Ein Lauf mit Ihrem Klienten bietet drei Vorteile. Erstens tun Sie beide etwas für Ihre Gesundheit: Joggen macht fit und senkt den Stresspegel. Das ist umso wichtiger, je weniger sich ein Mensch im Alltag bewegt. Gerade Manager mit sportlichen Ambitionen schätzen diese Form der Beratung. Dagegen könnte ein abendlicher Coaching-Bürotermin den nützlichen Sport verdrängen.

Zweitens entsteht eine sehr natürliche Situation: Ein Interesse verbindet Sie mit dem Klienten. Sie joggen gemeinsam, wie Freunde, wählen ein gemeinsames Tempo und eine Strecke. Und Sie merken, wie Sie beide dabei ins Schwitzen geraten, vielleicht sogar ein wenig aus der Puste. Das gemeinsame Erlebnis schweißt zusammen. Die Beziehung geht über einen nüchternen Geschäftskontakt hinaus. Dieses Vertrauen ermöglicht ungezwungene und offene Gespräche.

Und drittens führt die körperliche Bewegung zu geistiger Bewegung: Die Gedanken verlassen das Startloch, beginnen zu galoppieren, der Flow stellt sich ein – ein absolutes Wohlbefinden, bei dem das Zeitgefühl verloren geht, die Dinge wie von allein passieren. Und wie sich die Beine nach einer gewissen Strecke automatisch bewegen, tun es auch die Gedanken. Beim Joggen können Ideen kommen, die am Konferenztisch niemals kämen.

Persönliche Voraussetzung

Sie müssen als Läufer trainiert sein. Nur wenn Sie die vereinbarte Strecke ohne Anstrengung laufen können, werden Sie sich ganz dem Klienten widmen können. Einigen Sie sich darauf, dass der langsamere

Läufer das Tempo vorgibt. Auch Ihr Klient sollte mit seinem Anliegen beschäftigt sein – und nicht mit seiner nachlassenden Kondition.

Der Ort

Wählen Sie eine Strecke, die möglichst still ist – also kein Lauf durch den Stadtpark, wenn dort am Freitagabend Fete neben Fete steigt. Besser sind Läufe in der Natur. Gibt es einen Fluss, dessen Ufer Sie folgen können? Einen Wald mit Laufwegen? Oder – wenn Sie beide sehr fit sind – einen Hügel, dessen Kuppe Sie erlaufen können? Die Strecke sollte möglichst über weichen Boden führen und nicht über Asphalt; das schont die Gelenke.

Der Zeitbedarf

Die Lauf- und damit Coaching-Zeit hängt davon ab, welche Strecken Sie und der Klient üblicherweise zurücklegen. Für Durchschnittsläufer passen 45 bis 60 Minuten. Sportskanonen können auch 90 bis 120 Minuten anvisieren. Im Zweifel sollten Sie mit kleineren Einheiten beginnen, auch um sich der Kondition Ihres Klienten zu vergewissern (Ihre eigene haben Sie vorher getestet!).

Die besonderen Chancen

Ein Jogging-Coaching lebt von der Spontaneität. Keine Notizen lenken ab, beiden können Sie sich ganz dem Gespräch widmen. Meist fallen Fragen und Antworten besonders prägnant aus. Das kann an der natürlichen Situation liegen – oder daran, dass man beim Joggen schlicht keine Luft für überflüssiges Gerede hat.

Als besonders angenehm empfinde ich die langen Schweigezeiten. Am Coaching-Tisch sind sie oft mit Peinlichkeit behaftet und werden gestopft durch nichtssagende Worte. Beim Joggen scheint das Schweigen natürlich, weil sich der (Lauf-)Prozess auch ohne Worte fortsetzt. Nachdem eine Frage gestellt ist, passiert es, dass der Klient erst 100 oder 200 Meter später antwortet (sofern Sie der Versuchung widerstehen, mit weiteren Fragen nachzulegen!). Meist ist in dieser Zeit ein spannender Gedanke in seinem Kopf gereift – als wäre er diesem entgegengelaufen.

Die Gespräche beim Joggen entwickeln Dynamik: Unverbindlich und konventionell gehen sie los, doch je länger der Lauf dauert, desto mehr kommen die Gedanken in Bewegung. In der Regel entstehen die besten Lösungsideen beim letzten Viertel des Laufes – und manchmal bringt der Klient sie erst in den nächsten Termin mit, weil sie unter der Dusche auf ihn eingeprasselt sind.

Bitten Sie Ihren Klienten, sich nach dem Coaching Notizen zu machen und sie per Mail mit Ihnen zu teilen – so können Sie die unverbindliche Gesprächsform mit der nötigen Verbindlichkeit verknüpfen.

Die Symbolik

Joggen steht für Bewegung. Jemand startet von einem bestimmten Punkt – und er hat ein Ziel im Visier. Vorher muss er seine Ressourcen gesammelt und trainiert haben; sonst bleibt er auf der Strecke liegen. Und beim Laufen muss er achtsam sein: Jede Baumwurzel im Weg, die er übersieht, kann ihn zu Fall bringen. Diese Punkte – und viele mehr – lassen sich auf das Coaching übertragen.

Fragen mit Ortsbezug

Übung: Bitte entwickeln Sie mindestens zehn Fragen, mit denen Sie die Metapher des Laufes auf das Anliegen des Klienten übertragen und ihm auf spielerische Art den Zugang zu neuen Gedanken verschaffen.

Mein Vorschlag:

- Wenn Sie sich Ihr Anliegen als einen Zehn-Kilometer-Lauf vorstellen – wie weit sind Sie bislang gekommen?
- Was haben Sie getan, als Sie am besten vorwärtsgekommen sind?
- Wie haben Sie sich auf diese Strecke vorbereitet?
- Welche Haltung hat Sie dabei unterstützt?
- Und welche Menschen haben Ihnen Rückendeckung gegeben?
- Wenn Sie Ihre Kondition für das Anliegen auf einer Skala von eins bis zehn angeben müssten – auf welchen Wert kämen Sie dann?
- Was könnten Sie tun, um Ihre Kondition zu verbessern?
- Welche Hindernisse, wie jetzt beim Joggen die Baumwurzeln, lauern auf Ihrem Weg?
- Was können Sie tun, um sie rechtzeitig zu erkennen und zu überspringen?
- Gibt es vielleicht auch die Chance, einige davon zu umlaufen?
- Wie deutlich haben Sie Ihr Ziel vor Augen?
- Was könnten Sie tun, um es noch deutlicher zu erkennen?
- Welche Läufer sind vor Ihnen an einem ähnlichen Punkt angekommen? Und wie haben die das hingekriegt?
- Jeder Läufer visiert eine Zeit an: Bis wann wollen Sie Ihr Ziel erreicht haben?

- Welche Zwischenziele gibt es? Und bis wann?
- Beim langen Laufen kann man Gelenkschmerzen bekommen: Wie werden Sie die Mühen auf Ihrem Weg zum Ziel abfedern?
- Wer wird Sie bejubeln, wenn Sie durchs Ziel laufen?
- Und wie werden Sie sich dann belohnen?

Impact-Tipp

„Impact" bedeutet: Sie verschaffen Ihrem Klienten im Coaching ein Erlebnis, das mit seinem Anliegen zu tun hat und bleibenden Eindruck (Impact) hinterlässt (weitere Tipps und Übungen zum Thema finden Sie in meinem Buch „Die 100 besten Coaching-Übungen", Übung Nr. 30). Lassen Sie ihn etwas tun, was ihn Überwindung kostet und zu einem (überraschenden) Ergebnis führt. Solche Erlebnisse prägen sich ein. Daraus kann er bleibende Erkenntnisse für sein Anliegen ziehen. Meist denken Sie sich die Übung auf Basis einer Hypothese aus.

Beispiel: Sie haben den Eindruck, dass Ihr Klient sich unerreichbare Ziele steckt. Dann sagen Sie, beim Lauf an einer Landstraße entlang: „Ich habe jetzt einen ungewöhnlichen Vorschlag und würde mich freuen, wenn Sie sich darauf einlassen – denn er hat mit Ihrem Anliegen zu tun, ich komme später darauf zurück: Wenn das nächste Auto an uns vorbeifährt, laufen Sie ihm bitte so schnell wie möglich nach, um es einzuholen. Und strengen Sie sich dabei an!"

Das Auto kommt, der Klient spurtet los, einige Hundert Meter versucht er es – doch das Auto hängt ihn locker ab. Dann bleibt er stehen, ist völlig aus der Puste und hält sich die Seiten, bis Sie zu ihm aufgeschlossen haben.

Klient (noch ganz aus der Puste): „Was sollte das jetzt, bitteschön?"
Coach: „Überlegen Sie mal, was es mit dem zu tun haben könnte, was wir gerade besprochen haben."
Klient: „Wir haben über mein Ziel gesprochen. Dass ich meine Beförderung in den nächsten sechs Monaten durchsetzen will."
Coach: „Und – wo könnte die Parallele liegen?"
Klient: „Meinen Sie, dass mich andere abhängen werden, wie dieses Auto?"
Coach: „Wer käme denn in Frage?"
Klient: „Da ist ein Projektleiter, der schon seit zwei Jahren auf die Beförderung spekuliert. Und er schleimt sich ordentlich beim Chef ein."
Coach: „Interessant! Und was könnte die Übung Ihnen noch sagen?"
Klient (überlegt weiter): „Oder meinen Sie, dass dieses Tempo einfach nicht zu schaffen ist?"

Coach: „Was spräche dafür, dass Ihr Ziel zu ambitioniert ist?"
Klient: „Nun ja, ich habe mir mit sechs Monaten verdammt wenig Zeit gegeben – wie das Auto jetzt ja auch schon an mir vorbei war, als ich zu laufen begann ..."

Solche Impact-Erlebnisse wird der Klient sein Leben lang im Kopf behalten.

Fortsetzung

Wie man sich regelmäßig zum Jogging verabredet, so kann man sich auch regelmäßig zum Jogging-Coaching verabreden. In der Praxis läuft es meist so: Der Coach und der Klient stellen beim Vorgespräch die gemeinsame Vorliebe fürs Joggen fest. Nun schlägt der Coach gemeinsame Läufe vor. Wenn sich das Jogging-Coaching bewährt, dürfen Sie sicher sein, dass der Klient um Fortsetzung bittet. Nur wenn optische Hilfsmittel erforderlich sind oder die Schriftform unabdingbar ist, empfiehlt sich ein Ergänzungstermin im Büro.

Risiken

Gerade Manager neigen dazu, aus jedem Lauf einen Wettlauf zu machen. Lassen Sie sich nicht darauf ein (auch wenn Sie den Manager abhängen könnten!). Sagen Sie gleich zu Beginn: „Ich merke schon, Sie haben ein schnelleres Lauftempo als ich. Lassen Sie uns bitte einen Gang langsamer schalten." Damit ist geklärt, was (aus seiner Sicht) zu klären war – und Sie können sich der Sache widmen, statt mit heimlichen Machtspielchen zu kämpfen.

Umsetzungs-Plan

Notieren Sie bitte, wann und wie Sie diese Methode einsetzen wollen:

37.

Sehenswürdig: Die Stadtführung

Viele Klientinnen reisen von außerhalb zum Coaching an. Wie wäre es, das Coaching mit einer Stadtführung zu verbinden? Neue Eindrücke führen zu neuen Gedanken – sofern Sie viele Verbindungen zum Anliegen finden.

Die Idee

Wer an einer Stadtführung teilnimmt, schaut mit wachen Augen. Ein Tourist sieht mehr als ein Einheimischer, ist aufmerksamer. Jede Kirche, jedes Denkmal, jede Brücke, jeden Fluss wird er genau inspizieren – und unbewusst vergleichen mit dem, was er gewöhnlich sieht. Wer am Neckar wohnt, sieht die Hamburger Elbe als großen Fluss. Wer am Hudson River in New York lebt, sieht sie als Rinnsal.

Genau diese Haltung ist in einem Coaching wertvoll: dass Ihre Klientin mit geschärften Sinnen auf ihr Anliegen schaut, statt immer wieder das alte Problembild zu sehen; dass sie sich nicht am Eingefahrenen festhält, sondern Neues danebenstellt; und dass sie nichts für selbstverständlich nimmt, sondern in allem das Besondere sieht.

Eine Kombination aus Stadtführung und Coaching ist chancenreich, denn das neue Umfeld spielt der Klientin neue Gedanken zu, von Ihren Fragen inspiriert. Das Anliegen lässt sich verknüpfen mit den Stationen der Stadtführung. Zum Beispiel können Sie in einem Museum fragen: „Mal angenommen, hier hinge jetzt ein Bild an der Wand, das Ihr Leben zeigt, wenn Sie eine gute Lösung gefunden haben. Wie könnte das Motiv aussehen?" Jeden Gedanken, der ihr jetzt kommt, wird Ihre Klientin mit dem Ort verknüpfen, wo er ihr kam. Diese Orts-Anker sind hilfreich; so kann Ihre Klientin nützliche Kognitionen leicht wieder abrufen – erst recht, wenn sie von jedem markanten Ort ein Erinnerungsfoto schießt, diese ausdruckt und versieht mit ihrer ganz persönlichen Stadführungs-Coaching-Bildunterschrift.

Persönliche Voraussetzung

Wer sich als Stadtführer betätigt, sollte die Stadt kennen, durch die er führt – während die Klientin sie allenfalls oberflächlich kennt. Natürlich müssen Sie die Historie nicht bis ins Mittelalter beherrschen oder den Stammbaum aller Bürgermeister kennen. Jedoch sollte es Ihnen gelingen, eine interessante Route zu erstellen, den Zeitbedarf einzuschätzen und jede Sehenswürdigkeit spannend zu kommentieren.

Der Ort

Zunächst könnte man meinen, für ein solches Coaching kämen nur bekannte Städte in Frage, Berlin oder München, Hamburg oder Köln. Doch auch in einer unbekannten Kleinstadt kann ein Stadtführungs-Coaching reizvoll sein. Denn während die Klientin wenig überrascht ist, wenn man sie vors Brandenburger Tor führt, kann die mittelalterliche Kirche in der Kleinstadt einen Aha-Effekt erzeugen. Ohnehin ist der Ort zweitrangig – es kommt darauf an, dass er neu für die Klientin ist und Sie ihn interessant präsentieren.

Der Zeitbedarf

Ein Spaziergang durch eine Kleinstadt ist in ein bis zwei Stunden zu machen. In Großstädten empfehlen sich zwei bis drei Stunden. Kalkulieren Sie ein, dass etwa ein Drittel der Zeit für die Informationen über die Stadt nötig ist. Die übrige Zeit können Sie coachen. Den meisten Menschen macht es Spaß, ihre Situation mit den Anblicken zu verknüpfen. Alles um sich herum auf die eigene Person zu beziehen, liegt wohl in der Natur des Menschen.

Die besonderen Chancen

Ein Stadtführungs-Coaching verfrachtet das Anliegen der Klientin in einen neuen Rahmen. Vielleicht hasst sie es, über das festgefahrene Problem zu sprechen. Doch eine Stadtführung scheint ihr reizvoll. Das riecht nach Urlaub, Freizeit, Entdecker-Freuden. Diese Mischung schafft ein produktives Klima.

Zwischen Ihnen und der Klientin entsteht ein kommunikatives Dreieck: Sie sind nicht nur aufeinander bezogen, wie beim klassischen Coaching, was zu Verkrampfungen führen kann – es gibt äußere Punkte, auf die Sie die Aufmerksamkeit lenken können. Das vermindert den Druck auf die Klientin („Was soll ich jetzt bloß antworten?"), ebenso auf Sie als Coach („Was soll ich jetzt bloß fragen?"). Längere Schweigezeiten wirken natürlich, es gibt ja etwas anzuschauen. Und wenn das Gespräch hakt, können neue Informationen über die Stadt fließen – was die Anspannung senkt und die Gedanken aus ihrer Starre löst.

Dieser Wechsel aus Spannung und Entspannung, aus Innenwelt und Außenwelt, kann zu kreativen Schüben führen – gerade bei Menschen, deren Anliegen festgefahren scheint und die bei normalen Coaching-Sitzungen kaum vorwärtskommen. Die Verknüpfung von Gesprächssequenzen mit einzelnen Orten hilft der Klientin, sich lange an das Coaching zu erinnern – nach meiner Erfahrung länger, als wenn sie sich Notizen gemacht hätte.

Die Symbolik

Die Klientin darf sich als Touristin fühlen, das versetzt sie in eine Position der Naivität: Mit Sitten und Gebräuchen, mit Orten und Menschen kennt sie sich nicht aus. Alles darf sie fragen, denken, tun, ohne sich dabei zu blamieren. Besonderes Augenmerk gilt der Historie: Wie sind die Sehenswürdigkeiten entstanden, zu welcher Zeit und unter welchen Umständen? Eine Frage, die sich auf Ressourcen in ihrem Leben übertragen lässt.

Fragen mit Ortsbezug

Übung: Bitte entwickeln Sie je einen Block von Coaching-Fragen, bezogen auf eine Brücke, eine Kirche und einen Hafen. Nehmen Sie dabei Bezug auf ein (angenommenes) Anliegen der Klientin. Und lesen Sie erst dann weiter.

Zu einem Hafen:

- Nun stehen wir im Hamburger Hafen. Hier legen die Schiffe an, um Güter abzuladen und aufzutanken. Wo legen Sie an, wenn Sie müde sind, wie sieht Ihr persönlicher Hafen aus?
- Was tun Sie, um aufzutanken?
- Nun muss ein Schiff seinen Sprit ja einteilen, damit es den Hafen erreicht: Wie teilen Sie Ihre Kräfte ein?
- Sehen Sie, da wird gerade ein Schiff beladen. Wenn es zu viel Gewicht aufnimmt, geht es unter. Woran erkennen Sie Ihre persönliche Tragfähigkeit, wenn man Ihnen Arbeit auflädt oder Sie sich die Arbeit selbst aufladen?
- Mit welcher Arbeitslast haben Sie die beste Wasserlage, fühlen Sie sich am wohlsten?
- Was können Sie tun, um unerwünschte Ladungen abzulehnen?

- Nun passiert es ja immer wieder, dass sich blinde Passagiere in die Boote schmuggeln und hier im Hafen ans Licht kommen: Kann es sein, dass jemand auf Ihre Kosten mitreist, wenn Sie so viel arbeiten?
- Was könnten Sie unternehmen, um diesen blinden Passagier rauszuwerfen oder ihn wenigstens für die Arbeit einzuspannen?
- Wer ist eigentlich der Kapitän auf Ihrem Lebensschiff? Und wie macht sich das bemerkbar?
- Welchen persönlichen Ausguck haben Sie, um in die Zukunft zu schauen? Und sind Sie oft genug oben?

Zu einer Brücke:

- Diese Brücke wurde im Jahr 1903 gebaut. Wann haben Sie bislang schon persönliche Brücken gebaut, um ähnliche Probleme wie das aktuelle mit einer Lösung zu verbinden?
- Welche dieser Brücken war die tragfähigste? Und wie erklären Sie das?
- Wenn wir schon von Brücken sprechen: Gibt es vielleicht noch eine andere Art, den Problemfluss zu überqueren? Tunnel, Flugzeug, was auch immer?
- Wie, glauben Sie, testet ein Statiker die Tragfähigkeit einer Brücke?
- Und wie könnten Sie probehalber die Tragfähigkeit Ihrer angedachten Lösung überprüfen?
- Nun muss eine Brücke ja auch gegen Erdbeben gesichert sein. Welche Erschütterungen könnten Ihrer Lösung drohen?
- Welche Einfälle haben Sie, Ihre Lösung dagegen abzusichern?

Zu einer Kirche:

- An dieser Kirche, vor der wir jetzt stehen, haben damals über 500 Menschen gearbeitet. Wie viele Menschen arbeiten eigentlich an Ihrem Anliegen?
- Wer davon bastelt an der Lösung?
- Und wer legt Steine in den Weg?
- Jede Kirche hat eine Glocke, mit der sie auf sich aufmerksam macht. Was tun Sie im Alltag, um andere auf Ihre Leistung hinzuweisen?
- In einer Kirche lesen die Gläubigen in der Bibel. Welche heimliche Bibel gilt in Ihrer Firma? Und wer ist der Urheber?
- Welche dieser „biblischen" Vorschriften gefallen Ihnen? Und welche nicht?

- Wie hätten Sie es selbst formuliert, auf der Grundlage Ihrer eigenen Werte?
- Nun treten ja immer mehr Menschen aus der Kirche aus: Wie lange werden Sie Ihrer Firmen-Kirche noch treu sein?
- Falls Sie austreten wollen: Welche Alternativen gibt es?

Impact-Tipp

Angenommen, Ihre Klientin versteht sich mit ihrem Chef einfach nicht – und Sie haben den Eindruck, dass beide guten Willens sind, aber eine andere Sprache sprechen: der Chef ist ein Zahlenmensch, Ihre Klientin redet von Gefühlen. Was passiert, wenn Sie ihr diesen Eindruck schildern? Sie wird es hören – und wahrscheinlich schnell vergessen. Zumal sie schon eine ähnliche Idee hatte, ohne Konsequenz.

Doch eine Impact-Übung, ein einprägsames Erlebnis, wird in ihrer Erinnerung haften. Bei einer Stadtführung gibt es tausend Gelegenheiten. Ein Beispiel:

Coach: „Nun möchte ich Sie bitten, etwas Ungewöhnliches zu tun. Es hat einen Bezug zu Ihrem Anliegen, wir sprechen dann gleich darüber. Haben Sie Lust auf ein kleines Spiel?"
Klientin: „Ja, von mir aus."
Coach: „Nur müssen Sie mir versprechen, dass Sie genau nach Anweisung vorgehen. Einverstanden?" (Sie nickt.) „Also, sehen Sie dieses Ehepaar, das gerade das Rathaus fotografiert?"
Klientin: „Sie meinen das chinesische Paar?"
Coach: „Genau. Bitte gehen Sie jetzt zu den beiden und fragen Sie nach, wie Sie zum Hauptbahnhof kommen. Auf Deutsch. Und zwar so lange, bis Sie eine Auskunft bekommen. Bitte bleiben Sie hartnäckig!"

Die Klientin zögert etwas, dann geht sie auf die beiden Chinesen zu: „Entschuldigung, wie komme ich hier zum Hauptbahnhof?" Der Mann antwortet in gebrochenem Englisch, dass er leider kein Deutsch spreche. Die Klientin wiederholt ihre Frage: „Ich möchte wissen, wie ich zum Hauptbahnhof komme." Der Chinese wirft seiner Frau einen hilflosen Blick zu. Die beiden beraten kurz, zucken mit den Schultern und versuchen es noch einmal auf Englisch. Die Klientin, offensichtlich aufgewühlt und peinlich berührt, wirft einen hilflosen Blick zum Coach. Dieser nickt ihr zu, es noch einmal zu versuchen. Die Szene spitzt sich zu ...

Die emotionale Erregung, die in der Klientin entsteht, begünstigt persönliche Veränderung. Danach schlendern Klientin und Coach am Rathaus entlang und analysieren die Szene: Warum hat die Verständigung nicht geklappt? Was hätte passieren müssen, damit sie und die Chinesen sich verstanden hätten? Und welche Parallelen zu der Kommunikation mit ihrem Chef sieht sie? Sicher ist: Nach diesem Erlebnis wird sie nie wieder in wichtiger Angelegenheit mit ihrem Chef sprechen können, ohne an die Chinesen zu denken – und daran, dass man nur verstanden wird, man die richtige Sprache spricht. Also gegenüber ihrem Chef nicht gefühls-, sondern faktenbetont!

Fortsetzung

Meist ist das Stadtführungs-Coaching Teil eines längeren Prozesses. Zum Abschluss kann es effektiv sein, mit der Klientin noch einmal dieselbe Route zu laufen. Und dann können Sie an jeder Sehenswürdigkeit fragen: „Können Sie sich noch erinnern, welche Gedanken Sie hier beim letzten Mal hatten? Und was hat sich seitdem verändert?" So schließt sich der Kreis.

Risiken

Was tun, wenn die Klientin von der Stadt so fasziniert ist, dass sie ihr eigenes Anliegen vergisst? Dann liegt es an Ihnen, immer wieder Fragen zu stellen, die den Fokus lenken von der Außenwelt zur Innenwelt, vom Stadtbild zum Anliegen. Wichtig ist, dass Sie nicht nur der Stadt-, sondern vor allem der Coaching-Führer sind: Ihre Fragen geben den Prozess vor.

Umsetzungs-Plan

Notieren Sie bitte, wann und wie Sie diese Methode einsetzen wollen:

38.

Kurz vorm Abheben: Auf dem Flughafen

Der Flughafen ist ein Ort, wo Menschen nur vorübergehend sind: Sie fliegen zu Zielen, die sie sich ausgesucht haben. Das Gleiche trifft im Coaching zu: Jemand will vom Ist-Zustand zum Soll-Zustand gelangen. Ein Flughafen als Coaching-Ort beflügelt diese Pläne.

Die Idee

Der Flughafen ist ein Umschlagsplatz, eine Startrampe, ein Ort voller Lebendigkeit. Ströme von Menschen wälzen sich vorbei. Wortfetzen in allen Sprachen füllen die Luft. Reiseziele leuchten an Wandtafeln auf, Koffer rollen vorbei, Verspätungen werden durchgesagt. Und Menschen liegen sich in den Armen, mal zum Abschied, mal zum Empfang.

Eines verbindet alle Passagiere: Sie wollen von einem Ort zum nächsten, ihr Leben ist in Bewegung. Die große Überschrift könnte sein: Veränderung. Genau darum geht es im Coaching. Der Flughafen, von dem Ihr Klient startet, ist die aktuelle Situation. Und der, wo er landen will, ist das Ziel.

Nun stellt sich die Frage, welchen Flug er nehmen muss, um sicher anzukommen. Gibt es Direktflüge? Muss er Zwischenlandungen einkalkulieren? Wer stellt eigentlich das Ticket aus? Wie hoch ist der Preis, an welcher Stelle wird er fällig? Und welche Risiken drohen: Kann das Benzin ausgehen? Wer könnte sein Flugzeug entführen? Und mit welchem Fallschirm ist er zur Not ausgestattet?

Solche Parallelen zwischen dem Ort und seinem Anliegen ebnen den Weg zu einem lebendigen Gespräch – zumal ein Flughafen fortwährend neue Impulse fürs Coaching bietet: Jede Durchsage, jede Beobachtung, jeder Satz aus einem fremden Gespräch lassen sich mit dem Klienten verknüpfen. Ein Ort für spannende und spontane Coachings.

Persönliche Voraussetzung

Ein Coaching im Büro lässt sich planen: Die Hauptstraße des Prozesses steht fest, nur die Abzweigungen verlangen Spontaneität. Auf dem Flughafen ist es umgekehrt: Der Coach muss sich spontan auf das Geschehen einlassen: auf Durchsagen, auf Szenen, auf Vorlieben des Klienten. Zum Beispiel springt ein Klient besonders auf die Frage an, wie hoch der Zoll für seine Veränderung ausfällt. Nun will diese Metapher durch Fragen fortgeführt sein, während man die Zollstation beobachtet.

Der Ort

Manchmal ergibt es sich, dass der Coach und der Klient gemeinsam an einen Ort fliegen. Dann beginnt das Coaching im öffentlichen Bereich des Flughafens und wird im Terminal fortgesetzt. Wenn der Flughafen nur der Treffpunkt ist, findet es im öffentlichen Bereich statt. Es bietet sich an, durch den Flughafen zu schlendern, gerne vom Abflugbereich (wo das Coaching beginnt) zur Ankunftshalle (wo das Coaching ausklingt).

Der Zeitbedarf

Für ein Flughafen-Coaching sollten Sie zwei Stunden einkalkulieren. Der Flughafen ist als Coaching-Ort auch deshalb beliebt, weil er für viele Menschen auf dem (Reise-)Weg liegt: Sie sparen sich die Anreise zu einem separaten Coaching-Ort. Aus dieser Not lässt sich beim kreativen Coachen eine Tugend machen.

Die besonderen Chancen

Der Flughafen ist Ihrem Klienten vertraut. Aber nur scheinbar, denn wer hat jemals das Treiben auf einem Flughafen in aller Ruhe angeschaut? Weil die Menschen selbst in Bewegung sind, nehmen sie die Bewegung um sich herum nicht wahr. Beim Flughafen-Coaching wird Ihr Klient lernen, den Flughafen mit neuen Augen zu sehen. Er entdeckt Neues im Alten – das ist auch bei seinem Anliegen gefragt.

Laden Sie ihn durch Ihre Fragen immer wieder ein, Parallelen zu bilden. Zum Beispiel stehen Sie in der Empfangshalle, wo die Passagiere von Angehörigen, Freunden oder Fahrern erwartet werden:

- Wer wird Sie an Ihrem Ziel erwarten?
- Wer freut sich am meisten, wenn Sie dort ankommen?
- Was könnte auf seinem Schildchen stehen?
- Woran werden Sie merken, dass Sie sicher gelandet sind?

- Was unterscheidet Ihren Zielflughafen von Ihrem Startflughafen, sprich Ihrer jetzigen Situation? Usw.

Oder Sie schauen in der Abflughalle zu, wie sich Menschen voneinander verschieden:

- Von wem, von welchen lieben Gewohnheiten oder vertrauen Zuständen, müssen Sie sich verabschieden, um Ihren Zielflughafen zu erreichen?
- Was sagen Sie zum Abschied?
- Was tun Sie, wenn sich eine alte Eigenschaft an Ihnen festklammert und mit ins Flugzeug will?
- Werden – wie hier jetzt gerade bei dieser Frau – auch Tränen fließen?
- Wie gehen Sie damit um?
- Und wer verabschiedet Sie mit leichtem Herzen? Usw.

Nicht jeder Impuls wird auf fruchtbaren Boden fallen: Mit einigen Metaphern wird der Klient mehr, mit anderen weniger anfangen können. Das ist in Ordnung, denn der Flughafen spielt Ihnen im Minutentakt neue Möglichkeiten zu. Gerne können Sie den Klienten auch bitten, sich umzuschauen und selbst Parallelen zu bilden.

Der ständige Wechsel zwischen Metaphern und dem realen Anliegen verleiht den Gedanken eine federnde Leichtigkeit. So können verhärtete Glaubenssätze aufweichen und neue Überzeugungen wachsen.

Die Symbolik

Der Klient fühlt sich als Passagier, der auf dem Sprung zu einem anderen Ort ist. Er kann prüfen, nach welchen Kriterien er seinen Flug und seinen Ankunftsort wählt. Er kann schauen, welches Gepäck und welche Begleitung er für seine Reise braucht. Und er kann sich fragen, wer ihm das Ticket ausgestellt hat und wie hoch der Preis dafür ist. Der Klient ist ein Reisender – und damit offener als ein Angekommener.

Fragen mit Ortsbezug

Übung: Bitte entwickeln Sie Fragen zu drei Flughafen-Themen: Pilot-Sein, Gepäckannahme, Abflugzeiten. Schlagen Sie wieder den Bogen zu einer angestrebten Veränderung des Klienten.

Zum Pilot-Sein:

- Jedes Flugzeug braucht einen Piloten. Wer sitzt bei Ihrem Flug am Steuer?
- Was qualifiziert Sie für das Steuern von Veränderungs-Flügen?
- Wie viele Veränderungs-Flugstunden haben Sie in Ihrem Leben schätzungsweise schon absolviert?
- Welches war der turbulenteste Flug, den Sie dennoch sicher auf die Landebahn gebracht haben?
- Nun gibt es ja den Autopiloten. In welchen Situationen auf dem Weg zu Ihrem Ziel ist es für Sie hilfreich, auf gute Gewohnheiten zurückzugreifen?
- Und wann würden Sie gerne auf Handsteuerung umschalten?
- Wie sieht Ihr Bordpersonal aus, wer kann Sie unterstützen?
- Mal angenommen, der Zielflughafen ist gesperrt: Gibt es ein anderes Ziel in der Nachbarschaft, das für Sie ähnlich attraktiv sein könnte?

Zur Gepäckannahme:

- Schauen Sie sich mal das Gepäck der Menschen an. Denken Sie, die meisten Passagiere reisen mit der richtigen Gepäckmenge – oder schleppen sie zu viel mit?
- Wie viel Gepäck dürfen Sie eigentlich für Ihre Veränderung mitnehmen, wo liegt die Obergrenze?
- Wenn Sie Ihr Gepäck für die Veränderungsreise einmal anschauen, Ihre Gewohnheiten, Ihre Eigenschaften, die Menschen um Sie herum: Was davon könnte überflüssig sein?
- Und welche Gepäckstücke sind besonders wertvoll?
- Was müssen Sie auf dem Weg zur Veränderung immer bei sich haben, wie sieht Ihr Handgepäck aus?
- Wenn Sie Ihr Handgepäck um ein Teil ergänzen dürfen: Was hätten Sie gern, was Sie noch nicht haben?
- Und wie könnten Sie es bekommen?
- Wer durchleuchtet eigentlich Ihr Gepäck – und würde zum Beispiel reklamieren, dass Sie eine neue Eigenschaft mit an Bord nehmen wollen, statt „ganz der Alte" zu sein?
- Wie bekommen Sie dieses Gepäckstück dennoch an Bord?

Zu den Abflugzeiten:

- Wann soll Ihr Veränderungs-Flug eigentlich starten, was steht auf der Tafel?
- Jetzt wird gerade eine Verspätung durchgesagt, daher frage ich mich: Wodurch könnte sich Ihr Veränderungs-Flug verspäten?
- Und was könnten Sie tun, einer solchen Verspätung vorzubeugen?
- Wann genau wollen Sie an Ihrem Ziel sein?
- Was müssen Sie wissen, um die Flugzeit zu berechnen?
- Starker Gegenwind kann Flugzeuge langsamer machen: Was könnte Sie auf Ihrem Weg bremsen?
- Starker Rückenwind macht Flugzeuge schneller: Was könnten Sie dazu beitragen, dass solcher Rückenwind für Sie entsteht?
- Nun spielt die Wetterlage ja auch eine Rolle: Wie schätzen Sie das Klima für Ihre Veränderung ein?
- Gibt es Gewitter – etwa Konflikte – die Sie riskieren oder umfliegen müssen?
- Welche Witterung wäre für Ihren Flug besonders günstig? Und wie können Sie Einfluss darauf nehmen?

Impact-Tipp

Ihr Klient will ins gehobene Management aufsteigen, obwohl er gerade erst ins mittlere Management befördert wurde. Sie haben das Gefühl, er hat diesen Schritt noch nicht ausreichend vorbereitet. Fällt Ihnen eine Impact-Übung mit Flughafen-Bezug ein?

Mein Vorschlag:

Bitten Sie den Klienten, nun vom öffentlichen Bereich des Flughafens zu den Terminals durch die Kontrolle zu spazieren – und zwar ohne Ticket! Laden Sie ihn ein, es hartnäckig zu versuchen. Und zwar mit dem Argument, dass er unbedingt seinen Flieger erreichen müsse.

Völlig klar: Er blitzt ab – und wenn er es mehrfach probiert, droht ihm Ärger. Spätestens jetzt wird er sich zurückziehen und wieder zu Ihnen kommen. Nach diesem Erlebnis wird er leichter erkennen, dass jeder Veränderungsflug vorbereitet sein will. Wie sieht das Ticket aus, das er für seine Beförderung lösen muss? Wer kann es ihm ausstellen? Wie hoch ist der Preis? Und wie lange dauert es realistischerweise, bis er den Flug tatsächlich antreten kann?

Fortsetzung

Der Flughafen ist kein dauerhafter Coaching-Ort (es sei denn, Sie wählen dort ein Café oder einen Konferenzraum), denn er nutzt sich ab. Interessant kann es jedoch sein, das Abschluss-Coaching erneut auf einem Flughafen anzusetzen, diesmal nach Möglichkeit einem anderen, der symbolisch für das Ziel steht (etwa nach dem Wechsel des Arbeitsortes).

Risiken

Ein Flughafen ist voll von Ablenkungen. Der Geräuschpegel ist hoch, Durchsagen quatschen dazwischen, und immer wieder laufen Menschen durchs Bild. Wenn Sie diese Umstände als „Störfaktoren" empfinden, wird es Ihr Klient genauso tun. Besser: Inkorporieren Sie vermeintliche Störungen, wie es auch Hypnotiseure tun – beziehen Sie sie als nützlichen Input in Ihr Coaching ein (Tipps und Aufgaben dazu finden Sie auch in meinem Buch „Die 100 besten Coaching-Übungen", Übung Nr. 20).

Beispiel: Ein Passagier wird per Lautsprecher aufgefordert, an sein Terminal zu kommen, während Sie mit Ihrem Klienten über sein Ziel sprechen. Kurz wird Ihr Gespräch irritiert und unterbrochen. Nun könnten Sie sagen: „Vielleicht gibt es ja auch eine Stimme, die Sie zu Ihrem Terminal ruft und an Ihr Ziel erinnert. Wessen Stimme könnte das sein? In welchen Momenten wäre ein solcher Erinnerungsruf besonders nützlich?"

Übung: Bitte entwickeln Sie drei Ansätze, um folgende Situation zu inkorporieren: Sie sprechen gerade mit dem Klienten über sein Ziel, da springt – direkt vor Ihnen – der Koffer eines Passagiers auf, und der Inhalt ergießt sich über den Boden.

Lösungsvorschlag unter: www.karriereberater-akademie.de, Rubrik „Bücher".

Umsetzungs-Plan

Notieren Sie bitte, wann und wie Sie diese Methode einsetzen wollen:

39.

Natürlich erfolgreich: Beim Waldspaziergang

Wie kamen die großen Dichter auf ihre Ideen? Durch die Natur sind sie spaziert, um jenes Lied zu finden, das in allen Dingen schläft. Dieses Hausmittel für Kreativität funktioniert immer noch. Im Wald, da sind keine Räuber mehr – sondern Coach und Klient.

Die Idee

Die typischen Coaching-Orte gleichen den typischen Konferenz-Orten: Es sind Büros mit Stühlen, mit Tisch, mit gepflegter Langeweile. Über den Köpfen hängt eine Betondecke, kein Himmel. Die Temperatur wird nicht von der Sonne, sondern von der Klimaanlage gemacht. Es riecht nach Putzmitteln und Kaffee, nicht nach Gräsern und Blüten. Und wenn ein Lüftchen weht, ist nicht der Wind am Werk, nur ein Ventilator. Zu allen Jahreszeiten sieht es in der Bürolandschaft gleich aus. Gleich trist!

Geschlossene Räume können zu geschlossenem Denken führen. Ein Kontrastprogramm bietet der Wald: Er ist ein Ort der Fantasie. Hier spielten die Märchen der Kindheit, hier huschten die Feen, öffnete sich der „Sesam"-Felsen, irrten Hänsel und Gretel, wohnten die sieben Zwerge.

Wenn Ihr Klient den Wald betritt, lässt er die Bürowelt hinter sich: Er atmet den frischen Duft von Tannennadeln, Erde und Harz. Die Bäume spenden ihm Schatten und Schutz, er ist sicher vor den Blicken der Welt. Manchmal hämmert ein Specht, ein Hase hoppelt vorbei, ein Reh steht auf einer Lichtung. Und über allem thront der Himmel.

Die Natur hat auf Ihren Klienten einen wohltuenden Effekt: Er, der sich sonst als Mittelpunkt der Welt fühlt, schlüpft in eine Nebenrolle. Klein kommt er sich vor, wenn er sieht, wie hoch die Bäume aufschießen, wie endlos weit sich das Himmelszelt spannt, wie prächtig der glutrote Sonnenball hinter den Bergen verschwindet. Und klein kommt sich nicht nur der Mensch vor, klein erscheinen ihm auch seine

Sorgen und Probleme – dieselben, die im Treibhaus des Büros noch zu irrwitziger Größe zu wachsen schienen.

Dass sich die Wahrnehmung verschiebt, der Geist entspannt und das Gehirn in den Alphazustand schaltet, macht den Waldspaziergang zu einer vorzüglichen Coaching-Gelegenheit.

Persönliche Voraussetzung

Wer vor jeder Maus, die am Wegesrand raschelt, die Flucht ergreift, und jede Ameise, die ihn bekrabbelt, für sein Todesurteil hält, sollte besser im sicheren Büro bleiben ... Dagegen bietet sich der Waldspaziergang für naturliebende Menschen an. Denken Sie an stabiles Schuhwerk und an Mückenspray, falls Sie im Sommer unterwegs sind. Und laden Sie Ihren Klienten ein, in Freizeitkleidung zu erscheinen, wie Sie auch. Regenzeug im Rucksack kann nicht schaden. Den Wald sollten Sie kennen: Man kann sich schnell verlaufen, erst recht bei einem vertieften Gespräch.

Der Ort

Es muss ja nicht gerade der Stadtwald sein, wo die Erholungssucher sich auf die Füße treten und ein Jogger den nächsten jagt. Fahren Sie lieber ein paar Kilometer, um einen ruhigen Wald zu erreichen, wo Sie ausreichend Platz haben. Mein Lieblingswald liegt am Rande Hamburgs, offenbar ist er kaum bekannt: Wenn ich dort mit einem Klienten zwei Stunden laufe, ist die Wahrscheinlichkeit groß, dass wir keinem anderen Menschen begegnen.

Der Zeitbedarf

Bei Waldspaziergängen sind sehr konzentrierte Coachings möglich. Die meisten Termine dauern ein oder zwei Stunden. Dabei sollten Sie auch die Fitness Ihres Klienten (und natürlich Ihre eigene) berücksichtigen: Nicht jeder kann über längere Zeit schmerzfrei laufen. Apropos: Es spricht nichts dagegen, zwischendurch mal auf einer Bank oder einem Baumstamm Platz zu nehmen!

Die besonderen Chancen

Der Wald führt zu einer Dissoziierung: Der Klient schaut auf sich mit großem Abstand, wie von einer Welt in die andere. Der räumliche Abstand führt zu Abstand im Denken. Diese Distanz rückt Dinge gerade, sie erlaubt den Blick aufs Ganze, statt nur auf die Details.

Mit Ihren Fragen können Sie den Abstand immer wieder betonen: „Wenn Sie von hier, aus diesem herrlichen Abendwald – hören Sie den Kuckuck, der gerade ruft? – einmal auf Ihr hektisches Büroleben in der fernen Stadt schauen, wie sehen Sie dann ...?"

Bei einem Coaching-Spaziergang im Wald fällt es Ihrem Klienten leichter, die Größe eines Problems richtig einzuordnen – meist schrumpft es. Es fällt ihm leichter, kleine Krisen von großen Katastrophen zu unterscheiden. Und besonders leicht gelingt es ihm, ein Gefühl für die Stimmigkeit seines Handelns und möglicher Lösungen zu entwickeln – eben weil er sich mit Ihnen in der Natur bewegt und weil in der Natur alles stimmig ist: Jedes kleine Insekt, jeder Grashalm, jeder Tautropfen erfüllen ihren Zweck.

Nichts ist leichter, als im Moloch einer Stadt – umstellt von künstlichen Gebäuden, umgeben von gekünstelten Menschen – sich mit künstlichen Wahrheiten zu belügen, den eigenen Instinkt zu betrügen und fremde Erwartungen zu befriedigen. Aber nichts ist schwerer, als das in einem Wald zu tun! Wer in der Natur ist, wird erinnert an seine eigene Natur, an seine Werte und seinen Lebenszweck.

Leise ist es im Wald, so leise, dass die innere Stimme im eigenen Kopf lauter spricht. Nicht nur die Intuition des Klienten, auch Ihre als Coach wird in der Natur besser funktionieren. Das Berufsleben tritt einen Schritt zurück, das eigentliche Leben wird wieder sichtbar. Wenn Sie dieses Thema interessiert, sollten Sie „Walden" (Anaconda, 2009) lesen, den Erlebnisbericht des US-Schriftstellers Henry David Thoreau, der ab 1845 zwei Jahre im Wald lebte. Das stimmige Leben hat er dabei entdeckt, das unstimmige scharf verurteilt – mit Gedanken, die ihm in der Stille des Waldes kamen und die auf unsere Gegenwart gemünzt sein könnten:

„Die meisten Menschen (...) sind aus lauter Unwissenheit und Irrtum so sehr durch die unnatürliche, überflüssige, grobe Arbeit für das Leben in Anspruch genommen, dass seine feineren Früchte von ihnen nicht gepflückt werden können. Von der anstrengenden Arbeit sind ihre Finger zu plump geworden und zittern zu sehr. Tatsächlich hat der arbeitende Mensch Tag für Tag keine Muße zu einer wahren Integrität; er kann die Zeit nicht aufbringen, die menschlichsten Beziehungen zu den Menschen zu unterhalten; seine Arbeit würde auf dem Markte im Werte sinken, er hat keine Zeit, etwas anderes zu sein als eine Maschine."

Die Symbolik

Der Klient nähert sich nicht nur den Baumwurzeln, sondern auch seinen eigenen Wurzeln: Er kehrt zurück zur Natur. Statt von außen auf die Natur zu blicken, wie ein Pflanzenforscher, taucht er in die Natur ein, wird Teil von ihr. Und in diesem Umfeld der Natürlichkeit wird ihm der Zugang zur eigenen Natur erleichtert.

Fragen mit Ortsbezug

- Nun wachsen ja überall andere Pflanzen, einige am Wegesrand, andere in Lichtungen, wieder andere im tiefen Wald: Welches Umfeld ist für Ihr persönliches Wachstum ideal?
- Angenommen, Sie wären Förster und sollten Ihr eigenes Wachstum fördern: Wie würden Sie Ihr Umfeld verändern?
- Jedes kleine Tierchen erfüllt hier im Wald seinen Zweck, die Ameise genauso wie der Fuchs: Worin sehen Sie den höheren Zweck Ihres (Arbeits-)Lebens?
- Was wäre anders, wenn Sie mehr tun könnten, um diesem höheren Zweck zu dienen?
- Merken Sie, wie schnell man sich hier im Wald verlaufen kann? Wir brauchen laufend ein waches Auge für den Weg. Was werden Sie tun, um den Weg zu Ihrem Ziel ständig im Auge zu behalten?
- Fallen Ihnen vielleicht Wegweiser ein, die Sie sich aufstellen könnten?
- Diese Bäume um uns herum haben ja ungeheuer tief reichende Wurzeln, um sich zu nähren und Wasser zu speichern. Woraus beziehen Sie Ihre Energie?
- Nun gibt es für den Baum gute Phasen, in denen er sich Vorräte anlegt, um Durststrecken zu überbrücken. Aus welchen Zeiten bringen Sie Energievorräte mit?
- Sehen Sie, hier wachsen zwei Bäume ganz dicht nebeneinander – und beide sind deshalb eher mickrig. Gibt es jemanden, der Ihnen Energie wegnimmt, etwa weil er das gleiche Ziel wie Sie anstrebt?
- Was könnten Sie tun, um mehr Abstand zu schaffen, um sich von demjenigen abzuheben?
- Es hat ja seinen Grund, dass Wälder die meisten Stürme unbeschadet überstehen: Ein Baum bietet dem anderen Windschatten. Wer bietet Ihnen Windschatten, wenn mal ein Sturm tobt?
- Wenn ein Baum umfällt, gewinnt er damit neuen Wert: Er kann Tieren als Unterschlupf dienen. Wann sind Sie in der Vergangenheit gescheitert – und es war im Rückblick gut so?
- Welche heimlichen Vorteile könnte es haben, wenn Sie Ihr Ziel nicht erreichen?
- Bert Brecht hat das wunderbare Gedicht „Morgendliche Rede an den Baum Griehn" geschrieben: Darin nimmt er seine Kritik zurück, der

Baum schwanke zu sehr – nachdem Griehn nur durch seine „unerbittliche Nachgiebigkeit“ einen nächtlichen Sturm überstanden hat. Wie sieht es aus mit Ihrer Biegsamkeit – an welchen Stellen sind Sie, wenigstens vorübergehend, zum Nachgeben bereit, um ein Brechen zu verhindern?

- Usw.

Viele Tipps und Anregungen, wie Sie kreative Fragen entwickeln, finden Sie in meinem Buch „Die 500 besten Coaching-Fragen“. Dort zeige ich unter anderem auf, wie Sie die Intuition des Klienten gezielt ansprechen (ab Frage Nr. 93). Zahlreiche Übungen geben Ihnen die Chance, Ihre Fähigkeiten als Fragensteller zu perfektionieren.

Impact-Tipp

Ihr Klient ist Abteilungsleiter und will unbedingt verhindern, dass es in seiner Abteilung immer wieder zu Problemen kommt. Mal zanken sich zwei Mitarbeiter, mal wird einer dauerhaft krank, mal geht ein Projekt daneben. Er ist Perfektionist und kann all das nicht ertragen, zumal es vor seinem Chef ein schlechtes Licht auf ihn wirft.

Übung: Bitte denken Sie sich eine Impact-Übung im Wald aus, die ihm bewusst machen kann: Es wird immer Probleme geben – er kann sie nicht verhindern, nur damit umgehen.

Mein Vorschlag:

Am Wegesrand sprudelt eine kleine Quelle, die sich danach als Bächlein durch den Wald zieht. Der Coach stoppt an dieser Stelle und bittet den Klienten, seine Ärmel hochzukrempeln. Die Aufgabe: „Bitte halten Sie diese Quelle so zu, dass kein Wasser mehr kommt. Versuchen Sie es so lange, bis Sie Erfolg haben.“

Der Klient fährt seinen Arm in die kleine Quelle aus („Oh, das ist aber kalt!“). Das Wasser reicht ihm bis knapp über den Ellbogen. Mit der flachen Hand versucht er, das nachlaufende Wasser im Boden zu halten. Für kurze Zeit scheint ihm das zu gelingen – doch dann deuten kleine Strudel an, dass das Wasser einen neuen Weg gefunden hat. Offensichtlich erhöht er nun den Druck mit seinem Arm – doch das Wasser ist davon nicht zu beeindrucken.

Danach schüttelt er die Wassertropfen von seinem Arm, krempelt das Hemd wieder hoch und wird von Coach gefragt: „Welche Parallelen zwischen diesem Wasser und den Problemen in Ihrer Abteilung könnte es geben?“

Jetzt wird er leichter einsehen: Den ewigen Fluss, ob des Wassers oder der Probleme, wird er nicht anhalten können. Aber wie sich Wasser nutzen lässt, etwa um ein Mühlrad anzutreiben, so lassen sich auch die Probleme nutzen. Im Rahmen einer Reframing-Übung entwickelt der Klient Strategien, wie er künftig produktiver damit umgehen wird.

Fortsetzung

Vieles spricht dafür, dass Sie sich mit Ihrem Klienten immer wieder zu Coaching-Spaziergängen im Wald verabreden. Gerade wenn dazwischen Zeit vergeht und die Jahreszeit wechselt, kann der Wald mit völlig neuen Inspirationen aufwarten. Es reicht schon, dass ein anderes Wetter vorherrscht, etwa Wind statt Flaute, und es entsteht das Gefühl, durch eine neue Welt zu laufen.

Risiken

Coaching-Termine werden mit großem Vorlauf vereinbart. Was tun, wenn es am Coaching-Tag wie aus Gießkannen schüttet? Oder wenn ein Sturm durch den Wald pfeift? Für diesen Fall sollten Sie eine Alternative parat haben. Gibt es ein Waldrestaurant, aus dem sie in die Natur blicken können? Ein solcher naturnaher Ort kann eine ähnliche Atmosphäre erzeugen. Dagegen wäre der Wechsel vom geplanten Waldspaziergang ins Büro eine Dissonanz, unter der das Coaching leiden könnte.

Umsetzungs-Plan

Notieren Sie bitte, wann und wie Sie diese Methode einsetzen wollen:

40.

Aber bitte mit Sahne: Im Café

Cafés sind gemütlich. Plaudern kann man dort, über Gott, die Welt und das Anliegen eines Klienten. Wenn Kaffeeduft die Nase umschmeichelt, entspannende Musik die Stimmung hebt und Kuchen auf der Zunge zergeht, stellen sich gute Ideen ein, wie nebenbei.

Die Idee

Es gibt zwei Möglichkeiten, einen Coaching-Ort zu wählen: Es kann ein privater Ort sein, wo Coach und Klientin für sich sind, etwa ein Büro oder ein Tagungsraum. Oder ein öffentlicher Raum, wo sich auch andere Menschen tummeln, zum Beispiel ein Café, ein Restaurant oder ein Zug (siehe ab Seite 291). Aber ist es überhaupt möglich, ein Coaching in der Öffentlichkeit durchzuführen? Verliert ein solches Gespräch, wenn es unter Zeugen stattfindet, nicht an Intimität und Tiefgang?

Oft ist das Gegenteil der Fall! Hören Sie sich einmal um, wenn Sie in einem Café sitzen: Die Menschen tauschen sich über Intimstes aus, oft vertrauter als unter vier Augen. Tatsächlich sind die meisten Gäste so sehr beschäftigt mit sich und ihren eigenen Gesprächen, dass sie von den Nachbartischen allenfalls Wortfetzen auffangen. Ein öffentlicher Ort kann Menschen öffnen: Ungezwungen und selbstverständlich erzählen sie über Probleme – als wäre es leichter, in einem Chor zu singen (da sind noch viele andere Stimmen im Raum!), als ein Soloprogramm abzuliefern (wie im klassischen Coaching-Raum). Themen, die unter vier Augen peinlich sein könnten, kommen lockerer über die Lippen. Das ungezwungene Umfeld führt zu einem ungezwungenen Gedankenaustausch.

Vor allem hilft das Café, zwischen Coach und Klientin dieselbe Augenhöhe herzustellen: Hier haben wir es nicht mit Gastgeber, also Coach, und Gast, also Klient, zu tun – vielmehr sind beide Gäste eines Cafés. Und ihr Gespräch könnte von außen betrachtet genauso gut das Gespräch zwischen zwei guten Bekannten sein. Diese Natürlichkeit kann die Fortschritte der Klientin erleichtern und beschleunigen.

Persönliche Voraussetzung

Der Coach sollte eine hohe Konzentration mitbringen und es schaffen, zwischen zwei Positionen zu wechseln: der Du-Orientierung, also der Konzentration auf den Klienten – und der Meta-Ebene, also dem Blick auf das Gespräch und die Situation. Nur aus der Meta-Position ist es möglich, die Umgebung in das Gespräch einzubeziehen. Das Café ist mehr als ein Behelf für einen Coaching-Raum – sofern man die Anregungen einbezieht, die während des Gespräches auftauchen.

Der Ort

Ich bevorzuge Cafés, in denen die Tische so weit voneinander entfernt sind, dass man sich mit der Klientin auf einer Gesprächs-Insel fühlt, während rund herum die anderen Gespräche branden. Ebenfalls achte ich darauf, dass die Musik – falls welche im Hintergrund läuft – nicht allzu laut ist. Ein Gespräch in leisem Ton sollte möglich sein. Straßencafés können im Sommer eine gute Wahl sein, zumal die vorüberziehenden Menschen immer wieder Impulse geben.

Der Zeitbedarf

Ein Café eignet sich für Kurztermine von ein bis zwei Stunden, aber auch für längere Sitzungen. Beachten Sie die Öffnungszeiten, denn es wäre peinlich, wenn das Coaching noch vor seinem Ende mit einem sanften Rauswurf aus dem Café endete (einige schließen am frühen Abend).

Die besonderen Chancen

Ein Café steht für Gemütlichkeit. Und in dem Begriff „Gemütlichkeit" steckt das Wort „Mut". Wenn sich ein Klient wohl und sicher fühlt, riskiert er in seinem Denken mehr, als wenn er sich auf dünnem Eis wägt. Die Situation, in einem Café zu sitzen und zu plaudern, ist den meisten Menschen vertraut – was man von einem Vier-Augen-Gespräch in einem Coaching-Raum nicht behaupten kann!

Darum empfiehlt sich ein Café vor allem dann, wenn Sie schon beim Vorkontakt merken, dass die Klientin mit Sorge auf das Gespräch blickt. Wenn schon ein inhaltliches Auswärtsspiel ansteht – wer noch nie gecoacht wurde, betritt Neuland – dann soll es doch ein räumliches Heimspiel sein. Deshalb können Sie die Klientin bitten, ein Café auszusuchen (falls ihr der Gedanke gefällt, das Gespräch dort mit Ihnen zu führen).

Schon zu Beginn der Sitzung werden Sie merken: In einem Café fällt es leicht, mit einer Klientin warm zu werden. Das Geschehen im Raum spielt Vorlagen für Small Talk – und später für Metaphern, die sich auf das Anliegen beziehen.

Zum Beispiel bestellt sich die Klientin Kuchen mit Sahne – worauf der Coach sagt (sofern das gerade passt): „Nun haben Sie ja gerade Apfelkuchen mit Sahne bestellt. Wenn Sie jetzt einmal Ihr Ziel anschauen: Gäbe es noch ein Sahnehäubchen, das Sie ihm gerne hinzufügen würden, um es noch attraktiver zu machen?“

Oder die Kellnerin bringt eine Speise an einen Nachbartisch, wo die Gäste jedoch sagen, sie hätten etwas anderes bestellt. Also zieht sie wieder ab. Und der Coach sagt: „Es war ja wirklich ein schönes Kuchenstück – aber eben nicht das bestellte. Wenn Sie das mal auf Ihre Arbeiten übertragen, von denen Sie ja sagen, dass der Chef sie nicht genug würdigt: Woher wissen Sie eigentlich, dass Sie das Bestellte liefern?“

Ein solches Gespräch kann ein spielerisches, metaphernreiches und vor allem sehr produktives Geplänkel sein. Gut möglich, dass die Klientin darauf besteht, beim nächsten Termin wieder in ein Café zu gehen!

Die Symbolik

Der Aufenthalt in einem Café steht für Entspannung, für lockeres Plauschen, für freie Zeit mit sympathischen Menschen. Vor allem ist der Gast nicht für die Abläufe verantwortlich, sondern kann sich auf den Service verlassen. Diese Haltung sorgt für entspannte Gesichter.

Fragen mit Ortsbezug

Zum Kuchen:

- Nun ist die Karte ja voll mit Kuchen: Nach welchen Kriterien haben Sie Ihr Stück ausgewählt?
- Mal übertragen auf Ihr Ziel: Welche anderen Ziele standen auf Ihrer persönlichen Speisekarte noch zur Wahl?
- Mal angenommen, Sie hätten sich einen Zielkuchen backen können: Welche Zutaten hätten Sie dafür verwendet?
- Beim Kuchen sind ja die Kalorien die Schattenseite. Welche unangenehmen Nebeneffekte könnte Ihr Ziel haben?
- Gegen überflüssige Kalorien hilft Bewegung. Was hilft gegen diese Nebeneffekte?

- Ein Kuchen schmeckt am besten mit einem guten Tee oder Kaffee. Was könnte Ihr Ziel begleiten oder noch attraktiver machen?
- Schauen Sie mal auf die Speisekarte: Hier sind ja schon schöne Bilder von Eisbechern. Welches Bild von Ihrem Ziel würden Sie malen?

Zur Bedienung und dem Servierten:

- Ist ja gar nicht so einfach, diese ganzen Bestellungen im Kopf zu behalten. Was tun Sie, um sich immer wieder an Ihr Ziel zu erinnern?
- Jeder Gast am Tisch will etwas anderes. Wenn Sie Ihr Ziel einmal anschauen: Welche Wünsche anderer Menschen stehen dem entgegen?
- Und welche Wünsche decken sich damit?
- Die Bedienung schafft es gerade, vier Teller zur gleichen Zeit zu balancieren: Wie viele Ihrer Vorsätze können Sie umsetzen, ohne dass Ihnen alles dabei runterfällt?
- Da kommen wieder zuerst die Getränke und dann der Kuchen. Was könnten bei Ihrem Ziel die Getränke sein, also das Vorangehende?
- Ein schönes Eis, dort drüben. Aber wenn man es nicht schnell genug isst, bleibt nur Schmelzflüssigkeit übrig. Bis wann müssen Sie die ersten Schritte zu Ihrem Ziel getan haben, damit die Vorsätze sich nicht auflösen?

Zu den anderen Gästen:

- Die drei Mädchen am Nachbartisch verstehen sich ja prächtig. Angenommen, Sie dürften sich zwei Kolleginnen oder Kollegen an einen Tisch holen: Welche wären das?
- Umgekehrt gefragt: Mit wem aus Ihrer Firma wollten Sie auf keinen Fall in einem Café sitzen?
- Wenn Sie Ihre Kollegen einmal in Gruppen einteilen: Wer sitzt mit wem an einem Tisch?
- Gibt es Tische, die eng zusammen stehen müssten, weil die Kollegen miteinander verbündet sind?
- Und welche Tische wären am weitesten von Ihrem entfernt?
- Was könnten Sie tun, um diesen Abstand zu verkürzen?
- Angenommen, Sie wären alleine hier, Ihr Chef käme jetzt durch die Türe und würde sich zu Ihnen setzen – und Sie im lockeren Ton einladen, ihm einmal alles zu sagen, was Ihnen geschäftlich so auf der Seele liegt. Was würde er zu hören bekommen?

- Da schreit wieder das Baby. So machen das Kinder, wenn sie Bedürfnisse haben. Wie kommunizieren Sie in der Firma, wenn Sie etwas wollen?
- Woher wissen Sie eigentlich, dass Sie dabei gehört werden?

Impact-Tipp

Ihre Klientin hat das Gefühl, von Ihrem Chef ständig übergangen und übersehen zu werden. Nach ihrer Meinung fördert er die männlichen Kollegen, lässt sie aber wie ein Mauerblümchen am Rand stehen. Als Coach kommen Sie zu der Hypothese: Vielleicht hat es ja damit zu tun, dass sie nicht ausreichend auf sich aufmerksam macht.

Übung: Bitte entwickeln Sie eine Impact-Übung fürs Café, die der Klientin ein verfremdetes Spiegelbild ihres Verhaltens anbietet. Beziehen Sie nach Möglichkeit einen weiteren Menschen ein.

Mein Vorschlag:

Ich richte eine Bitte an die Klientin: „Nun möchte ich Sie zu einem kleinen Spiel einladen. Ich bitte Sie, es so ehrgeizig wie möglich zu betreiben – denn es könnte Ihnen für Ihr Anliegen eine wichtige Erkenntnis vermitteln; darüber sprechen wir hinterher. Also: Bitte rufen Sie jetzt die Kellnerin an unseren Tisch. Nur dürfen Sie keinen Ton von sich geben und auch nicht Ihre Arme verwenden. Bitte versuchen Sie es auf andere Weise."

Die Klientin gibt ihr Bestes: Sie schickt funkelnde Blicke durch den Raum – doch die kommen nicht an. Sie nickt eifrig mit dem Kopf – aber wird nicht gesehen. Sie stampft mit ihrem Fuß auf den Boden – doch erntet nur verständnislose Blicke. So sehr sie sich auch bemüht: Die Kellnerin kommt nicht.

Danach bespreche ich mit ihr: Warum hat die Kellnerin sie nicht wahrgenommen? Und welche Parallelen zu Ihrem Chef könnte es geben? Dabei frage ich auch ganz direkt: „Warum sind Sie nicht einfach aufgestanden, zur Bedienung gegangen und haben sie mit an den Tisch gebracht?" Nach der Übung hat sie verstanden, wie wichtig es ist, aktiver zu werden – statt wie ein Mauerblümchen darauf zu warten, dass der Chef sie endlich für eine Beförderung pflückt.

Fortsetzung

Jede Klientin sollte Coachings an beiden Orten kennen: privaten und öffentlichen. Deshalb rate ich dazu, nach einem Einstiegs-Coaching im Café in einen geschlossenen Raum zu wechseln. Am Ende dieses Termins können Sie die Klientin dann entscheiden lassen, was sie beim nächsten Mal bevorzugt: Büro oder Café? Es sei denn, Sie planen eine Methode, die einen privaten Raum erfordert – dann sollten Sie das der Klientin sagen.

Risiken

Wenn am Nachbartisch ein stiller Zeitgenosse sitzt und die Ohren spitzt, kann die Klientin dadurch irritiert sein: Was, wenn es der Bruder ihres Chefs ist? Oder ein ihr unbekannter Mitarbeiter aus der eigenen Firma? Scheuen Sie sich nicht, mit der Klientin den Tisch zu wechseln. Das Café sollte möglichst weit von der Firma entfernt liegen, das erhöht die Wahrscheinlichkeit, ungestört zu sein.

Umsetzungs-Plan

Notieren Sie bitte, wann und wie Sie diese Methode einsetzen wollen:

41.

Karussell & Co.: Auf dem Jahrmarkt

Wo soll es rundgehen, wenn nicht auf einem Jahrmarkt? Kinder kreischen im Karussell, das Riesenrad dreht sich bis in den Himmel, Bude steht neben Bude. Ein Ort, wo die Fantasie regiert, wo viel Außergewöhnliches passiert – und wo sich kreativ coachen lässt.

Die Idee

Kinder lieben Jahrmärkte, denn Unmögliches wird möglich. Hier kann man auf Geister zurasen, in der Geisterbahn. Hier darf man beim Go-Kart-Fahren Unfälle bauen und erntet dafür herzhaftes Lachen, keinen Strafzettel. Man haut den Lukas, isst geröstete Mandeln, treibt genießerisch von Bude zu Bude.

Wer einen Jahrmarkt besucht, will sich für ein paar Stunden aus dem Alltags-Land verabschieden. Er atmet Zirkusluft. Und diese Luft tut auch dem Coaching gut. Denn während Ihr Klient mit Ihnen über den Jahrmarkt schlendert, wird er sekündlich daran erinnert: Er ist nicht in seiner vertrauten Welt, nicht Gefangener seiner vertrauten Probleme. Weil die Umgebung hier spielerisch und kreativ ist, können Sie seinen Spiel- und Erfindungs-Trieb leicht anregen. Weil hier die Gaukler das Sagen haben, können Sie den Gaukler in ihm leicht wecken. Weil hier mehr Mut als beim Sitzen auf dem Bürostuhl erforderlich ist, können Sie seinen Mut leicht aktivieren.

Wenn der Klient an Ihrer Seite mit dem Riesenrad über der Stadt schwebt, überblickt er seine Situation besser als im Alltag. Zur Dissoziierung verhelfen ihm reale Metaphern: „Sie schauen jetzt von oben auf Ihr Leben: Was verändert sich durch diesen Abstand? Welche Zusammenhänge, die Ihnen in der alltäglichen Enge entgehen, fallen Ihnen aus dieser Höhe auf?"

Und wetten, dass ein Gespräch über intrigante Kollegen sogar humorvoll verläuft, wenn Ihr Klient sie den Figuren in der Geisterbahn zuordnet – und sich überlegt, wie er den realen Pappnasen künftig mutiger begegnet.

Persönliche Voraussetzung

Der Coach sollte Jahrmärkte schätzen und sich dort gerne bewegen. Dasselbe gilt für den Klienten. Wenn Sie Karussell fahren, müssen Sie schwindelfrei sein, und im Riesenrad frei von Höhenangst, damit Sie sich ganz dem Klienten widmen können.

Der Ort

Ein großer Jahrmarkt, wie zum Beispiel der „Hamburger Dom", ist fürs Coachen ideal: Hier genießen Sie mit Ihrem Klienten eine hohe Anonymität, weil die Zahl der Besucher groß ist. Zudem ist das Angebot vielfältig und die Lauffläche weit. Abwechslung ist für längere Zeit garantiert, als es auf einem Mini-Jahrmarkt der Fall wäre.

Der Zeitbedarf

Die Reize eines Jahrmarkts nutzen sich schnell ab. Nach ein bis zwei Stunden sollten Sie den Ort wieder verlassen. Ich schließe mit meinen Klienten gerne einen Spaziergang von etwa zehn Minuten an, manchmal zur nächsten U-Bahn-Station oder zum Parkplatz. Dabei – nun in relativer Stille – lassen sich die Erkenntnisse des Jahrmarktsbesuches einordnen.

Die besonderen Chancen

Systemische Wechselwirkungen gelten nicht nur zwischen Menschen, sondern auch zwischen einem Menschen und seinem Aufenthaltsort. Wer den Ort verändert, verändert den Menschen. Der Jahrmarkt erleichtert den Zugang zu jenem Persönlichkeitsanteil, den die Transaktionsanalyse als „kreatives Kind-Ich" bezeichnet. Dagegen wird das Eltern-Ich, die einschränkende Stimme im eigenen Kopf, leiser gedreht. Neigt Ihr Klient im Alltag dazu, seine großen Gedanken zurückzupfeifen („Das schaffst du nie!"), lässt er sie auf dem Jahrmarkt eher gewähren („Warum eigentlich nicht!"). Wenn schon das Riesenrad in den Himmel wächst, warum seine Gedanken dann nicht auch?

Arbeiten Sie mit Symbolik, etwa bei einer Fahrt im Riesenrad: „Stellen Sie sich vor, Ihre Lösungskompetenz und Ihre Kräfte nehmen umso mehr zu, je höher uns dieses Rad dreht. Jetzt sind wir ja erst am Anfang: Welcher nächste Lösungsschritt fällt Ihnen da ein?", „Nun haben wir die Hälfte der Höhe erreicht, Ihre Lösungskompetenz ist auf 50 Prozent gestiegen. Was wagen Sie nun?" Diese Skalierung wird fortgesetzt, bis der Klient ganz oben ist, auf dem Höhepunkt seiner Lösungskompetenz. Eine solche Variante der Skalierung ist extrem wirkungsvoll, weil sie vom körperlichen Erlebnis begleitet wird.

Ebenso können Sie bei einer schnellen Karussell-Fahrt kreative Gedanken anregen: „Nun suchen Sie ja nach einem Kooperationspartner für Ihre Geschäftsidee. Mal angenommen, Ihre Ideen würden immer verrückter, je schneller sich das Karussell dreht. Wer fällt Ihnen dann jetzt ein, kurz vor dem Start?“, „Und auf wen kommen Sie nun, da wir ersten Schwung aufnehmen?“, „Jetzt haben wir die Höchstgeschwindigkeit erreicht, jetzt ist jeder Traum erlaubt: Sagen Sie, wer soll Ihr Geschäftspartner sein?“

Tatsächlich werden Sie beobachten, dass die Kreativität von Vorschlag zu Vorschlag wächst. Natürlich kann es sein, dass der letzte Vorschlag nicht realistisch ist – Bill Gates wird sich kaum als Sponsor gewinnen lassen. Aber mit dem Ansatz dieser Idee, jemanden aus dem Big Business an Bord zu holen, lässt sich weiterarbeiten.

Die Symbolik

Ein Jahrmarkt steht für Abenteuer, für Heiterkeit, für unbeschwerte Kindheitstage. Wer ihn besucht, kann rauslassen, was er sonst für sich behält: sein schrillstes Kreischen, sein hellstes Lachen, seine schrägsten Fantasien. Und überall erwarten ihn Überraschungen – ein Kontrastprogramm zum nüchternen und berechenbaren (Arbeits-)Alltag.

Fragen mit Ortsbezug

Übung: Bitte bereiten Sie je einen Block von Coaching-Fragen zu drei Stationen auf dem Jahrmarkt vor: zum Karussell, zur Schießbude und zum Hau-den-Lukas. Probieren Sie dabei, ständig zwischen Jahrmarkt und Anliegen zu changieren. Schließen Sie diese Arbeit ab, bevor Sie weiterlesen.

Zum Karussell

- Nun hören wir ja schon eine Weile dem Animateur zu, der die Leute mit seinen Ansagen zum Einsteigen verlockt. Was fällt Ihnen an seinem Vorgehen auf?
- Angenommen, Sie würden auch zu einem Megaphon greifen und für Ihr Anliegen in der Firma werben: Was würden Sie rufen? Welche Argumente wären Ihre besten?
- Was haben Sie bislang unternommen, um die Menschen ins Karussell Ihres Projektes zu locken?
- Ein Karussell macht Spaß: Was hat Ihr Projekt den anderen zu bieten?

- Schauen Sie, hier werden alle Fahrgäste angeschnallt: Wie sorgen Sie dafür, dass Ihre Projektmitglieder die nötige Sicherheit empfinden?
- Achten Sie mal darauf: Einige Fahrgäste kreischen laut, andere machen nicht mal „pieps". Wer aus Ihrer Projektgruppe macht sich am lautesten bemerkbar?
- Und wer ist ein ganz leiser Gast des Projektkarussells?
- Was können Sie tun, um die Expertise der Leisen der Gemeinschaft noch besser zugänglich zu machen?
- Hohes Tempo kann Schwindelgefühle erzeugen, nicht nur im Karussell: Wie stellen Sie sicher, dass Ihr Projekt nicht überdreht?
- Die Karussellfahrt ist auf eine bestimmte Zeit begrenzt: Wie lange wird Ihr Projekt benötigen?

Zur Schießbude

- Schauen Sie nur, wie viele Menschen hier das Gewehr anlegen. Welches Ziel nehmen Sie bei unserem Coaching ins Visier?
- Was glauben Sie: Wie klar muss ein Schütze sein Ziel vor Augen haben, um es zu treffen?
- Was könnten Sie tun, um Ihren Blick für Ihr Ziel zu schärfen?
- Schauen Sie noch mal auf die Schützen: Was tun sie, ehe sie abdrücken?
- Jetzt haben Sie von einer hohen Konzentration gesprochen, von einem Anhalten des Atems. Wie könnten Sie sich in einen solchen Zustand versetzen, um Ihr Ziel noch besser anzuvisieren?
- Die Menschen hier schießen mehrfach. Wenn Sie mit Blick auf Ihr Ziel mehrere Schüsse hätten: Welches könnte ein erster sein, dessen Richtung schon mal stimmt?
- Hier wird angezeigt, wenn ein Schütze getroffen hat. Woran würden Sie Ihren Treffer bemerken?
- Und wer außen Ihnen merkte es noch?
- Wie würde es sich auf die Chancen des zweiten Schusses auswirken, wenn Ihr erster getroffen hat?
- Nun erzeugen diese Gewehre ja einen Rückschlag. Wie könnte dieser beim Schuss auf Ihr Ziel aussehen? Und wie wollen Sie sich dagegen wappnen?
- Hier werden die Schützen für Ihre Treffer belohnt, zum Beispiel wie dieser junge Mann dort mit einer Plastikrose. Wie werden Sie sich für Ihre Treffer belohnen?

Zum Hau-den-Lukas

- Schauen Sie mal genau hin: Wovon hängt es nach Ihrer Meinung ab, ob jemand den Hammer mit Erfolg schwingt?
- Jetzt haben Sie gesagt, dass die Fitness eine Rolle spielt. Wie fit sind Sie für Ihr Anliegen?
- Was könnten Sie tun, um noch fitter zu werden – damit Ihr Schlag die maximale Wirkung erzielt?
- Wie haben Sie sich in der Vergangenheit mit Erfolg auf Veränderungen vorbereitet?
- Gerade haben Sie auch gesagt: Es kommt darauf an, dass man den richtigen Punkt trifft. Was müssen Sie beachten, um einen Wirkungstreffer zu erzielen?
- Was können Sie tun, um den Zielpunkt noch schärfer zu sehen?
- Woran merken Sie, dass Sie genau in die Mitte getroffen haben?
- Hier werden die besten Hammerschwinger ja bewundert: Wer würde Sie für Ihren Treffer feiern?
- Inwieweit können Sie die Unterstützung dieser Menschen schon im Vorfeld nutzen?

Impact-Tipp

Übung: Ihr Klient will sich als Unternehmensberater selbstständig machen, eigentlich schon seit mehreren Jahren. Aber weil er täglich bis zu zwölf Stunden als angestellter Unternehmensberater durchs Land tourt, fehlt ihm nach Ihrer Einschätzung die Energie dazu. Diese Erkenntnis wollen Sie ihm durch eine Impact-Übung auf dem Jahrmarkt anbieten. Bitte entwickeln Sie einen Vorschlag.

Mein Vorschlag:

Laden Sie den Klienten ein, sein Glück bei Hau-den-Lukas zu versuchen. Doch ehe er zum Hammer greift, geben Sie ihm eine Regieanweisung: „Nur eine Spielregeln: Sie dürfen den Hammer nicht mit beiden Händen schwingen, sondern nur mit einer. Bitte riskieren Sie dabei nichts – schlagen Sie so, dass Sie sich sicher fühlen." Der Klient greift nach dem Hammer. Doch schon der Versuch, ihn anzuheben, fällt mit einer Hand schwer – er bekommt ihn nur auf halbe Höhe und lässt ihn, in Erwartung des Rückschlages, nur vorsichtig nach unten gleiten. Alles andere als ein Wirkungstreffer!

Beim Weiterbummeln über den Jahrmarkt sagt der Coach: „Nun haben Sie mit nur einer Hand geschlagen. Was war anders, als wenn Sie zwei Hände zur Verfügung gehabt hätten?", „Mit wie vielen Händen holen

Sie eigentlich für Ihre Selbstständigkeit aus?", „Was wäre anders, wenn Sie die zweite Hand hinzunehmen würden?", „Und mit welcher Strategie könnte Ihnen das gelingen?"

Fortsetzung

Das Wort Jahrmarkt hat seinen Sinn: Früher fand er nur einmal im Jahr statt. Seine Attraktion beruht auf seiner Seltenheit. Deshalb sind die Jahrmarkt-Besuche ein einmaliger Vorgang während eines Coaching-Prozesses. Es kommt jedoch vor, dass dieselben Klienten Jahre später mit neuen Anliegen an die Tür klopfen – und wieder einen Jahrmarkt-Besuch vorschlagen.

Risiken

Achten Sie darauf, dass Sie trotz des tosenden Tohuwabohus in Ihrer Rolle bleiben: Coach und nicht nur Besucher eines Jahrmarktes! So nützlich es sein kann, dass Ihr Klient seine Rolle vergisst (und Sie gerade deshalb umso besser erfüllt), so wichtig ist es, dass Sie Ihre Rolle im Kopf behalten. Diese Doppelaufgabe – kindhaft-locker über einen Jahrmarkt zu schlendern und professionell zu coachen – setzt Routine und Könnerschaft voraus.

Umsetzungs-Plan

Notieren Sie bitte, wann und wie Sie diese Methode einsetzen wollen:

42.

Ein feiner Zug: Mit dem ICE zum Ziel

Wird ein Termin knapp, dann ist es für Handeln ...? Höchste Eisenbahn. Wird ein Prozess strukturiert, dann entwickeln wir ...? Einen Fahrplan. Die Bahn fährt sprachlich immer mit beim Coachen. Warum beim Coachen nicht auch mit der Bahn fahren? Ein guter Gedanke!

Die Idee

Es war ein Zufall, der mich auf das Coachen im ICE brachte: Ein gehobener Versandhandels-Manager war ganz verzweifelt, als er mich wissen ließ, er könne den für ihn dringenden Coaching-Termin erst in drei Wochen ansetzen: „Mein Terminkalender ist leider randvoll." Zufällig stellte sich heraus, dass er am Dienstag der kommenden Woche von Hamburg nach Frankfurt musste – dort hatte ich an diesem Tag auch einen Termin. Sofort bot er mir an, dass ich ihn begleiten und auf der Fahrt coachen solle: „Meine Sekretärin bucht uns zwei Plätze in der ersten Klasse."

Und so ergab sich schon am Ausgangsbahnhof ein Coaching-Gespräch, wie ich es zuvor noch selten erlebt hatte (hier ein sehr verkürzter Ausschnitt):

Coach: „Noch steht unser Zug. Woher wissen wir eigentlich, wohin er fährt?"
Klient (verwundert): „Das geht doch aus dem Fahrplan hervor! Und es stand auch draußen angeschrieben."
Coach: „Der Fahrplan ist ein gutes Stichwort: Was steht auf dem Fahrplan für unser Gespräch? Wo starten wir, wo wollen Sie ankommen?"
Klient: „Lassen Sie uns vom Ziel reden: Ich möchte, dass wir die Nummer eins in unserem Marktsegment bleiben. Wir sind ein alt eingesessener Versender. Doch einer dieser Internet-Händler jagt uns gerade einen Kunden nach dem anderen ab."
Coach (emotionalisierend): „Kann man sagen: Die Halle des Ausgangsbahnhofs brennt – dabei war es dort über viele Jahre sehr sicher und sehr gemütlich?"

Klient: „Es brennt noch nicht! Aber da spritzen schon ein paar Funken. Und viele Kollegen aus unserem Management haben es noch nicht bemerkt."
Coach: „Das heißt, da stehen einige auf dem Bahnsteig, ohne die Gefahr zu erkennen. Sollen sie mit in den Zug der anstehenden Reformen steigen?"
Klient: „Natürlich sollen sie das!"
Coach: „Aber sie wollen ja gar nicht verreisen. Sie haben kein Ticket. Warum sollten sie einsteigen?" (...)

Und während der Zug anrollte, die ersten Bahnhöfe erreichte und sich Stück für Stück Frankfurt näherte, griff ich durch meine Fragen immer wieder die aktuelle Lage des Zuges auf, um sie auf das Anliegen des Klienten zu übertragen. Unter anderem sprachen wir von den Zwischenbahnhöfen auf dem Weg zu seinem Ziel, von Hindernissen, durch die er noch Tunnel graben musste, und von Signalen, an denen er erkennen konnte, ob es Zeit zum Bremsen oder zum Weiterfahren war. Unser Gespräch fiel heiter und fantasievoll aus. Am Ende nahm der Klient Ideen mit, die sich in den nächsten Jahren als wertvoll für seine Firma erwiesen.

Als ich einem Kollegen von diesem Coaching berichtete, fragte er sofort: „Hatte der Mann denn keine Sorge, dass andere im Zug mithören? Eine neue Strategie hängt man doch nicht an die große Glocke!" Hier gilt eine ähnliche Erfahrung wie im Café: Wir fühlten uns auf einer Gesprächs-Insel. Die Passagiere um uns herum waren in eigene Gespräche vertieft, lasen in Büchern oder hatten Kopfhörer auf. Außerdem besprachen wir kein persönlich-intimes, sondern ein geschäftliches Thema. Wer regelmäßig ICE fährt, kann jeden Tag ähnliche Gespräche zwischen Reisenden hören. Geschäftsleute sind in dieser Hinsicht wenig gehemmt.

Persönliche Voraussetzung

Idealerweise ergibt die Bahnreise einen Sinn, solange Sie bei einem dreistündigen Coaching nicht eine dreistündige Rückreise hinzuaddieren müssen. Manchmal lässt es sich einrichten, dass man am Zielort einen (Coaching-)Termin vereinbart – oder einen Klienten trifft, der wieder in die andere Richtung reist.

Der Ort

Die Fahrt in einem Bummelzug, der alle zehn Minuten anhält, könnte anstrengend sein – zumal die Menschen hier dichter aufeinander sitzen. Idealerweise wählen Sie für Ihr Coaching einen ICE. Eine Fahrt in der ersten Klasse hat den Vorteil, dass dort mehr Ruhe herrscht – abseits der Morgen- und Abendstunden sind die Waggons oft halb leer. Dagegen bietet die zweite Klasse mehr Lebendigkeit und mehr Ansätze für spontane Impact-Übungen und Metaphern.

Ich bevorzuge es, neben dem Klienten zu sitzen, statt ihm gegenüber (warum, erläutere ich Ihnen später).

Der Zeitbedarf

In der Regel dauert ein Coaching im Zug mindestens zwei Stunden. Aber auch längere Fahrten, bis zu vier Stunden, lassen sich sinnvoll nutzen. Dabei hat es sich bewährt, dem Klienten (und sich selbst) immer wieder Nachdenkpausen zu gönnen. Zum Beispiel können Sie festlegen: Sobald der Zug steht (oder durch einen Tunnel fährt), nehmen wir uns beide eine Denkpause – und kommen danach wieder ins Gespräch. Oft bringt das Schweigen größere Fortschritte als das Sprechen.

Die besonderen Chancen

Ganz egal, welches Anliegen Ihr Klient verfolgt, die Zugfahrt wird Ihnen eine Fülle von Parallelen zuspielen. Das geht los auf dem Bahnsteig: Woher weiß man eigentlich, wo sich der eigene Platz befindet? Die Wagenstands-Anzeige lässt sich auf Firmen und systemische Prozesse übertragen: Als welchen Zug sieht er seine Firma – ICE oder Bummelbahn? Welche Abteilungen hängen als Waggons aneinander? Und welche sind weiter voneinander entfernt? Gibt es Wagen, die – mit Blick auf sein Anliegen – bremsend wirken? Und andere, die – wie kleine Loks – Tempo machen? Wenn man Sitzplätze im Abteilungs-Waggon des Klienten vergeben könnte – wer säße garantiert beieinander? Und wer würde sich weit von ihm entfernt hinsetzen? Angenommen, er müsste die Zugwaggons neu sortieren – was würde er verändern? Wen müsste er zu einem Sitz in seiner Nähe holen, um sein Anliegen voranzubringen?

Ob das Tempo des Zuges – beschleunigt oder bremst er? –, vorüberfliegende Landschaften, beschrankte Bahnübergänge, der Auftritt des Schaffners, eine helfende Hand beim Verstauen eines schweren Koffers: All das lässt sich vortrefflich ins Coaching einbauen. Ebenso die Hauptmetaphern: der Fahrplan, der Ausgangsbahnhof und der Endbahnhof.

Und warum empfehle ich Ihnen, sich neben Ihren Klienten zu setzen, statt ihm gegenüber an einem Vierer-Tisch?

Übung: Bitte spekulieren Sie, wie die Antwort auf diese Frage ausfallen könnte. Versetzen Sie sich dabei in Ihren Klienten und ziehen Sie Parallelen zu ähnlichen Situationen.

Mein Vorschlag:

Erstens würden Nachbarn, die am Vierer-Tisch direkt neben Ihnen sitzen, die Intimität stören – dagegen sind sie auf Zweiersitzen nebeneinander (relativ) für sich. Und zweitens kann es ein Vorteil sein, wenn Sie und Ihr Klient sich nicht fortwährend in die Augen schauen müssen. Dann bleibt dem Klienten nach meiner Erfahrung mehr Energie, die sich nach innen wendet und auf das Anliegen richtet. Der Mut zu längeren Schweigepausen und tieferem Denken wächst. Ähnliches können Sie bei Autofahrten erleben: Nicht selten entwickeln sich zwischen Fahrer und Beifahrer besonders tiefgängige und originelle Gespräche – als wären die Menschen, weil sie optisch nicht auf einander fixiert sind, mehr bei sich.

Die Symbolik

Wer in einem Zug sitzt, ist unterwegs zu einem Ziel seiner Wahl. Er hat ein Ticket gelöst, den Fahrplan studiert und hofft auf eine pünktliche Ankunft. Meist ist die Fahrt eine Zwischenzeit, die nicht in erster Linie der Arbeit, sondern ihm selbst gehört. Und die Augen sind immer offen für alles, was am Fenster vorbeifliegt.

Fragen mit Ortsbezug

Bitte entwickeln Sie je drei Frageblöcke, bezogen auf folgende Themen: Verspätung, Fahrkarte, Zielbahnhof – ehe Sie meine Vorschläge lesen.

Zu Verspätung

- Nun hat unser Zug schon zehn Minuten Verspätung. Wie erklären Sie das?
- Sie haben beschlossen, Ihr Anliegen gerade jetzt anzupacken. Ist das eigentlich ein pünktlicher Start? Oder auch einer mit Verspätung?
- Wie erklären Sie Ihre eigene Verspätung?
- Mit welchen Maßnahmen können Sie sicherstellen, die Zeit auf dem weiteren Weg realistisch zu planen?

- Nun hat man ja schon von Fällen gehört, dass einem Zug schwere Unfälle erspart geblieben sind, weil er zu spät dran war – etwa als Hindernisse auf den Gleisen lagen. Wozu könnte es gut sein, dass Sie erst jetzt starten?
- Manchmal stehen Passagiere auf dem Bahnsteig und beklagen eine Verspätung – dabei geht nur ihre eigene Uhr vor. Wie sicher sind Sie, dass Ihre Uhr richtig geht?
- Was glauben Sie, wie unterscheidet sich Ihre Wahrnehmung der Zeit von der Ihres Chefs (Ihres Kollegen, Ihrer Frau, Ihres Geschäftspartners)?
- Wenn Züge viel zu spät ankommen, gibt die Bahn den Reisenden einen Teil des Ticketpreises zurück. Wann müssten Sie Ihr Ziel spätestens erreicht haben, damit sich der Preis für Sie noch gelohnt hat?

Zur Fahrkarte

- Wir beide haben ja für unsere Fahrkarten bezahlt. Welcher Preis, welche Mühe oder welches Opfer, wird anfallen, wenn Sie Ihr Ziel erreichen wollen?
- Nun gibt es gelegentlich Sparpreise: Welche Möglichkeiten sehen Sie, die Kosten zu reduzieren?
- Und wie steht es mit Bahncard-Punkten? Welchen Bonus haben Sie sich in der Vergangenheit durch Ihre Kontakte oder Leistungen erworben, der jetzt hilfreich sein könnte?
- Wer stellt die Fahrkarte zu Ihrem Ziel eigentlich aus? Und woher weiß derjenige, wohin Ihre Veränderungsreise gehen soll?
- Und wer kontrolliert die Fahrkarte?
- Wie oft, denken Sie, wäre es sinnvoll, bei der Fahrt zum Ziel zu prüfen, ob Sie noch im richtigen Zug sitzen und folglich auf dem richtigen Weg sind?
- Wer könnte Sie dort als persönlicher Schaffner unterstützen – und Ihnen bei Abweichungen helfen, wieder auf Kurs zu kommen?
- Woran würden Sie merken, dass Sie erster Klasse reisen?
- Und was können Sie dazu beitragen?
- Und woran fiele Ihnen auf, dass Sie nur in der Holzklasse sitzen?
- Hätte das vielleicht sogar Vorteile?

Zum Zielbahnhof

- Nun haben Sie für Ihr Coaching ja ein Ziel gewählt – so wie wir für unseren Zug einen Zielbahnhof. Lassen Sie mich einmal Mäuschen spielen: Welche anderen Zielbahnhöfe standen zur Auswahl?
- Angenommen, Sie würden aus dem Zug früher aussteigen – was wäre dann noch nicht erreicht?
- Und was hätten Sie auch dann schon geschafft?
- Angenommen, Sie würden noch länger in Ihrem Zug bleiben und über Ihr Ziel hinausfahren – was würde Sie dort Reizvolles erwarten?
- Und was spräche aus Ihrer Sicht gegen eine solche Weiterfahrt?
- Nun passiert es ja immer wieder, dass Reisende an ihrem Zielbahnhof vorbeifahren. Woran werden Sie erkennen, dass Sie angekommen sind?
- Gibt es jemanden, der es ebenfalls merken wird – sozusagen einen aufmerksamen Schaffner, der Sie aus dem Zug begleitet?

Impact-Tipp

Ihr Klient ist zwischen mehreren Zielen hin und hergerissen. Einerseits strebt er eine Führungsposition an. Andererseits will er seine Fachposition nicht missen. Deshalb scheinen Ihnen die Schritte, die er plant, höchst halbherzig.

Übung: Bitte entwickeln Sie ein Impact-Erlebnis für die Zugfahrt, das dem Klienten seine Ausgangssituation spürbar macht und deutlicher erkennen lässt.

Mein Vorschlag:

Stehen Sie auf, klappen Sie Ihre Armlehne nach oben und bitten Sie Ihren Klienten, jetzt einmal eine ganz besondere Sitzposition einzunehmen: zwischen den beiden Sitzen. Laden Sie ihn ein, dort möglichst lange sitzen zu bleiben und genau auf sein Körpergefühl zu achten. Warten Sie ruhig fünf Minuten ab, ehe Sie ihn erlösen. Dann besprechen Sie, wie er sich zwischen den beiden Sitzen gefühlt hat: „Das war hart. Das war unbequem. Das war nichts Halbes und nichts Ganzes."

Nun bitten Sie ihn, das Erlebte auf sein Anliegen zu übertragen. Welcher der beiden Sitze steht für eine Fachposition? Und welcher für eine Führungsrolle? Wohin zieht es ihn mehr? Und was passiert, wenn er sich nicht zwischen den beiden entscheidet?

Fortsetzung

Es gibt Klienten, die regelmäßig darum bitten, im Zug gecoacht zu werden. Dann sollten Sie Ihre Reisepläne mit denen der Klienten abstimmen. Und wenn Sie Übungen planen, die sich im Zug nicht durchführen lassen? Dann können Sie – nach kürzeren Zugfahrten – eine zweite Halbzeit in einem angemieteten Coaching-Raum in der Nähe des Zielbahnhofes ansetzen.

Risiken

Wenn Ihr Klient geschäftlich verreist, ist es gut möglich, dass ihn andere während der Reise erreichen wollen. Und wenn das Coaching am laufenden Band von Handygesprächen zerhackt wird, verliert es an Wirksamkeit. Darum: Legen Sie schon beim Ansetzen des Termins fest, dass das Handy während des Coachings ausgeschaltet sein muss. Falls der Klient telefonieren muss, sollten die Pausen dafür vorher festgelegt sein – dann kann er agieren, statt auf Telefonate zu reagieren (was mehr Energie kostet).

Umsetzungs-Plan

Notieren Sie bitte, wann und wie Sie diese Methode einsetzen wollen:

43.

Lust auf Literatur: Spaziergang mit Goethe

Wissen Sie, wo die Weisheit wohnt? Sie wohnt in Büchern! Die größten Erkenntnisse der Menschheit, die intelligentesten Gedanken: Jeder kann darauf zurückgreifen. Ein Schatz, den Menschen viel zu selten für ihr eigenes Leben nutzen. Regen Sie dazu an!

Die Idee

Große Romane handeln von großen Themen: Liebe und Tod, Krieg und Frieden, Führung und Verführung, Wahrheit und Lüge, Hoffen und Irren. Jedes Gefühl, das uns heute bewegt, ist in der Literatur behandelt worden. Die Zusammenhänge haben sich verändert, die Grundfragen sind geblieben. Worum es Ihrem Klienten auch immer geht: Es wird Romane und Erzählungen geben, aus denen er wertvolle Erkenntnisse für sein Anliegen ziehen kann – ein „Coaching" durch die hellsten Köpfe der Weltgeschichte, ob Goethe oder Schiller, Shakespeare oder Dante, Kleist oder Fontane.

Ihre Aufgabe als Coach: Locken Sie die Literatur aus dem Regal, damit sie ins Leben des Klienten greift.

Hier ein Beispiel: Vor ein paar Jahren hatte ich es mit einem Manager zu tun, der über demotivierte Mitarbeiter klagte. Zugleich erzählte er, sein Vorzimmer sei so organisiert, dass Mitarbeiter möglichst selten zu ihm vordrangen. Meist hielt ihm seine Chefsekretärin „den Rücken frei" (so seine Worte). Und mehrfach fiel mir auf, dass er über seine Mitarbeiter in ihrer Funktion sprach („unser Controller", „unser Produktionsleiter"), ohne auf den Namen zu kommen.

Hatte er die Bedürfnisse seiner Mitarbeiter im Blick? Nahm er sie als Individuen wahr? War ihm bewusst, wie sein Verhalten bei ihnen ankommen konnte? Statt nur über diese Fragen zu sprechen, wollte ich sie durch Literatur veranschaulichen. Er war begeisterter Leser, das wusste ich aus dem Vorgespräch. Also fragte ich mich: Welches Buch könnte ihm helfen, sein eigene Rolle kritischer zu beleuchten?

Mir fiel der Roman „Seelenarbeit“ von Martin Walser ein. Er handelt von einem Chef und seinem Mitarbeiter: Der unscheinbare Chauffeur Xaver Zürn löscht seine Identität geradezu aus, indem er sich zum Ebenbild dessen schwindelt, was sein Chef Dr. Gleitze erwartet. Dieses Lügengebäude lastet tonnenschwer auf seiner Seele, erdrückt ihn fast. Zürn will sich befreien durch ein klärendes Gespräch. Doch der Weg zwischen Chef und Mitarbeiter, obgleich nur vom Fahrersitz zur Rückbank, scheint weiter als eine Reise zum Mond; sein Chef hört immerzu Opern per Kopfhörer.

Ich lud den Klienten ein, „Seelenarbeit“ zu lesen: „Achten Sie bitte darauf, was Sie besser machen können als der dort beschriebene Chef!“ Für den nächsten Termin vereinbarten wir einen mittäglichen „Literatur-Spaziergang“ durch einen schattigen Park. Dieses gemütliche Schlendern bringt die Gedanken zum Fließen und ermöglicht unverkrampfte Gespräche.

Zunächst fragte ich den Klienten, warum Dr. Gleitze so wenig von den Nöten seines Mitarbeiters wisse. Der Manager – geübter Literatur-Deuter – analysierte messerscharf die psychologischen Hintergründe („egomanisches Verhalten“) und Führungsfehler („Monolog statt Dialog“). Schon dabei zog er Parallelen zu eigenen Fehlern. Die Lektüre hatte ihm Abstand zum Alltag verschafft, ihn läutern lassen. Sein Ohr für die Bedürfnisse der Mitarbeiter war gewachsen.

Persönliche Voraussetzung

Niemand erwartet von Ihnen ein Germanistik-Studium, aber über eine Grundkenntnis der (zumindest deutschen) Belletristik sollten Sie verfügen. Wenn es Ihnen wie mir geht, Sie endlos viele Romane gelesen, aber auch endlos viele wieder vergessen haben, kann ein Literaturlexikon zur Auffrischung beitragen. Eine solche Übersicht – oder ein Spaziergang am eigenen Bücherregal entlang – hilft dabei, dass Sie sich mit Literaturempfehlungen präparieren können. Dabei ist Fantasie erlaubt. Nehmen Sie Goethes Werther (ein junger Mann begehrt eine verheiratete Frau, bekommt sie nicht und erschießt sich am Ende): Dieser Briefroman kann für jeden lehrreich sein, der etwas Begehrtes – auch eine angestrebte Position – (noch) nicht bekommt. Wie wählt man das Objekt seiner Begierde aus? Wie geht man damit um, wenn es nicht zu bekommen ist? Und welche Konsequenzen empfehlen sich?

Übung: Bitte fertigen Sie eine Liste Ihrer Lieblingsromane an und notieren Sie dahinter, für welche Anliegen sie sich verwenden ließen. Denken Sie dabei an reale Fälle, die Sie schon bearbeitet haben – oder

Anliegen, die Sie selbst beschäftigen oder Ihnen im Freundeskreis zu Ohren gekommen sind.

Fünf Beispiele für große Romane und passende Anliegen finden Sie im Bonusmaterial zu diesem Buch (unter: www.karriereberater-akademie.de, Rubrik „Bücher").

Der Ort

Ob ein romantischer Park oder ein schattiger Wald, ein Spazierweg am Fluss oder eine ruhige Altstadt: Wählen Sie für den Literaturspaziergang Orte, die schön, inspirierend und arm an Ablenkung sind. Besonders originell: ein Ort mit Bezug zum Buch. Wenn Sie beispielsweise über Bölls „Anekdote zur Senkung der Arbeitsmoral" sprechen (siehe unten) und dabei durch einen Fischerhafen schlendern, hat das besonderen Charme und beflügelt die Kreativität.

Der Zeitbedarf

Coaching durch Literatur-Spaziergänge ist nichts für Kurzatmige! Zwei Stunden brauchen Sie mindestens, um mit Ihrem Klienten seine Lektüre-Erlebnisse zu besprechen und auf seine Situation zu übertragen. Dabei kann es zu wichtigen Werte-Diskussionen kommen. Kalkulieren Sie eine Zeitreserve von etwa 30 Minuten ein, um sauber abschließen zu können.

Die besonderen Chancen

Jeder Mensch ist feinfühlig. Jeder Mensch verfügt über eine Intuition, die seinen Verstand übertrifft, eine Moral, die Richtiges von Unrichtigem unterscheidet, und eine Weisheit, die ihn (sein) törichtes Verhalten erkennen lässt. Aber im Alltag werden diese feinen Saiten viel zu selten angeschlagen. Der Autopilot bestimmt den Kurs, die feinen Schwingungen dringen nicht durch.

Greift ein Mensch jedoch zu einem Buch und liest dort Gedanken von großer Weisheit, lässt das diese inneren Saiten immer lauter schwingen. Der häufigste Grund, warum ein Mensch ein Buch mag: Der Autor hat ausgesprochen, was der Leser empfindet. Dieser sieht in dem Buch seine eigenen Sehnsüchte und Gefühle, Potenziale und Chancen gespiegelt – oft klarer als jemals zuvor.

Ein Coaching mit Literatur kann diese ungenutzten Potenziale, diese innere Weisheit eines Menschen wachrufen und verstärken. Wenn der

Klient das Buch als indirekten Ratgeber sieht, kann er die Erkenntnisse auf sein Leben übertragen – und sogar mit dem Schriftsteller in Dialog treten, sofern Sie diese Brücke durch Fragen bauen.

Zum Beispiel habe ich einen überarbeiteten Außendienstler die „Anekdote zur Senkung der Arbeitsmoral" von Böll lesen lassen, das ist eine Kurzgeschichte (solche kürzeren Texte empfehlen sich für Menschen, die grundsätzlich gerne lesen, aber kaum Bücher). Die Handlung: In einem südlichen Hafen döst ein Fischer mittags in der Sonne, bis ein Tourist vorbeikommt. Dieser animiert den Fischer, doch den ganzen Tag auf Fischfang zu gehen. Dann könne er reich werden, sich eine ganze Flotte zulegen und eines Tages sorglos in der Sonne dösen. Worauf der Fischer meint, das tue er doch jetzt schon ...

Bei unserem Literatur-Spaziergang kam es in etwa zu folgendem Dialog:

Coach: „Inwieweit hat diese Geschichte etwas mit Ihnen zu tun?"
Klient: „Ich hatte Ihnen ja gesagt, dass ich nur noch fünf Jahre mit Volldampf arbeiten will, um dann langsamer zu machen. Der Fischer macht schon jetzt langsam. Und es geht ihm gut dabei."
Coach: „Wie gefällt Ihnen das?"
Klient: „Eigentlich ganz gut! Nur hat dieser Fischer keinen Chef, der ihm im Nacken sitzt. Das ist bei mir anders."
Coach: „Angenommen, Heinrich Böll, der kluge Autor, könnte Ihnen ein paar Tipps geben. Was würde er wohl sagen?"
Klient (grübelt): „Er würde sagen, ich soll mich nicht kaputtarbeiten. Er würde sagen: ‚Wer weiß, ob du in fünf Jahren überhaupt noch gesund bist. Wenn du umfällst, ist es deinem Chef egal!'"
Coach: „Inwieweit wäre da was dran?"
Klient: „Das ist viel dran! Ich bin in Sorge um meine Gesundheit. Mein Arzt hat mir auch schon ins Gewissen geredet."
Coach: „Angenommen, Heinrich Böll hätte nicht über einen Fischer geschrieben, sondern über Sie als Außendienst-Mitarbeiter. Wie könnte die ‚Anekdote zur Arbeitsmoral' in Ihrem Fall ein Happy End nehmen?"
(...)

Der Außendienstler war schon längst zu der Erkenntnis gekommen, dass er es mit dem Arbeiten übertreibt. Diese Einsicht hatte ihn ins Coaching gebracht. Doch erst die intensive Beschäftigung mit Bölls Geschichte führte dazu, dass er sein Arbeitspensum massiv reduzierte. Die Literatur hatte seiner inneren Weisheit zum Sieg verholfen.

Die Symbolik

Jedes Buch ist die Tür zu einer Welt – einer Welt, die spannender, abenteuerlicher, verrückter als die normale ist. Wer Bücher liest, lädt die Fantasie ein, malt sich Orte und Figuren aus, gestaltet das Buch mit. Jeder Leser sieht eigene Bilder. Er ist nicht Konsument, sondern Schöpfer einer neuen Welt. Eine gute Voraussetzung, um auch Erkenntnisse für das eigene Leben zu gewinnen und dieses zu verändern.

Fragen mit Literaturbezug

- Wenn Sie eine große Überschrift finden müssten: Wovon handelt der Roman (oder: die Kurzgeschichte)?
- Und wenn Sie Ihr eigenes Anliegen überschreiben müssten – wie fiele dann die Überschrift aus?
- Wenn Sie den Protagonisten einmal anschauen: In welcher Hinsicht ist er Ihnen ähnlich?
- Und inwieweit unterscheiden Sie sich von ihm?
- Wenn Sie ihm mitten im Roman etwas Nützliches zurufen könnten, einen Tipp: Was wäre das?
- Und angenommen, die klügste Figur des Buches – welche ist das für Sie? – würde Ihre aktuelle Situation von außen mit viel Weisheit betrachten: Was würde sie Ihnen raten?
- Welches sind die Schlüsselpassagen des Romans, wo nimmt die Handlung eine (überraschende) Wendung?
- Und wenn Sie auf Ihre eigene Geschichte schauen, die Sie ins Coaching geführt hat: Welche Schlüsselmomente gab es dort?
- Nun geht die Handlung in Ihrer Geschichte ja weiter: Welche Schlüsselpassagen würden Sie dort gerne geschrieben sehen, um das Blatt zu wenden?
- Welche Figuren, neben dem Protagonisten, sind in dem Roman die wichtigsten?
- Wer ist der Antagonist, der Gegenspieler, bei Ihrem Anliegen?
- Und welche Menschen spielen eine Nebenrolle?
- Welche Figuren des Romans bewundern Sie – und wofür?
- Was täten diese Figuren wohl, wenn sie jetzt an Ihrer Stelle wären?
- Welches ist für Sie die wichtigste Erkenntnis aus dem Roman?
- Wenn es Ihre Aufgabe wäre, daraus drei konkrete Handlungen für sich abzuleiten – welche könnten das sein?
- Angenommen, der Autor des Romans würde Ihre Geschichte zu Ende schreiben – und zwar so, dass sie sehr zu Ihrem Vorteil ausgeht: Wie ginge die Handlung dann weiter?

Impact-Tipp

Ihr Klient klagt, wie schwer es ihm falle, seine Gewohnheiten umzustellen. Bitten Sie ihn nun, mit einem Kugelschreiber den Text des Romans so umzuschreiben, dass sich der Protagonist (in einer bestimmten Passage) klüger verhält. Meist wird er sich scheuen, in das Buch zu schreiben. Oder er wird damit anfangen, aber den Eindruck gewinnen, er käme gegen den vorhandenen Text nicht an.

Dann können Sie fragen: „Inwieweit sind Sie bereit, das bisherige Drehbuch Ihres Lebens umzuschreiben?", „Welche Passagen halten sich dort am hartnäckigsten?", „Welche Regieanweisung bräuchten Sie, um etwas Neues zu tun?" Auf diesem Weg kann er begreifen, dass es ein hohes Maß an Energie und Aufmerksamkeit braucht, ein festgefahrenes Verhalten zu verändern.

Fortsetzung

In den meisten Fällen ist der Literatur-Spaziergang ein einmaliger Ausflug. Natürlich können (und sollten) Sie bei späteren Terminen den Roman immer wieder ansprechen, weil er eine Klammer um das Anliegen bilden kann. Aber gesonderte Literatur-Spaziergänge finden in der Regel nicht mehr statt – eher Coaching-Spaziergänge im Wald (siehe Seite 273 ff.).

Risiken

Ein ganzes Buch lesen? Auch noch bis zum nächsten Termin? Das kann sich für Klienten wie eine Strafarbeit anfühlen. Daher sollten Sie sicherstellen, dass der Klient sich für die Aufgabe wirklich begeistert (etwa weil er ein passionierter Leser ist). Für alle, die wenig Zeit zum Lesen haben, kommen auch Kurzgeschichten in Frage. Wer keinen Bezug zu Literatur hat, ist kein Kandidat für diese Form des Coachings.

Umsetzungs-Plan

Notieren Sie bitte, wann und wie Sie diese Methode einsetzen wollen:

44.

Mit Löwenmut: Unterwegs im Zoo

Wir sprechen von „Löwenmut", wenn ein Mensch etwas wagt. Wer clever agiert, gilt als „schlauer Fuchs". Und den Marktführer nennen wir „Platzhirsch". Tiere helfen uns, die Welt deutlicher zu sehen. Darum gibt es Fabeln. Ein Coaching im Zoo profitiert davon.

Die Idee

Warum sind Tierfabeln so populär? Warum ist es ein hungriger Fuchs, und nicht ein Mensch, der so tut, als wollte er die Trauben, die zu hoch für ihn hängen, gar nicht haben? Weil Wahrheiten über die menschliche Natur süßer schmecken, wenn wir sie ins Tierreich verschieben. Dieser Kunstgriff versetzt uns in die Perspektive des klugen Beobachters: Wir analysieren das Handeln der Tiere. Lehren lassen sich schamfrei ziehen.

Von Tieren können wir lernen, auch über die Fabeln hinaus: Wäre jemals ein Mensch geflogen, ohne das Vorbild der Vögel? Wäre jemals einer getaucht, ohne das Vorbild der Fische? Jedes Eichhörnchen, das sich einen Vorrat für den Winter anlegt, kann unser Lehrmeister sein. Jeder Vogel, der im Herbst nach Süden zieht, gibt damit einen indirekten Tipp.

Solche Lehren lassen sich bei einem Coaching im Zoo erschließen. Während Sie mit Ihrem Klienten an Freilichtgehegen und Käfigen, Aquarien und Terrarien, entlangschlendern, stoßen Sie immer wieder auf neue Tiere. Und jedes von ihnen, ob Vogel oder Fisch, ob Löwe oder Elefant, lässt sich einbeziehen – damit der Klient das Auge für seine Situation schärft, die Charaktere besser einordnet und kreativer über Lösungen nachdenkt.

Einfache Fragen können zu komplexen Erkenntnissen führen, zum Beispiel: „Angenommen, Sie wären dieser prächtige Löwe hier: Welche Tat würden Sie dann wagen, die Ihnen im Moment noch schwerfällt?" Oder: „Wenn wir schon bei den Wölfen sind: Wie sehen in Ihrer Firma eigentlich die Rudel aus? Und wer sind die Anführer?" Oder: „Sie haben

Ihren Chef als aggressiv beschrieben – das gilt ja auch für diese Krokodile, aber noch dösen sie ganz friedlich in der Sonne. Was muss geschehen, damit Ihr Chef zuschnappt? Oder, umgekehrt: Wie müssen Sie sich verhalten, damit er friedlich bleibt?"

Wenn Sie solche Fragen sinnvoll in Ihr Coaching integrieren, wird der Spaziergang durch den Zoo für Ihren Klienten zu einem erkenntnisreichen Ausflug, bei dem er sich auf jede neue Tierart – und damit jede neue Erkenntnis – freut.

Persönliche Voraussetzung

Beschäftigen Sie sich vor Ihrem Zoobesuch mit Tierfabeln – vielleicht können Sie auf die eine oder andere zurückgreifen. Und es ist hilfreich, wenn Sie sich ein wenig auskennen mit den wichtigsten Tierarten, ihrer Lebensweise und ihrem Sozialverhalten. Außerdem sollten Sie Zoobesuche schätzen. Wer sich die ganze Zeit am Geruch stört oder die gefangenen Tiere bedauert, sollte andere Coaching-Wege gehen.

Der Ort

Am ergiebigsten ist ein klassischer Zoo, wo sich viele Tierarten finden, auch exotische; wo Sie mit dem Klienten eine große Runde drehen und von der Über-Wasser- in die Unter-Wasser-Welt spazieren können. Aber auch ein kleinerer Tierpark, ein Streichelzoo oder ein großes Aquarium kann seinen Zweck erfüllen.

Der Zeitbedarf

Die Zeit vergeht bei einem Coaching im Zoo schnell, Sie sollten mit zwei bis vier Stunden kalkulieren. Falls Sie einen halben Tag bleiben, liegt es nahe, zwischendurch ein Restaurant zu besuchen – nicht nur zum Essen, sondern auch, um das Geschehene zu verarbeiten und einzuordnen.

Die besonderen Chancen

Die Theaterlehre kennt zwei große Schulen: hier das aristotelische Theater – es animiert das Publikum, selbstvergessen zuzuschauen und sich in die Darsteller zu versetzen; dort das epische Theater, das die Zuschauer bewusst daran erinnert: Das Dargestellte ist nicht die Wirklichkeit, es ist nur eine Möglichkeit von ihr, durch Menschenhand veränderbar.

Katharsis hier, Verfremdung dort: Zwischen diesen beiden Effekten springt ein Coaching im Zoo hin und her. Auf der einen Seite soll Ihr Klient sich in Tiere versetzen, in den schlauen Fuchs, den mutigen Löwen, das scheue Murmeltier. Auf der anderen Seite muss er sich immer wieder erinnern: Er ist kein Tier, vom Instinkt gesteuert, sondern Mensch. Nicht seine Natur, sondern sein Geist bestimmt das Handeln. Was er tut und lässt, entscheidet er selbst. Jeden Tag kann er ein neues Verhalten wählen.

Lassen Sie Ihre Fragen zwischen diesen beiden Polen wandern. Zielen Sie auf die Identifikation genauso wie auf den Unterschied – dann kann Ihr Klient eine größere Denkfläche abgrasen. Zum Beispiel sprechen Sie vor dem Fuchsgehege die Parabel vom Fuchs und den Weintrauben an und übertragen sie dann auf die Zielsetzung des Klienten:

Coach: „Wenn Sie sich einmal als Fuchs sehen: Welche Ziele gibt es, die so hoch hängen, dass Sie verächtlich sagen: Will ich gar nicht!“
Klient: „Ich habe früher mal davon geträumt, in die USA auszuwandern und dort eine große Karriere zu machen. Heute sage ich: Wer will schon zu den durchgeknallten Amis …“
Coach: „Der Fuchs hätte die Trauben geschnappt, wären sie erreichbar gewesen. Was würden Sie tun, wenn Sie wüssten: In den USA läuft mit Ihrer Karriere alles am Schnürchen?“
Klient: „Dann würde ich es noch einmal überlegen. Aber wer kann mir das schon garantieren?“
Coach: „Jetzt haben wir über die Parallelen zu dem Fuchs gesprochen. Aber Sie sind kein Fuchs, Sie haben ein größeres Gehirn und müssen sich nichts vormachen. Wie wollen Sie mit diesen Trauben – ich nenne sie mal: den US-Trauben – künftig umgehen?“ (…)

Dieser (stark verkürzte) Dialog zeigt, wie Sie die Identifikation des Klienten erzeugen und unterbrechen können. Das Stilmittel der Verfremdung geht auf Bertolt Brecht zurück: Wenn der Zuschauer dazu neigt, sich selbst vor lauter Handlung zu vergessen, entert in Brechts Stücken ein Sprecher oder ein Chor die Bühne – und kommentiert das Geschehen.

Brechts Theorie dazu ist für „Coaching-Regisseure“ höchst nützlich: Er will, dass der Zuschauer „die Menschen auf der Bühne nicht mehr als ganz unveränderbare, unbeeinflussbare, ihrem Schicksal hilflos ausgelieferte (*Wesen*) dargestellt sieht. Er (*der Zuschauer*) sieht: dieser Mensch ist so und so, weil die Verhältnisse so und so sind. Und die Verhältnisse sind so und so, weil der Mensch so und so ist. Er ist aber nicht nur so vorstellbar, wie er ist, sondern auch anders, so wie er sein könnte, und auch die Verhältnisse sind anders vorstellbar, als sie sind". So beschreibt es Brecht in seinen „Schriften zum Theater" (Suhrkamp).

Das ist großes (Coaching-)Kino! Treffender lässt sich über Veränderungsprozesse und systemische Wechselwirkungen nicht schreiben!

Die Symbolik

Der Zoo steht für Exotik – als wäre er ein Fenster zu anderen Kontinenten, wo sich Papageien, Elefanten, Krokodile und Nashörner tummeln. Und niemand geht mit größeren Augen durch den Zoo als junge Menschen. Das staunende Kind wird in jedem Zoobesucher geweckt, so alt er auch sein mag. Und ein wenig Grusel schwingt mit, denn gewissen Raubtieren wollte man nicht in freier Wildbahn begegnen.

Fragen mit Ortsbezug

Zu den Löwen:

- Warum, denken Sie, gilt der Löwe als König der Tiere?
- Wenn Sie den Löwen einmal über seinen Charakter wahrnehmen: Welche Eigenschaften würden Sie ihm zuschreiben?
- Sie sprachen unter anderem von Mut, Kraft, Entschlossenheit und Souveränität: Was davon können Sie auch an sich entdecken?
- Nun hängt Ihr Verhalten ja immer auch von der Situation ab: Gab es Situationen oder auch nur Augenblicke, in denen Sie sich löwenhafter als in anderen verhalten haben?
- Und wann waren Sie das Gegenteil eines Löwen, ein scheues Kätzlein?
- In welcher Rolle haben Sie sich wohler gefühlt?
- Mit Blick auf die Zukunft: Wann wollen Sie Kätzlein sein – und wann Löwe?
- Nun wird der Löwe von den anderen Tieren ja respektiert: Was tun Sie, um sich solchen Respekt unter den Menschen um sich herum zu verschaffen?
- Der Löwe macht durch sein Brüllen auf sich aufmerksam. Wie bekommen die anderen Ihre Ambitionen mit?
- Jedes Löwenrudel hat ein Revier, das gegen Eindringlinge verteidigt wird. Was tun Sie, um Ihr Revier zu verteidigen?
- Nun sind Sie ja kein Löwe und werden niemanden in Stücke reißen. Was genau unterscheidet Sie von einem Raubtier?
- In welchen Punkten können Sie Ihr Verhalten wählen, während der Löwe nur das Programm der Natur abspielt?

Bezug zu einer Löwen-Fabel (erst eine Fabel einführen, dann Fragen stellen):

Da wir gerade bei den Löwen sind: Kennen Sie die Fabel vom Löwen und der Maus? Das Mäuslein spaziert über den schlafenden Löwen, der wacht wütend auf. Mit seiner Tatze packt er die Maus, um sie zu zerreißen. Sie piepst: „Schenk mir das Leben und ich werde mich revanchieren!" Aber wie, fragt sich der Löwe, sollte ihm diese kleine Maus je helfen? Und doch lässt er sie frei. Ein paar Tage später gerät der Löwe in ein Netz und ist hilflos gefangen. Bis die Maus kommt – und ihn freiknabbert.

- Wenn Sie die Geschichte auf sich übertragen: Was fällt Ihnen dazu ein?
- Welchen Menschen haben Sie schon mal einen großen Gefallen getan, wie der Löwe der Maus?
- Was könnten diese Menschen mit Blick auf Ihr Ziel für Sie tun?
- Nun hätte es für den Löwen ja nützlich sein können, mehrere Mäuse als Freunde zu haben. Was könnten Sie künftig tun, um mehr Verbündete zu gewinnen?
- In einer anderen Situation hätte die Maus dem Löwen nicht helfen können – da hätte er ein anderes Tier als Verbündeten gebraucht. Was können Sie tun, um Verbündete mit möglichst unterschiedlichem Hintergrund zu akquirieren?
- Nun hat der Löwe ja nichts weiter getan, als die Maus nicht zu töten. Welche Gefühle, glauben Sie, würden Sie mit Gnaden-Akten gegenüber anderen Menschen wecken?
- Aha, dann ist Gnade kaum das richtige Mittel, um Verbündete zu gewinnen. Menschen sind anders als Löwen. Welches Mittel ist es dann?
- Erzählen Sie einmal, wie Sie Ihre bisherigen Verbündeten im Menschenreich gewonnen haben.
- Und nun bitte ich Sie, drei Menschen zu nennen, die Sie gerne als Verbündete hätten. Und dann dürfen Sie aus der Perspektive derjenigen folgenden Satz vollenden: „Er könnte mich für sich gewinnen, indem er ..."

Bezug zu Pflegern und Tierhaltung

- Was, denken Sie, müssen die Tierpfleger in diesem Zoo beachten?
- Sie sagen also: Jedes Tier ist anders, auch was das Futter angeht. Wie unterscheiden Sie sich eigentlich von den Menschentieren um Sie herum?

- Angenommen, Sie hätten Ihren eigenen Pfleger: Auf welche Ihrer Vorlieben sollte er Rücksicht nehmen, damit Sie sich bei der Arbeit (und auch sonst) wohlfühlen?
- Und wenn ich Ihre Kollegen fragen könnte, welche Ihrer Eigenschaften sie gerne auch hätten – wie fielen wohl die Antworten aus?
- Damit die Tiere wachsen, bekommen sie das richtige Futter. Woran wächst Ihr Geist?
- Führen Sie sich genug von diesem Futter zu?
- Wie könnten Sie mehr davon bekommen?
- Nun schätzt der Elefant eine hohe Temperatur, während der Pinguin es kalt liebt. Welches zwischenmenschliche Klima haben Sie bei der Arbeit am liebsten um sich herum?
- Was können Sie tun, um das Klima in Ihrem Sinne zu beeinflussen?
- Wenn es allzu heiß ist, ziehen sich Tiere in den Schatten zurück. Wie sehen Ihre Rückzugsorte aus?

Impact-Tipp

Ihr Klient sucht nach Ressourcen und Lösungen – aber er findet sie nicht. Allmählich breitet sich Resignation aus: Er scheint seinem Problem ausgeliefert.

Übung: Bitte entwickeln Sie speziell für den Zoo eine Impact-Idee, die dem Klienten klarmacht: Nicht alles, was vorhanden ist, lässt sich auf den ersten Blick sehen – näheres Hinschauen lohnt!

Mein Vorschlag:

Treten Sie mit Ihrem Klienten vor ein Gehege, in dem kein Tier zu sehen ist – etwa bei den Wölfen. Fragen Sie ihn, ob er ein Tier sehen könne. Wenn er verneint, geben Sie ihm folgende Aufgabe: Er soll zum nächsten Tierpfleger gehen und sich beschweren: „Da sind ja gar keine Wölfe im Gehege!“

Dieser Gang fällt ihm schwer, denn er ahnt schon, wie töricht sein Handeln ist. Und der Tierpfleger erklärt ihm dann genau, wo sich die Wölfe gerade versteckt halten. Kleinlaut kehrt er zurück.

Danach besprechen Sie mit Ihrem Klienten, was die Wölfe und seine Ressourcen oder Lösungsideen gemeinsam haben können. Lassen Sie ihn nach den Verstecken forschen! Bis ans Ende seiner Tage wird er an das vermeintlich leere Gehege denken, wenn er mal wieder meint, es fehle ihm an persönlichen Qualitäten oder Lösungen.

Fortsetzung

Normalerweise bleibt es bei einem einmaligen Zoobesuch. Später greifen Sie auf Erkenntnisse und Metaphern zurück. Zum Beispiel könnten die „US-Trauben“ ein stehender Begriff werden, wann immer es für den Klienten darum geht, seine Ziele bewusst und mutig zu planen.

Risiken

Etliche Klienten waren Jahrzehnte nicht mehr im Zoo. Die Tatsache, dass sie ihn als Coaching-Ort freudig annehmen, heißt noch nicht, dass sie sich beim stundenlangen Betrachten von Tieren wohlfühlen. Wenn Sie Überdruss verspüren, können Sie das Coaching bei einem Spaziergang oder im Café fortführen. Und erkunden Sie vor dem Zoo-Besuch, ob jemand Phobien hat. Es wäre dem Coaching-Erfolg nicht zuträglich, mit einem Schlangen-Phobiker stundenlang vorm Terrarium zu verharren ...

Umsetzungs-Plan

Notieren Sie bitte, wann und wie Sie diese Methode einsetzen wollen:

45.

Sandkasten frei: Auf dem Spielplatz

Wo lassen sich die schönsten Sandburgen bauen? Die rasantesten Rutschfahrten unternehmen? Auf dem Spielplatz. Wer seine Klientin hier coacht, kann sie leicht dazu bringen, mit dem interessantesten aller Partner zu spielen: ihren Gedanken.

Die Idee

Kein Erwachsener schafft es, einen Spielplatz zu betreten, ohne sich an das Kind zu erinnern, das er einmal war – damals, als er noch Plätzchen aus Sand formte, sich mit der Schaukel in die Wolken schwang und so lange das Karussell drehte, bis die Luftschlösser in seinem Kopf so real schienen wie der knirschende Sand unter seinen Sohlen.

Ein Spielplatz ist ein Ort voller Träume und Hoffnungen. Hier treffen sich die Astronauten von morgen, die Hollywood-Schauspieler, die Superstars, nach denen Deutschland noch gar nicht sucht. Und während im Kindergarten und in der Schule schon Regeln gelten, gilt hier noch das Pippi-Langstrumpf-Motto: „Ich mach mir die Welt, wie sie mir gefällt!“

Dass die Fantasie wächst und die Zweifel schrumpfen, diese Erfahrung können Sie bei Coachings auf Spielplätzen machen. Es reicht schon, dass Sie sich mit Ihrer Klientin auf eine Bank am Rande des Platzes setzen. Lassen Sie ihre Gedanken zurück in die Kindheit reisen, zurück zu den großen Plänen und Idealen, die sie einmal hatte. Und Sie dürfen sicher sein: Wenn sie mit diesem Maßstab misst, sieht sie ihre Situation, ihre Ziele und ihre Ressourcen klarer. Zumal das spielerische Umfeld dazu einlädt, mit Gedanken und Möglichkeiten zu jonglieren, als wären es bunte Spielbälle.

Und all die Geräte und Spielzeuge lassen sich mit Fragen verknüpfen: der Sandkasten mit den Träumen, die jemand formen will; die Wippe mit dem Gleichgewicht, nach dem er sucht; die Schaukel mit dem Schwung, den er für eine Veränderung nehmen muss. Und außerdem sind da ja noch die Kinder: Wer ihnen beim Spielen zuschaut, kann viel für sich lernen.

Persönliche Voraussetzung

In der Regel fühlt man sich auf einem Spielplatz wohler, wenn man nicht wie zu einem Staatsempfang gekleidet ist. Schlagen Sie Ihrer Klientin vor, sich in formloser Kleidung zu treffen. Wer sich auf Spielplätzen auskennt, als Mutter oder Vater, ist im Vorteil: Es fällt ihm leichter, schon im Vorfeld mögliche Punkte zum Anknüpfen an das Coaching-Thema zu finden.

Der Ort

Große Spielplätze sind besonders geeignet. Hier können sich zwei Erwachsene am Rand des Platzes unterhalten, ohne sich als Fremdkörper zu fühlen (was auf kleinen Spielplätzen der Fall sein könnte). Falls es einen Abenteuerspielplatz in Ihrer Nähe gibt, kann die Fahrt dorthin lohnen: Je spannender der Ort, desto spannender oft die Gedanken.

Der Zeitbedarf

Beim Spielen vergeht die Zeit wie im Fluge! Das gilt auch bei Coachings auf dem Spielplatz: Selten kommt man mit einer Stunde aus. Besser ist es, den Termin auf 1,5 bis zwei Stunden anzusetzen. Wenn Sie planen, die Spielgeräte aktiv in Ihr Coaching einzubeziehen, haben Sie am Vormittag und am Abend die besten Voraussetzungen; dann ist der Spielplatz nicht so belebt.

Die besonderen Chancen

Locken Sie die kreativen Anteile Ihrer Klientin ans Licht: die kindliche Freude an Gedankenspielen, den Stolz auf die eigene Leistung, die Hoffnung auf künftige Erfolge und Abenteuer. Ein Spielplatz erlaubt dem Denken, die Ketten der Nüchternheit zu sprengen und über die Stränge zu schlagen. Indem Sie mit Ihren Fragen immer wieder den Spielplatz einbeziehen, halten Sie das Denken der Klientin im Spiele-Modus.

Erkundigen Sie sich zum Beispiel, welches Spielgerät ihr als Kind das liebste war. Wenn sie nun auf das Karussell verweist, können Sie ihr Anliegen damit verknüpfen: „Beim Karussell mussten Sie sich ja mit dem Fuß abstoßen, wieder und wieder, um Fahrt aufzunehmen. Wie könnten Sie sich jetzt abstoßen, um Fahrt für Ihr Ziel aufzunehmen?", „Woran würden Sie merken, dass Sie an Geschwindigkeit gewinnen?", „Ab welchem Punkt würde sich Ihr Karussell ganz von alleine drehen?", „Und wie könnten Sie verhindern, dass Ihnen schwindlig wird, zum Beispiel vor lauter Erfolg?"

Ein solches Gespräch ist an Anschaulichkeit nicht zu überbieten, wenn Sie dabei auf ein kreisendes Karussell blicken – oder Ihre Klientin bitten, es selbst in Schwung zu bringen und dabei zu erzählen (Impact-Ansatz).

Und wann immer Sie mehr Klarheit schaffen wollen, profitieren Ihre Fragen davon, wenn Sie Kinder einbeziehen: „Angenommen, Sie müssten Ihre Situation im Büro diesem kleinen Jungen dort drüben – ich schätze ihn auf sechs Jahre – erklären: Wie könnten Sie das in ganz einfachen Worten tun?“ Oder: „Nun haben Sie das Verhältnis zu Ihrem Chef sehr komplex charakterisiert. Angenommen, dieses kleine Mädchen dort drüben hätte es an Ihrer Stelle in einem Satz gesagt: Wie hätte der lauten können?“

Die Symbolik

Ein Spielplatz steht für Unbeschwertheit. Wer hier spielt, muss nicht effektiv, sondern darf ganz er selbst sein. Das wichtigste Spielzeug von allen ist die Fantasie, sie macht es möglich, aus Sand die schönsten Träume zu formen – und das Karussell als Insel im Ozean zu sehen. Dieser (Frei-)Geist kann ein Coaching inspirieren.

Fragen mit Ortsbezug

Übung: Bitte entwickeln Sie Frageblöcke zu folgenden Spielgeräten: Wippe und Sandkasten. Achten Sie darauf, die Leichtigkeit des Spielplatzes als Gegengewicht zur Schwere des Anliegens einzusetzen. Lesen Sie meine Fragen erst danach.

Zur Wippe:

- Schauen Sie dort, die beiden Kinder auf der Wippe: Was müssen sie tun, um ins Gleichgewicht zu kommen?
- Wenn Sie Ihr Leben einmal anschauen: Was liegt auf der einen Seite der Wippe, der Spannung? Und was auf der anderen, der Entspannung?
- In welchen Momenten steht die Wippe so, wie Sie es wünschen?
- Woran merken Sie das?
- Und wie erkennen es andere?
- Was tragen Sie zu diesem Gleichgewicht bei?
- Und wann kippt die Wippe in eine unerwünschte Richtung – wie bei diesem kleinen Mädchen dort, das jetzt strampelt und nicht mehr nach unten kommt?

- Was können Sie tun, um auf dieser Seite nachzulegen?
- Welcher Mensch, der hinter Ihnen steht, könnte an dieser Seite ziehen, um Ihrer Entspannung zusätzliches Gewicht zu verleihen?

Zum Sandkasten:

- Was, glauben Sie, macht den Sandkasten für Kinder so beliebt – obwohl alles, was sie erschaffen, danach ganz schnell wieder zu Sand zerfällt?
- Wenn Sie Pläne für sich entwerfen: Wie groß ist Ihr Mut, dabei Sandburgen zu bauen?
- Welchen Vorteil hätte es, so spielerisch mit Plänen umzugehen?
- Nun haben Kinder ja oft Formen, mit denen sie arbeiten. Mit welchen Formen, nach welchen Gewohnheiten und Mustern, entwickeln Sie Ihre Ziele?
- Wenn Sie sich eine neue Form wünschen könnten: Was würde diese von den alten unterscheiden?
- Oft basteln mehrere Kinder an einer Burg, wie jetzt auch dort drüben: Wer bastelt mit Ihnen an Ihren Visionen?
- Wen würden Sie als helfende Hand bezeichnen?
- Und wen als störende Hand?
- Was könnten Sie unternehmen, damit Ihre Vision beständiger als die Sandburg ist?
- Kinder sind stolz auf das, was sie erbauen: Mit wem wollen Sie Ihre Vision teilen?
- Und inwieweit können diese Menschen dazu beitragen, dass Sie den Plan verwirklichen?

Impact-Tipp

Übung: Ihre Klientin, eine Controllerin, hat sich schon seit Monaten nicht mehr mit ihren Freundinnen getroffen. Immer stehen Abschlüsse an, immer muss sie Zahlen liefern, immer fühlt sie sich im Rückstand. Doch das Arbeiten unter Hochdruck macht sie unkonzentriert: Einen Großteil der Zeit benötigt sie dazu, eigene Fehler auszubügeln.

Überlegen Sie eine Impact-Übung auf dem Spielplatz, die ihr diese Zusammenhänge vergegenwärtigen kann.

Mein Vorschlag:

Der Coach lädt die Klientin ein, die Schaukel zu benutzen. Er fordert sie auf: „Tun Sie alles, um einen Überschlag zu schaffen! Wenn Sie merken, dass es schwierig wird: Legen Sie neue Kräfte nach, schwingen Sie noch höher!" Die Klientin schaukelt sich auf beachtliche Höhen, doch der Überschlag gelingt ihr natürlich nicht. Je länger sie es versucht, desto weniger steigt ihre Schaukel nach oben. Schließlich hält sie erschöpft an.

Der Coach lässt sie darüber nachdenken, was passiert, wenn man die Grenzen der eigenen Kraft überschreitet: Die Effektivität nimmt nicht zu, sondern wird immer geringer – wie sie am Ende beim Schaukeln immer mehr nachließ, während sie sich zugleich mehr angestrengt hat.

Fortsetzung

Der Spielplatz ist der richtige Ort, wenn Fantasie gefragt ist, etwa beim Entwickeln von Lösungsvorschlägen – das sind ein, maximal zwei Termine. Dagegen gibt es für ein Coaching, das den Praxistransfer festlegt, bessere Orte; ein Spielplatz wäre hierfür zu unverbindlich.

Risiken

Es kann passieren, dass aus dem nächsten Kindergarten eine johlende Truppe von Kleinkindern ausschwärmt, den Lärmpegel eines Fußballstadions entwickelt und hinter Ihnen und der Klientin Verstecken spielt. Dann können Sie einen Spaziergang einlegen, bis der Spielplatz sich wieder beruhigt hat. Oder Sie machen die Not zur Tugend und nutzen eine solche Invasion für das Coaching: Je mehr auf dem Spielplatz passiert, desto mehr daran können Sie im Gespräch aufgreifen – auch falls es um Gruppendynamik oder Führung geht.

Umsetzungs-Plan

Notieren Sie bitte, wann und wie Sie diese Methode einsetzen wollen:

2. Marketing-Ideen: „Mit Fantasie im Geschäft!"

Wie kommt es eigentlich, dass einige Coachs in Aufträgen schwimmen, während bei vielen anderen Flaute herrscht? Die Antwort hat mit der Qualität des Marketings zu tun: Nur wer die Menschen wissen lässt, was er Besonderes bietet, wird besonders häufig gebucht. Der Markt bietet viele Chancen, denn die meisten Kollegen arbeiten wie Hausärzte: Sie tragen den weißen Kittel des Allgemein-Coachs, sie heben sich nicht ab von anderen. Wie Sie aus dieser Masse herausragen, Schlagzeilen machen, sich durch ein Buch positionieren und ein sehr gefragter Coach werden können: Davon handelt dieses Kapitel.

Zeichnung 8: Wer sich von anderen Coachs abhebt, fantasievolles Marketing betreibt und als Experte ins Rampenlicht tritt – der zieht die Klienten an und macht am Coaching-Markt das Rennen.

46. Experte gefragt: Wie Sie als Coach die Nummer eins werden: Die Geschichte, wie ich einst durch Spezialisierung in die Coaching-Bundesliga aufgestiegen bin – und wie es Ihnen heute auch gelingen kann.

47. Das große Los: Der Weg auf die Titelseite: Wie Sie eine Kooperation mit einer Zeitung einfädeln, dabei groß herauskommen, eine Kundendatei aufbauen und viele Klienten gewinnen.

48. Aufhänger gesucht: Wie Sie als Experte ins Rampenlicht rücken: Eine Anleitung, wie Sie Ihr Spezialthema mit Top-Nachrichten verknüpfen und als Coach ein bundesweit gefragter Interview-Partner werden.

49. Pfiffiger Vortrag: Die Rede über das Coaching: Wie Sie als Speaker an einem Abend eine Stange Geld verdienen, Ihr Coaching-Angebot populär machen und Aufträge für die nächsten Monate an Land ziehen.

50. Erfolgsautor: Die klügsten Schritte zum eigenen Buch: Warum es die beste Idee Ihres Lebens sein könnte, ein eigenes Buch zu schreiben – und wie Sie die richtige Titelzeile und den Weg zu einem Verlag finden.

46.

Experte gefragt: Wie Sie als Coach die Nummer eins werden

Es war eine verrückte Idee! Anfang der 2000er-Jahre beschloss ich, meinen Job als Führungskraft an den Nagel zu hängen und mich als Coach selbstständig zu machen. Doch der Markt, auf den ich stieß, glich einem ausverkauften Fußballstadion: Ich sah keinen Platz mehr! Je länger ich recherchierte, desto mehr kam ich zu der Überzeugung, dass es in Deutschland mehr Coachs als Klienten gab.

Nicht nur einen Schritt waren mir die Kollegen voraus, sondern Kilometer! Etliche Coachs hatten sich bereits einen Namen gemacht. Sie kamen in Zeitungsartikeln vor (ich war beeindruckt!). Sie hatten Bücher geschrieben (ich war tiefer beeindruckt!). Und sie boten sogar Ausbildungsgänge für Coachs an (ich fiel auf die Knie!).

Ein kleines Licht war ich, mein Name unbekannt, meine Erfahrung begrenzt. Alles, was ich mitbrachte, war der Glaube an mein Können: Hatte ich es nicht schon als Führungskraft geschafft, aus Mitarbeitern verborgene Talente zu kitzeln? Gabe es nicht viele Freunde, die mit ihren Anliegen zu mir kamen – und stets zufrieden gingen? Und galt ich nicht schon für einen kleinen Kreis als Coaching-„Geheimtipp"?

VIP-Logen schon vergeben

Und doch waren die VIP-Logen im Coaching-Stadion vergeben; ich wäre schon froh gewesen, noch einen Stehplatz zu ergattern. Wenn mir damals jemand gesagt hätte: „Du wirst bald in Anfragen schwimmen" – den Vogel hätte ich ihm gezeigt! Wenn er gesagt hätte: „Du bekommst als Coach eine eigene Kolumne in der ZEIT und schreibst Bestseller" – für verrückt hätte ich ihn erklärt! Und wenn er behauptet hätte: „Du wirst einer der bekanntesten Coachs im deutschsprachigen Raum" – ich hätte ihn endgültig in die Zwangsjacke gepresst!

Nun sind rund 15 Jahre vergangen, und all das, was ich nie für möglich gehalten hätte, ist wahr geworden. Und was mir gelungen ist, kann auch Ihnen gelingen. Es gibt einen Schlüssel, der Ihnen die Tür zum Markt öffnen kann: Spezialisieren Sie sich! Die entscheidende Frage, die ich mir damals gestellt habe (und die Sie sich heute stellen sollten):

„Warum sollten die Leute gerade mich als Coach buchen – und nicht jemanden, der schon viel bekannter und erfahrener ist?"

Wer argumentiert, er coache besonders gut, läuft ins Leere: Die Qualität fällt erst ins Gewicht, wenn Sie bereits gebucht sind. Aber vorher müssen sich die Leute für Sie entscheiden. Und dazu müssen Sie ihnen Gründe liefern! Ich habe damals meine Fantasie angeregt und über andere Branchen nachgedacht: Wie ist das bei den Ärzten? Nach welchen Kriterien entscheide ich, zu welchem ich gehe? Klar, das Vertrauen ist wichtig. Meinem Hausarzt, den ich seit Jahre kenne, würde niemand so schnell den Rang ablaufen.

Aber was tat ich, wenn ich Zahnschmerzen hatte? Ich ging zum Zahnarzt! Was tat ich, wenn ich mir die Schulter auskugelte? Ich ging zum Orthopäden. Was tat ich, wenn mein Herz mich foppte? Ich ging zum Kardiologen.

Von Zahnärzten lernen

Zu diesen Fachärzten hatte ich keine Beziehung; ich kannte nur ihren Eintrag im Branchenbuch. Dass ich sie meinem Hausarzt vorzog, lag an ihrer Expertise. Sie hatten sich auf ein Fach spezialisiert, in das mein Anliegen fiel. Wer Zahnschmerzen hat, fühlt sich bei einem Zahnarzt in den besten Händen, logisch.

Ließ sich dieses Prinzip nicht auf den Coaching-Markt übertragen? Ich schaute mich erneut um: Wie hatten sich die Kollegen positioniert? Das Stadion war voll mit Allgemein-Coachs! Alle trugen den gleichen weißen Kittel, waren kaum zu unterscheiden. Als Zielgruppe nannten sie „Fach- und Führungskräfte". Und die Themen glichen einem Gemischtwaren-Laden: ein bisschen Führung, ein bisschen Verhandlung, ein bisschen Bewerbung, ein bisschen Kommunikation.

Allgemein-Coachs sind wie Allgemein-Mediziner: Der Kunde geht zu ihnen, wenn sich sein Anliegen nicht näher eingrenzen lässt. Und natürlich geht er zu den großen Namen der Branche. Das ist der Grund, warum einige Coachs auf überfüllte Terminkalender blicken – während die meisten Einsteiger unter akutem Klienten-Mangel leiden.

Damals kam mir die Einsicht: Wer in einem vollen Markt durchstarten will, darf nicht der Allgemein-Coach Nummer 5.074 im weißen Kittel sein. Vielmehr brauchen Sie bunte Kleider, sprich ein spezielles Thema oder eine besondere Zielgruppe, durch die Sie sich abheben – wie der Zahnarzt vom Allgemeinmediziner!

Aber was, wenn auch der Markt für Zahnärzte überfüllt ist? Bei meiner Suche nach einem Spezialfeld stellte ich fest: Es gab schon Dutzende Bewerbungs-, Rhetorik- und Vertriebscoachs! Hier hat der Einsteiger ebenfalls schlechte Karten, weil er sein Rennen aus der letzten Reihe startet.

Starten aus der Pole-Position

Warum nicht umgekehrt? Warum nicht aus der Pole-Position starten? Ein Gedanke ebnet Ihnen den Weg:

> Worauf müssten Sie sich spezialisieren, um von sich behaupten zu können „Ich bin der erste XXX-Coach im deutschsprachigen Raum!"? In welchem Segment des Marktes könnten Sie sich als Nummer eins etablieren?

Dabei sollten Sie nicht wie ein Marktforscher ans Werk gehen und ein Thema nur deshalb besetzen, weil dort eine Lücke ist. Vielmehr muss es ein Thema sein, das zu Ihnen und Ihren bisherigen Erfahrungen wie ein Maßanzug passt. Ich definierte damals zwei Voraussetzungen:

1. Das Thema sollte mir am Herzen liegen, sich mit meinen Werten und Erfahrungen decken. Ich wollte hinter dem, was ich tat, als ganze Persönlichkeit stehen und meine Erfahrungen nutzen können.

2. Das Thema sollte nicht nur an der Oberfläche spielen, sondern mit der Persönlichkeit eines Menschen zu tun haben – und ihm Chancen zur Entwicklung verschaffen.

Tagelang wühlte ich in meinem Gedächtnis: Welche Situationen hatte ich als Führungskraft erlebt, für die ein Coaching hilfreich gewesen wäre? Schließlich kam mir eine Idee: Ich erinnerte mich an Gehaltsverhandlungen, die ich als Vorgesetzter geführt hatte. Oft war mir aufgefallen, wie schwer sich die Mitarbeiter taten. Einige waren so nervös, dass ihnen ihre Argumente entfielen. Andere wirkten unentschlossen und sprachen in Konjunktiven. Und wieder andere kamen wie Verbal-Erpresser rüber. Nur selten nutzte einer die Gehaltsverhandlung als Bühne, auf der er seine Leistung mit Tusch präsentierte – und holte das Optimum heraus.

Anstelle der Tüchtigen setzten sich Selbstverkäufer durch. Das schien mir ein spannendes Beratungsfeld – zumal es mit zwei meiner Lieblingsthemen verbunden war: der Gerechtigkeit (jeder soll bekommen, was er verdient hat) und der persönlichen Weiterentwicklung (jeder soll werden, was er sein kann). Zum guten Verhandeln braucht es nicht nur Rhetorik, sondern eine hohes Maß an Selbstkenntnis.

Verhandlungscoachs gab es schon einige. Aber keiner hatte sich auf die Gehaltsverhandlung spezialisiert. Dieses Feld lag brach. Also wagte ich es: Als „Deutschlands erster Gehaltscoach" ging ich an den Markt. Ich bot den Menschen an, sie auf ihre Gehaltsverhandlung vorzubereiten – nicht nur durch Rollenspiele, sondern auch durch einen gründlichen Blick auf ihre Ressourcen.

Die Idee zündete! Kaum war meine Homepage online, klopften schon Klienten an. Schnell sammelte ich Erfahrung und baute meine Expertise aus. Nach einem halben Jahr konnte ich davon ausgehen, mehr Coachings zum Thema Gehalt als jeder andere Coach in Deutschland gegeben zu haben.

Meine Expertise sprach sich herum: Bald wählte fast jeder Journalist, der über Gehaltsverhandlungen schreiben wollte, meine Nummer. Ich wurde von der Nachrichtenagentur dpa zitiert, gab dem manager magazin Interviews und saß als Talk-Gast im Fernsehen. Verstärkt wurde die Aufmerksamkeit durch mein erstes Buch „Geheime Tricks für mehr Gehalt – Ein Chef verrät, wie Sie Chefs überzeugen". Mit jedem Medienauftritt strömten mehr Klienten zu mir.

Beim Marketing ist es wie bei Einbrüchen: Wer eine Tür aufbrechen will, braucht einen spitzen Gegenstand, ein Stemmeisen (sprich: eine Spezialisierung). Wer sie aufgebrochen hat, kann sich wieder breitmachen (sprich: weitere Themen aufnehmen).

Als ich den Markt geknackt hatte, etablierte ich allgemeinere Karrierecoachings für Privatklienten. Später gründete ich die Karriereberater-Akademie und entwickelte den Ausbildungsgang für Karrierecoachs – nach meinem Wissen die einzige Coaching-Ausbildung in Deutschland, die nicht nur das Coaching-Handwerkszeug lehrt, sondern im Detail aufzeigt, wie Sie als Coach ins Geschäft und an Klienten kommen (ein sträflich vernachlässigtes Thema).

Das Prinzip einer erfolgreichen Spezialisierung ist einfach, Sie müssen Ihr Angebot nur zuspitzen. Bei mir ging das so:

Allgemein:	Coach (wie alle)
Spezialisiert:	Verhandlungscoach (wie wenige)
Experten-Lücke:	Deutschlands erster Gehaltscoach

Spezialist für Stellvertreter

Wie stehen Ihre Chancen am heutigen Coaching-Markt? Das Stadion ist voller geworden. Aber noch immer dominiert der weißen Kittel des Allgemein-Coachs. Das ist Ihr Glück, wenn Sie durchstarten wollen. Ein Beispiel, wie eine Spezialisierung gelingen kann:

Angenommen, Sie spielen mit dem Gedanken, Führungskräfte zu coachen. Dann können Sie sich den weißen Kittel überstreifen (alle Coachs beraten Führungskräfte). Oder Sie überlegen: Welche Spezialität könnte ich anbieten? Wie ließe sich die Zielgruppe enger fassen? Wie könnte ich mich vom bestehenden Markt so sehr abheben, dass ich aus der Pole-Position starte? Und welche Idee hätte das Potenzial, auch von den Medien aufgegriffen zu werden (was enorm wichtig für Sie ist, denn so werden die Klienten von Ihnen und Ihrem Angebot erfahren!)?

Bitte denken Sie über Ideen nach, ehe Sie weiterlesen. Mir kommt dazu folgende Idee:

Allgemein:	Coach, u.a. für Führungskräfte (wie alle)
Spezialisiert:	Coach für frisch beförderte Führungskräfte (wie wenige)
Experten-Lücke:	Deutschlands erster Coach für stellvertretende Führungskräfte

Noch trotten die Stellvertreter zum Allgemein-Coach – wie Sie mit Zahnschmerzen zum Hausarzt gingen, wenn es keine Zahnärzte gäbe! Aber stellen Sie sich vor, endlich gäbe es ein Angebot für die riesige Zielgruppe der stellvertretenden Abteilungsleiter, der Prokuristen, der Hauptdarsteller aus der zweiten Reihe! Stellen Sie sich vor, Sie böten Coachings an, die sich gezielt einlassen auf die schwierige Sandwich-Position zwischen dem eigenen Chef und den Mitarbeitern!

„Erster Coach für stellvertretende Führungskräfte im deutschsprachigen Raum": Das wäre mit Sicherheit eine gute Geschäftsidee. Dieses Thema würde Klienten locken und für Schlagzeilen sorgen. Erst recht, wenn Sie selbst Erfahrungen aus einer Stellvertreter-Position mitbringen und das Thema glaubwürdig verkörpern können.

Es geht mir nicht darum, dass Sie diese Idee übernehmen (wenn es viele Leser tun, färbt sich der Kittel schon wieder weiß!). Es geht mir darum, dass Sie das Prinzip der Spezialisierung verstehen – und sich Ihr ganz eigenes Thema suchen.

Nun sind Sie am Zug! Bitte spitzen Sie bei den folgenden drei Übungen die Spezialisierung so sehr zu, dass Sie am Markt die Nummer eins wären. Denken Sie dabei an spezielle Situationen und Zielgruppen, bis Sie eine Experten-Lücken gefunden haben. Entwickeln Sie jeweils drei Ideen für Lücken.

Ein Beispiel zum Thema Bewerbung:

Allgemein:	Coach (wie alle)
Spezialisiert:	Bewerbungscoach (spezialisiert)
Experten-Lücke 1:	Deutschlands erster Coach fürs ehrliches Bewerben
Experten-Lücke 2:	Deutschlands erster Coach für Bewerbungen bei Headhuntern
Experten-Lücke 3:	Deutschlands erster Coach für schüchterne Bewerber

Übung:

Allgemein:	Coach (wie alle)
Spezialisiert:	Coach für ausländische Mitarbeiter in Deutschland (spezialisiert)
Experten-Lücke 1:	Deutschlands erster Coach für(s) ...
Experten-Lücke 2:	Deutschlands erster Coach für(s) ...
Experten-Lücke 3:	Deutschlands erster Coach für(s) ...

Allgemein:	Coach (wie alle)
Spezialisiert:	Coach für weibliche Führungskräfte (spezialisiert)
Experten-Lücke 1:	Deutschlands erster Coach für(s) ...
Experten-Lücke 2:	Deutschlands erster Coach für(s) ...
Experten-Lücke 3:	Deutschlands erster Coach für(s) ...

Allgemein:	Coach (wie alle)
Spezialisiert:	Coach für High Potentials (spezialisiert)
Experten-Lücke 1:	Deutschlands erster Coach für(s) ...
Experten-Lücke 2:	Deutschlands erster Coach für(s) ...
Experten-Lücke 3:	Deutschlands erster Coach für(s) ...

Lösungsvorschlag unter: www.karriereberater-akademie.de, Rubrik „Bücher"

Ich möchte Sie ermutigen, Ihre Erkenntnisse umzusetzen. Und falls Ihnen heute jemand sagt, Sie könnten in ein paar Jahren zu den gefragtesten Coachs des Landes gehören – seien Sie vorsichtiger als ich. Und zeigen Sie ihm nicht den Vogel!

47.

Das große Los: Der Weg auf die Titelseite

Lassen Sie uns den Gedanken weiterspinnen: Angenommen, Sie hätten sich als „Deutschlands erster Coach für stellvertretende Führungskräfte" selbstständig gemacht. Ihr Internet-Auftritt steht, Ihr Türschild ist angeschraubt. Und nun lauern Sie vor Ihrem PC und lauschen auf das Telefon: Wann beginnt der große Ansturm der Klienten? Wann eilen die Stellvertreter aus ganz Deutschland in Ihr Coaching-Büro?

Gut möglich, dass in den ersten Wochen zwei, drei Anfragen kommen. Wenn jemand gezielt nach einem Coach für stellvertretende Führungskräfte sucht, wird er durch die digitale Suchreuse von Google in Ihre Arme schwimmen. Allerdings werden Sie kaum Zufallstreffer erzielen, denn Ihre Homepage rangiert im Suchergebnis zum Thema Führung weit hinten (weil sie neu ist und bislang wenig geklickt und verlinkt). Und die meisten Stellvertreter werden gar nicht auf den Gedanken kommen, dass es einen Spezialisten für sie gibt.

Ein Angebot ist immer nur so wirksam wie seine Bekanntheit. Nur wer von Ihnen weiß, kann Sie buchen. Nun könnten Sie sagen: „Dann schalte ich eben Anzeigen!" Das ist eine gute Idee, nur: Anzeigen kosten Geld. Und alles, was unter der Flagge „Werbung" segelt, wird vom Leser mit leiser Skepsis gesehen. Behauptet nicht jeder Inserent, ein ganz toller Hecht zu sein?

Der Königsweg sieht anders aus: Warum sorgen Sie nicht dafür, dass Sie bekannt werden, ohne einen Cent dafür auszugeben? Dass Ihre Botschaft glaubwürdiger als durch eine Anzeige vermittelt wird? Und dass Sie sich über Nacht einen Kundenstamm aufbauen? Kurz: Wie wäre es mit der Idee, Ihr Angebot durch Journalisten vorstellen zu lassen?

Redaktion ist glaubwürdig

Aus eigener Erfahrung darf ich Ihnen versichern: Was eine Redaktion über Sie schreibt, ist wirksamer als jede Werbung. Erstens, weil der redaktionelle Teil eine höhere Glaubwürdigkeit genießt. Zweitens, weil er mit Abstand häufiger beachtet wird (viele Menschen überblättern Anzeigen!). Und drittens, weil ein Medienbericht oft weitere Berichte über Sie anstößt.

Als gelernter Journalist kenne ich Redaktionen von innen und weiß, wie die Kollegen ticken! Vergessen Sie nie: Die Redaktion hat keinen Grund, Ihnen einen Gefallen zu tun (das wäre platte Werbung, das ist verpönt!). Vielmehr will sie einen guten Job machen, und das heißt: den Lesern einen Gefallen tun. Die Eintrittskarte in den Medienzirkus ist folgender Gedanke:

> Wie kann es Ihnen gelingen, den Nutzen des Journalisten mit Ihrem eigenen Nutzen zu verbinden? Wie können Sie ein Angebot machen, von dem drei Seiten profitieren: das Medium, der Leser (Zuhörer/Zuschauer) und Sie?

Der naheliegende Gedanke: Sie schreiben eine Pressemitteilung, in der Sie erläutern, mit welcher Idee Sie an den Markt gehen. Lokalredaktionen greifen ein solches Thema gerne auf, falls es originell genug ist. Der Allgemein-Coach Nummer 7 der Region wäre keine Nachricht wert – der erste Coach für stellvertretende Führungskräfte ist es mit Sicherheit.

Wo liegt der Vorteil des Journalisten? Er muss die ganze Arbeit nicht selbst erledigen, sondern kann auf Ihre Vorarbeit bauen (Redaktionen sind häufig viel zu dünn besetzt!). Wo liegt der Vorteil des Lesers? Er bekommt diese interessante Neuigkeit zeitnah serviert. Und wo liegt Ihr Vorteil? Sie steigern Ihre Bekanntheit und ernten Ansehen: Was in der Zeitung steht, gilt als seriös und glaubwürdig (auch wenn das nicht immer zutrifft!).

Der Weg auf die Titelseite

Aber einen Nachteil hat die Sache dann doch: Pressemitteilungen dienen als Füllmaterial. Vielleicht kämen Sie auf der neuten Seite des Lokalteils unten links vor. Das ist besser, als nicht vorzukommen. Aber ich sage Ihnen: Mit einer geschickten Strategie könnten Sie größer rauskommen.

Überlegen Sie genau: Wie können Sie die Redaktion dazu bringen, Ihnen einen größeren Gefallen zu tun? Indem Sie in der gleichen Währung in Vorleistung gehen: mit einem größeren Gefallen! Wenn Sie ein Geschenk für die Leser hätten, das die Zeitung überreichen darf, würde der Bote groß herauskommen – und dieselbe Welle würde Sie nach oben tragen: wahrscheinlich auf die Seite 1 des Lokalteils, als Hauptmeldung.

Übung: Bitte entwickeln Sie eine Idee, wie Sie der Zeitung einen hohen Nutzen bieten und damit sich und Ihrem Angebot eine große Bühne bereiten. Überlegen Sie vorher, wer in der Redaktion zu Ihrer Zielgruppe gehören und deshalb ein idealer Ansprechpartner sein könnte. Schreiben Sie ein kurzes Konzept, bevor Sie weiterlesen.

Mein Vorschlag in zwei Teilen:

- Teil 1: Sprechen Sie unbedingt denjenigen in der Redaktion an, der an Ihrem Thema das größte persönliche Interesse hat. Er wird Ihr Anwalt in der Redaktionskonferenz sein, bei der die Themen gewichtet werden. Und wer wird am Thema „stellvertretende Führungskräfte" ein brennendes Interesse haben? Richtig: der stellvertretende Leiter der Lokalredaktion. Er ist Ihr Mann (oder Ihre Frau) – mit ihm (oder ihr) sollten Sie im Vorfeld telefonieren.

  Hätten Sie ein Angebot, das sich an junge Menschen richtet, würden Sie mit der Volontärin sprechen. Hätten Sie ein Angebot für Menschen von über 50, würden Sie einen alten Hasen ansprechen. Hätten Sie ein Angebot, das auf Mütter im Beruf zielt, würden Sie sich mit einer erziehenden Redakteurin verbinden lassen.

- Teil 2: Machen Sie den Lesern ein Geschenk, von dem Sie ebenfalls profitieren: Verlosen Sie fünf Coaching-Stunden, in diesem Fall: für stellvertretende Führungskräfte! Wenn Sie einen Stundensatz von 200 Euro ansetzen, summiert sich das Geschenk auf 1.000 Euro. Das ist eine Summe, die Redaktionen in Zeiten knapper Etats aus eigener Kraft nicht an Leser vergeben können. Deshalb dürfen Sie sicher sein: Ihr Angebot wird an prominenter Stelle erscheinen. Vielleicht sogar als Anreißer auf der Titelseite (das tun Zeitungen, um mehr Verkäufe am Kiosk zu generieren).

Und nun stellen Sie sich vor, der Artikel beginnt wie folgt (ich werde den Coach Harry Schlau nennen und die Zeitung LZ, für Lokalzeitung):

Große Verlosung: Gewinnen Sie 1.000 Euro!

Harry Schlau, erster Coach für Stellvertreter, lädt LZ-Leser ein

Er steht gerade erst am Start – und doch ist er schon die Nummer eins in Deutschland: Harry Schlau hat sich selbstständig gemacht als erster Coach für stellvertretende Führungskräfte. Er weiß, wovon er spricht: Jahrelang war er selbst stellvertretender Abteilungsleiter. Und nun verlost die LZ fünf Coachings bei ihm im Wert von 1.000 Euro.

Im weiteren Artikel beschreibt der Redakteur, wie Sie auf die Idee gekommen sind, welche Erfahrungen Sie einbringen und welche Ziele Sie anstreben. Ein sympathisches Foto von Ihnen, das Sie in Ihrem Coaching-Büro zeigt, bebildert den Artikel.

Und nun malen Sie sich aus, was der Beitrag bewirkt: Dutzende von Stellvertretern werden sich um die Coachings bewerben. Und weil Sie clever sind, bieten Sie der Redaktion an, nicht nur die fünf Hauptgewinner zu coachen – sondern auch den anderen Bewerbern einen Gutschein für ein telefonisches Kurzgespräch von zehn Minuten zukommen zu lassen. Mit einem Schlag sind Sie in direktem Kontakt mit Ihrer Zielgruppe und können sich eine Kundendatei aufbauen! Mit einem Schlag haben Sie die Gelegenheit, Menschen von Ihrer Coaching-Qualität zu überzeugen und gleichzeitig Erfahrung zu sammeln. Mit einem Schlag wissen Zehntausende Menschen von Ihrer Geschäftsidee und erzählen sie weiter. Und mit einem Schlag können Sie auf Ihrer Homepage ein wunderbares Zitat bringen, denn die LZ hat ja geschrieben: „... die Nummer eins in Deutschland“.

Ich verspreche Ihnen: Eine solche Verlosung bringt Ihre Karriere als Coach in Schwung – denn das größte Los ziehen Sie selbst!

48.

Aufhänger gesucht: Wie Sie als Experte ins Rampenlicht rücken

Ihr Start als Coach ist geglückt: Ein Spezialgebiet haben Sie gefunden, eine Verlosung mit der Lokalzeitung auf den Weg gebracht. Und die erste Klienten-Welle hat sich eingestellt. Leider ebben solche Wellen auch wieder ab. Zwar kann es sein, dass zufriedene Kunden Sie empfehlen. Nur dauert es lange, bis diese Mund-zu-Mund-Werbung wirkt, weil sie zunächst noch keine Masse von Kunden haben. Und weil es nicht reicht, dass jemand um Ihr Angebot weiß; er muss auch Bedarf haben.

Positionierung als Coach heißt *nicht*, dass Sie den Stein Ihres Angebotes auf einen Gipfel rollen – und dann liegt er dort für die Ewigkeit. Nein, Sie stehen an einem Hang: Wenn Sie den Stein nicht weiterbewegen, rollt er zurück. Positionierung ist ein Prozess ohne Ende; sie setzt ausdauerndes Marketing voraus. Gehen Sie dabei geschickt ans Werk. Dann werden Sie nicht ins Schwitzen kommen, wie Sisyphos, sondern viel Freude daran haben.

Woran erkennen Sie die größten Experten eines (Coaching-)Fachs? Es sind die meistzitierten! Wenn ein Journalist über Motivation schreibt, klopft er bei Reinhard K. Sprenger an – seit seinem Buch „Mythos Motivation“ gilt er als Motivationsguru. Wenn einer über Bewerbung schreibt, spricht er Jürgen Hesse an – er hat sich über Jahrzehnte einen Namen als Bewerbungscoach gemacht. Und wenn es um Gehaltsverhandlungen oder Karrierecoaching geht, landet die Anfrage auf meinem Tisch.

Aber woher weißt der Journalist, dass Sie der richtige Ansprechpartner für ein (neues) Thema sind? Wie kommt er auf die Idee, Ihre Expertise einzuholen? Wie gelingt es Ihnen, dass Sie regelmäßig zitiert, damit bundesweit bekannt und für Klienten attraktiv werden?

Der zauberhafte Kreislauf

Ihr Ziel muss sein, *einmal* von einem bekannten Medium zitiert zu werden, wenn Ihr Thema gerade Schlagzeilen macht. Dann setzt ein zauberhafter Kreislauf ein: Andere Journalisten, die am selben Thema arbeiten, lesen Ihre Aussage – und wenden sich ebenfalls an Sie. Und ehe Sie sich versehen, werden Sie von allen Seiten zitiert. Und Journalisten, die Ihren Namen in die Expertendatei aufgenommen haben, greifen bei nächster Gelegenheit wieder auf Sie zurück. Womit sich der Stein Ihrer Positionierung deutlich leichter rollt; womit Sie in der ersten Experten-Liga spielen.

Wie die Initialzündung gelingen kann, zeigt ein Beispiel aus meiner Praxis: Eines Tages trat die Gewerkschaft der Lokführer in einen Streik, weil ihre recht hohe Gehaltsforderung abgelehnt worden war. Welche Zeitung man auch aufblätterte, welches Radioprogramm man auch einschaltete: Überall ging es um die Lokführer und ihre Gehaltsforderung.

Doch schon nach kurzer Zeit drehte sich die Berichterstattung im Kreis, weil es an neuen Fakten und Blickwinkeln fehlte. In diesem Moment trat ich als Gehaltscoach auf den Plan: Über meinen Verlag ließ ich ein kurzes Interviewangebot verschicken, es lautete:

Gehaltscoach Wehrle sagt: „Lokführer arbeiten mit Theaterdonner!"

Sind die Lokführer zu gierig? Sind die Arbeitgeber zu stur? Die Öffentlichkeit blickt bei dieser Verhandlung nicht mehr durch, die Züge stehen still. Ein Experte bringt jetzt Licht ins Dunkel: Martin Wehrle, Deutschlands bekanntester Gehaltscoach, kommentiert die Gehaltsforderung der Lokführer. Als Interviewpartner zeigt der Verhandlungsprofi in klaren Worten auf, wo die Fehler und Chancen beider Verhandlungspartner liegen – und wie der Zugverkehr bald wieder reibungslos rollen kann.

Am Ende wurden meine Kontaktdaten genannt. Ich glaube, ich habe zwei Dutzend Interviews gegeben, vor allem im Radio. Viele dieser Journalistenkontakte halten bis heute.

Medien machen Experten

Medienarbeit ist das A und O für ein Experten-Image. Ein Interview mit aktuellem Aufhänger, diese Idee lässt sich auf Harry Schlau übertragen, den „Coach für stellvertretende Führungskräfte". Was er braucht, ist ein Ereignis, das in den Medien ein großes Echo findet und mit seinem Fachthema zu tun hat. Zwei gute Gelegenheiten aus der Vergangenheit:

Beispiel 1: Wir schreiben das Jahr 2006, in Deutschland läuft die Fußball-WM. Im Rampenlicht steht der Bundestrainer Jürgen Klinsmann: Er wird für die Erfolge der Mannschaft gefeiert, für eine neue, erstaunlich offensive Spielweise. Doch Experten wissen: Der eigentliche Taktiker im Trainerstab ist nicht der fachlich eher unbeleckte Klinsmann, es ist sein Stellvertreter, der Assistenztrainer Joachim Löw.

Wie fühlt es sich an für einen Stellvertreter, im Schatten seines Chefs zu stehen? Was kann er tun, um das richtige Maß zwischen Loyalität und Selbst-PR zu finden? Und welche persönlichen Ressourcen bringt Löw mit? Ein Thema, auf das Journalisten sicher anspringen würden – sofern sie einen Experten wüssten, der dazu etwas Spannendes zu sagen hat. Eine kleine Pressemitteilung hätte genügt, um unseren „Coach für stellvertretende Führungskräfte" zu einem begehrten Interview-Partner zu machen.

Übung: Bitte verfassen Sie eine passende Pressemitteilung. Orientieren Sie sich am Gehaltscoach-Beispiel und schreiben Sie in der dritten Person. Bedenken Sie, wer Ihre Zielgruppe ist: Sportredakteure (Lösungsvorschlag unter: www.karriereberater-akademie.de, Rubrik „Bücher").

Beispiel 2: Im Februar 2012 liefert der stellvertretende Bundeskanzler Philipp Rösler (FDP) bei Markus Lanz einen denkwürdigen Auftritt ab: Er plaudert in der Talkshow locker davon, wie er seiner Kabinetts-Chefin, der Bundeskanzlerin Angela Merkel (CDU), gegen ihren Willen Joachim Gauck als Bundespräsidenten aufgezwungen hat. Moderator Lanz schafft es mit einfühlsamen Fragen, Rösler in die Du-Form zu locken: Der Zuschauer erfährt Details, was „Angela" und „Philipp" hinter den Kulissen ausgetauscht haben.

Am nächsten Tag ist der Aufschrei in den Medien groß. Hat Stellvertreter Rösler Majestätsverrat begangen? War das ein taktischer Schachzug? Oder nur ein Beweis größter Naivität? Hunderte von Journalisten kommentieren das Ereignis. Was fehlt, ist ein Experte zum Thema Stellvertreter.

Übung: Bitte verfassen Sie eine Pressemitteilung, maßgeschneidert für diese Situation, um Interviews an Land zu ziehen. Diesmal sind Politik-Redakteure Ihre Zielgruppe. Vielleicht springt sogar ein Talkshow-Auftritt dabei heraus (Lösungsvorschlag unter: www.karriereberater-akademie.de, Rubrik „Bücher").

Coaching-Praxis erwähnen

Nun öffnet sich der Vorhang zur großen Medienbühne. Aber damit allein ist die richtige Botschaft noch nicht gesendet: Wie erreichen Sie es, dass die Leser (Zuschauer oder Zuhörer) Sie nicht nur als Experten, sondern auch als Coach mit eigener Praxis wahrnehmen – und eines Tages als Klienten bei Ihnen auf der Matte stehen? Indem Sie den Bogen zwischen Ihrer täglichen Praxis und dem aktuellen Ereignis schlagen. Sprechen Sie im Interview von Ihrem Alltag als Coach, das macht Ihre Aussagen glaubwürdig und zieht Klienten an. Zum Beispiel hätte ein Interview zum Thema Rösler so ablaufen können:

„Rösler hätte eine Abmahnung verdient!"

Skandal bei Markus Lanz: Vize-Kanzler Philipp Rösler (FDP) plaudert Details aus, wie er Angela Merkel (CDU) mit seinem Bundespräsidenten-Kandidaten Gauck überrumpelt hat. War der Vize damit illoyal? Wir haben Harry Schlau gefragt, er ist Deutschlands erster spezialisierter Coach für stellvertretende Führungskräfte.

FAZ: Herr Schlau, Sie sind Experte für stellvertretende Führungskräfte: Hat Philipp Rösler mit dem öffentlichen Plaudern über Interna eine Todsünde begangen?
Schlau: Zunächst müssen wir bedenken, dass Stellvertreter in einer schwierigen Position sind: In meinen Coachings höre ich oft, dass sie unter ihrer Stellung im Schatten des Chefs leiden. Und nun hat sich für Philipp Rösler einmal die Gelegenheit ergeben, aus dem Schatten zu treten. Dabei ist er allerdings ein paar Schritte zu weit gegangen!
FAZ: Wie weit hätte er denn gehen dürfen?
Schlau: Es wäre in Ordnung gewesen, seinen Triumph hinter den Kulissen zu genießen, etwa im Kreis seiner FDP-Kollegen. Doch indem er öffentlich darüber spricht und auch noch Details verrät,

fällt er seiner Kabinettschefin Merkel in den Rücken. In meiner Coaching-Praxis habe ich schon erlebt, dass ein solches Verhalten zu Abmahnungen führt.
FAZ: Können Sie mal ein Beispiel geben? (...)

Zweimal erwähnt Harry Schlau seine Coaching-Praxis – und am Ende ist sein Anreißer so spannend, dass der Journalist mit einer Frage darauf eingeht. Wenn ein solches Interview in einem Leitmedium wie der FAZ erscheint, dürfen Sie danach mit zahlreichen Journalistenanfragen rechnen, Print und Internet, Radio und TV. Millionen von Menschen nehmen Ihren Namen und Ihre Spezialisierung wahr – das wird Ihr Geschäft brummen lassen. Sogar dauerhaft, da Sie jetzt auf dem Karussell der begehrten Zitatgeber sitzen – und bei nächster Gelegenheit von den Journalisten wieder ins Rampenlicht gedreht werden.

Pfiffiger Vortrag: Die Rede über das Coaching

Schlagzeilen in der Zeitung, Interviews im Radio, Artikel im Internet: Nach zwei Jahren hat sich Harry Schlau durch seine Medienarbeit ein beachtliches Image als Experte aufgebaut. Auf seiner Homepage zitiert er, was die Zeitungen über ihn schreiben. Unter anderem steht dort:

SZ: „Der Profi für die Stellvertreter"
FAZ: „Deutschlands erster spezialisierter Coach für stellvertretende Führungskräfte"
Tagesspiegel: „Der erste Mann für die zweite Reihe"
LZ: „... die Nummer eins in Deutschland"
L-Radio: „Der Stellvertreter-Kenner"

Diese Medienprominenz macht ihn zu einem gefragten Mann: Wann immer das Wort „Stellvertreter" fällt, sagt mindestens einer in der Runde: „Da gibt es doch diesen Harry Schlau!" Mittlerweile ist er ein gefragter Keynote Speaker, Unternehmen und Verbände buchen ihn. Diese Dienstleistung hat er selbst bekannt gemacht: Personalentwickler in ganz Deutschland bekamen eine edle Mappe zugeschickt, in der er sich vorstellt, natürlich mit den Pressezitaten – und aufzeigt, warum es für Firmen so wichtig ist, die zweite Führungsreihe zu fördern. Seinen Vortrag stellt er als wichtiges Signal gegenüber Stellvertretern dar („Auch für uns wird etwas getan!") – und als Impuls, Potenziale rechtzeitig zu erkennen und Zielklarheit zu schaffen.

Ein zweifaches Geschäft

Die Vorträge lohnen sich für ihn zweifach: Erstens kann Schlau pro Auftritt um die 5.000 Euro nehmen, als Nummer eins für dieses Thema.

Und zweitens folgen jeder Rede zahlreiche Coaching-Anfragen. Offenbar sind Menschen, die ihn persönlich erlebt haben, noch buchungsbereiter als solche, die ihn nur aus den Medien kennen.

Bei seinen Vorträgen achtet er darauf, nicht nur als Experte, sondern auch als Coach wahrgenommen zu werden. Auf der Bühne demonstriert er, wie das Coaching eines Stellvertreters ablaufen kann. Damit baut er die Scheu der Menschen ab und schafft Vertrauen.

Lange hatte er überlegt, wie das gehen soll: ein Coaching, das doch Vertraulichkeit voraussetzt, auf offener Bühne? Dann fiel ihm ein, reale Menschen zu kombinieren mit einem erfundenen, aber realitätsnahen Anliegen. In der Mitte seines Vortrags schwenkt er jetzt zu diesem Thema über:

„Nun habe ich viel über die schwierige, aber auch chancenreiche Rolle des Stellvertreters gesprochen. Vielleicht haben Sie sich gefragt: Woher nimmt der Schlau dieses Wissen eigentlich? Die Antwort wird Sie überraschen: von Ihnen! Von allen Stellvertretern, die zu mir ins Coaching kommen. Ich staune immer wieder, wie viel Wissen da schlummert und nur geweckt werden will. Manche Vizes buchen mich über ihre Firma, andere tun es privat. Aber wie läuft so ein Coaching ab? Und wie sieht der Nutzen für Sie aus? Statt lange darüber zu reden, will ich es Ihnen vormachen. Und einer von Ihnen hat jetzt die Chance, für eine kleine Coaching-Sequenz auf die Bühne zu kommen. Nein, nein, Sie müssen hier keinen Tag der offenen Seelentür veranstalten (Gelächter) – denn Coaching findet niemals vor Zeugen statt und ist höchst vertraulich. Vielmehr gehen wir von einer angenommenen Situation aus: Stellen Sie sich vor, Sie sind Stellvertreter und warten auf Ihre eigene Beförderung – aber Ihr Chef denkt nicht daran, Sie aufsteigen zu lassen. Nein, er hält Sie auf Ihrem Stellvertreter-Stuhl fest, weil es so für ihn bequem ist; schließlich halten Sie ihm den Rücken frei. Das ist schlecht für Ihre Firma, weil Ihr Potenzial nicht entfaltet wird. Und das ist schlecht für Sie aus demselben Grund. Und Ihr Gehaltszettel weint auch dicke Tränen (Gelächter). Und jetzt wollen Sie es anpacken! Jetzt wollen Sie die Weichen für Ihren Aufstieg stellen. Und gehen ins Coaching. Also, wer will diese Rollen einnehmen und nach vorne kommen? Ich verspreche Ihnen: Es wird Spaß machen!“

Kostprobe auf der Bühne

Drei, vier Arme erheben sich im Saal. Schlau bittet eine Frau von Mitte 30 auf die Bühne und stellt zwei Coaching-Stühle auf. Im Saal ist es so still geworden, dass das Quietschen der Stühle auf dem Boden laut wie ein bremsender Zug wirkt. Und nun beginnt eine Coaching-Sequenz:

Coach: „Nun haben Sie mir erzählt, dass Ihr Chef Sie in Ihrer Position festhält. Mal angenommen, Sie müssten ihn dabei unterstützen. Angenommen, Sie müssten dafür sorgen, dass Sie mindestens noch die nächsten 20 Jahre Stellvertreterin sind – was müssten Sie dann tun?"
Klientin (grinst): „Dann müsste ich einfach stillhalten: mehr Fleißarbeiterin als Führungskraft sein, nichts fordern, dem Chef immer das Rampenlicht überlassen. Und vor allem: keine Vorträge wie diesen besuchen!" (Gelächter.)
Coach: „Und was noch?"
Klientin: „Nie mit der nächsten Hierarchieebene über meine Ambitionen sprechen. Und erst recht nicht an einen Wechsel denken."
Coach: „Okay, lassen Sie uns all diese Punkte erneut durchgehen – mit der Frage, was Sie stattdessen für eine rasche Beförderung tun müssten. Statt mehr Fleißarbeit würden Sie ...?"
Klientin: „... mehr Führungsaufgaben an mich ziehen. Zum Beispiel könnte ich fordern, das Abteilungsmeeting auch in Anwesenheit meines Chefs zu moderieren – sofern es um Themen geht, die eher meinen Aufgabenbereich berühren."
Coach: „Statt nichts zu fordern, würden Sie ..."
Klientin: „Ganz klar sagen, was ich will: eine Beförderung. Vielleicht müsste ich das sogar mal schriftlich festhalten: Bei uns gibt es ja Entwicklungspläne." (...)

Vor den Augen des gespannten Publikums geht Harry Schlau mit seiner Klientin alle ursprünglichen Aussagen durch, leitet daraus das Gegenteil ab und vereinbart mit ihr einen kleinen Maßnahmen-Katalog. Dann unterbricht er die Szene und kommentiert sie fürs Publikum.

Übung: Bitte versetzen Sie sich in Harry Schlau und erläutern Sie das Geschehen auf der Bühne dem Publikum. Fassen Sie sich dabei kurz und erklären Sie zugleich: Auf welcher Grundidee beruht ein Coaching? Ebenso sollten Sie die Lust auf einen Termin bei Ihnen wecken. Was würden Sie sagen?

Mein Vorschlag:

> „Was Sie jetzt gesehen haben, nennt sich im Coaching eine paradoxe Intervention. Wir alle wissen, was wir nicht wollen. Und mit einem kleinen Trick, mit der Umkehrung der Frage, lassen sich daraus perfekte Handlungsschritte ableiten. Und ist es Ihnen aufgefallen? Ich habe der Klientin keine schlauen Tipps gegeben – ich habe sie einfach nur dazu gebracht, ihre eigenen Erkenntnisse besser zu erschließen. Ein Coaching presst kein Wissen ins Sie hinein – es holt durch Fragen und Übungen nur heraus, was schon an Kenntnissen und Talenten da ist. Am Ende werden Sie sich wundern, was Sie schon alles gewusst haben, ohne sich dessen bewusst gewesen zu sein."

Erzählungen aus der Praxis

Harry Schlau entlässt die Test-Klientin. Dann erzählt er von Fällen, in denen er Stellvertreter mit kreativen Coaching-Methoden vorwärtsbrachte. Welche Erkenntnisse gingen ins Netz, als er mit einem Stellvertreter im Wunschteich angelte (siehe ab Seite 35)? Welche Einsichten leuchteten auf, als er einen Vize, der mit seinem Chef über den Führungsstil zankte, auf den Stuhl des Konfliktgegners setzte (siehe Seite 128 ff.)? Und wie hat ein Blick auf den Lebens-Tacho dazu geführt, dass ein stellvertretender Geschäftsführer sein Arbeitstempo verlangsamt und zugleich seinen Aufstieg zum Geschäftsführer beschleunigt hat (siehe Seite 108 ff.)?

Mit jedem Wort, das Schlau über seine Coachings spricht, wachsen die Lust und die Neugier der Vizes im Raum, selbst gecoacht zu werden. Der Applaus am Ende ist laut und lang. Danach strömt eine Traube aus Menschen auf ihn zu. „Zu welchen Bedingungen coachen Sie – und an welchem Ort?", „Wie viele Stunden fallen durchschnittlich an?", „Geht ein Coaching eigentlich auch per Telefon?", „Wie bringe ich meinen Chef dazu, dass er mir Termine genehmigt?" Schlau antwortet allen freundlich und überreicht seine Visitenkarte. Er bietet an, den Austausch per Mail zu vertiefen.

Zwei Wochen nach seinem Vortrag ist er bestens gebucht – und freut sich schon auf die Coachings!

50.

Erfolgsautor: Die klügsten Schritte zum eigenen Buch

Lassen Sie uns mit einer *Übung* beginnen: Bitte schreiben Sie die Namen jener Coachs auf, die Sie für die bekanntesten im deutschen Sprachraum halten. Wie viele Namen fallen ihnen ein?

Bekannteste Coachs in Deutschland:

Name 1: ...

Name 2: ...

Name 3: ...

Name 4: ...

Name 5: ...

Und nun frage ich Sie: Was verbindet diese Menschen? Wenn Sie auf den beruflichen Hintergrund schauen, werden Sie kaum Muster erkennen: Der eine kann Psychologe sein und der andere Arzt, der eine Betriebswirt und der anderer Sozialarbeiter, der nächste Jurist und der übernächste Journalist.

Aber alle – behaupte ich – gleichen sich in einem Punkt: Sie haben Bücher veröffentlicht. Sie haben ihr Wissen aufgeschrieben, weitergegeben und damit großes Ansehen geerntet. Sie haben sich, zwischen zwei Buchdeckeln, ein Denkmal als Experten gebaut.

Bitte prüfen Sie meine Aussage! Geben Sie die Namen Ihrer oben genannten Top-Coachs bei einem Internet-Buchhändler ein. Tragen Sie deren Bücher – oder eine Auswahl – dann bitte in diese Liste ein:

Veröffentlichungen der bekanntesten Coachs:

Name 1: ...

Name 2: ...

Name 3: ...

Name 4: ...

Name 5: ...

War ein Top-Coach ohne Buch dabei? Würde mich wundern! Ein gutes Buch ist eine Visitenkarte, es öffnet Ihnen Türen. Als Kompetenzbeweis wird es gesehen, als fachlicher Ritterschlag, als Schmuck, der Ihren Namen mindestens so glänzen lässt wie eine Promotion. Wenn Sie Bücher schreiben, sind Sie gefragt: Medien begehren Sie als Interviewpartner, Hochschulen als Dozenten, Firmen als Redner – und Klienten als Coach.

Wie wird man Autor?

Aber wie bekommen Sie ein eigenes Buch auf den Markt? Wie finden Sie eine Buchidee und eine Titelzeile? Welche Fallstricke müssen Sie beachten? Lassen wir wieder Harry Schlau ans Werk. Nun ist er drei Jahre mit Erfolg im Geschäft und will sein Image als Experte krönen: durch ein eigenes Buch über Stellvertreter. Etliche Fragen kreisen in seinem Kopf: Bekommt er das Buch überhaupt geschrieben (er ist kein geübter Autor)? In welchen Schritten geht man dabei vor? Wie viel Zeit muss er dafür einplanen? Wie läuft die Verlagssuche ab? Und was lässt sich mit einem Buch eigentlich verdienen?

In einem Online-Lexikon hat er drei Arten von Büchern entdeckt, die für ihn grundsätzlich in Frage kommen: Ratgeber, Fachbuch, Sachbuch. Ratgeber hieße: den Leser an die Hand nehmen, ihn anleiten und mit Tipps und Checklisten ans Ziel lotsen. Das will Harry Schlau nicht; das wäre ihm zu platt. Fachbuch hieße: eine kleine, ausgewählte Zielgruppe ansprechen, zum Beispiel Personalentwickler. Das gefällt ihm nicht; er möchte auf einer größeren Bühne tanzen.

Bleibt das populäre Sachbuch. Dessen Idee besteht darin, möglichst viele Menschen für ein (Spezial-)Thema zu begeistern. Vorreiter im Nachkriegs-Deutschland war ein 1949 erschienenes Buch über ein wissenschaftliches Randthema, die Archäologie. Aber Kurt Wilhelm Marek, der Autor (unter dem Pseudonym C. W. Ceram), machte daraus einen Weltbestseller – indem er die Wissenschaft attraktiv verpackte: „Götter, Gräber und Gelehrte – Roman der Archäologie".

Übung: Bitte blättern Sie zurück und analysieren Sie, welche Art von Büchern die erfolgreichsten Coachs geschrieben haben: Ratgeber, Fachbuch oder Sachbuch? Bitte überlegen Sie, warum gerade dieser Buchtyp passend war – und kein anderer? Was können Sie für Ihre Buchpläne daraus ableiten?

Bloß keine Langeweile!

Sachbücher dürfen Tiefgang haben oder vereinfachen, sie dürfen polemisieren oder differenzieren – nur langweilen dürfen sie nicht! Ein Buch über Stellvertreter könnte enthalten: einen Abriss der glücklichsten und tragischsten Vizes der Geschichte, ein Kapitel „Aus dem Tagebuch eines Vize-Abteilungsleiters" oder einen Blick ins Tierreich „Wer bei den Affen auf das Alphatier folgt". All diese Themen geben Harry Schlau die Gelegenheit, sie mit seiner Arbeit als Coach und den Stellvertretern in der Arbeitswelt zu verknüpfen. Das Konzept für sein Buch kann er sich schon lebhaft vorstellen.

Nun steht Schlau vor der Gretchenfrage: Wie soll es heißen, sein Buch? Ob ein Sachbuch von einem Verlag angenommen oder abgelehnt, ob es ein Bestseller oder ein Flop wird, hängt vor allem von der Titelzeile ab. Erfolgreiche Autoren entwickeln immer zuerst eine Titelzeile (mit Unterzeile), ehe sie ein Buch anbieten oder gar schreiben.

Harry Schlau öffnet eine Flasche Rotwein und schreibt, während es draußen dunkelt, seine Titelideen nach und nach auf einen Block.

> **Das Schicksal der Stellvertreter**
>
> Wie Vizes ihre Rolle bewältigen

Klang das originell? Nein. Klang das anziehend? Nein. Das war ein Klagegesang („Schicksal", „Rolle bewältigen"), wie ihn vielleicht ein Student über seine Seminararbeit stellen darf – aber nicht ein Autor über sein populäres Sachbuch. Eine attraktivere Idee musste her, ein Leserfänger. Er grübelte – und schrieb dann:

> **Es lebe die zweite Reihe!**
>
> Von der Chance, ein Stellvertreter zu sein

Der Untertitel gefiel ihm richtig gut! Die Stellvertretung als Chance, nicht als Schicksalsschlag. Und „Es lebe die zweite Reihe!" war positiv und nahm schon eine Grundaussage des Buchs vorweg. Aber noch schien ihm die Wortwahl nicht attraktiv genug. Bei Gott keine ideale Titelzeile. Sagte er gerade „Gott"? Ihm kam eine Idee:

> **Warum hatte Gott keinen Stellvertreter?**
>
> Von der Chance, ein Vize zu sein

Diese Titelzeile war originell, machte neugierig und war mit einer Prise Humor gewürzt. Und sein kleines Thema würde in dieser Verpackung – ähnlich wie „Götter, Gräber und Gelehrte" – eine große Zahl von Menschen ansprechen. Nur war er unsicher, ob er die Leser nicht auf eine falsche Fährte lockte: Würden sie womöglich ein philosophisches Buch mit theologischem Einschlag erwarten? Er wollte sein Thema noch mehr auf den Punkt bringen. Je kürzer, desto besser. Da fiel ihm ein:

Nummer zwei

Von der Chance, ein Stellvertreter zu sein

Da war er, der knackige Titel. Nummer zwei – das ist kurz, treffend und erzeugt Spannung (weil man eigentlich nur Bücher über die Nummer eins erwartet!). Ein maßgeschneidertes Buch für Stellvertreter. Der Titel gefiel ihm so gut, dass er sich fragte: Wollte er sein Thema wirklich auf Stellvertreter beschränken? Oder bot es sich nicht an, den zweiten Rang für ein populäres Sachbuch weiter zu fassen? Er setzte zu einem letzten Versuch an (denn der Rotwein ging langsam aus):

Nummer zwei

Helden im Schatten

Das klang nach einem Buch für die Bestseller-Listen! Er malte sich aus, nicht nur über Stellvertreter im Beruf zu schreiben – sondern auch über ewige Zweite im Sport, über Fast-Gewinner bei Wahlen, über Firmen im dauerhaften Schatten des Marktführers. Die Psychologie der Nummer zwei blieb dieselbe und ließ sich mit seinem Kernthema verbinden. Alles passte unter das Dach seiner Expertise. Damit würde er leichter einen Verlag gewinnen, sich als Interviewpartner positionieren und noch mehr Leser ansprechen – zur Steigerung seiner Bekanntheit und seines Marktwertes.

Übung: Bitte entwickeln Sie fünf Titelideen für ein Buch zu Ihrem (künftigen) Spezialthema. Gehen Sie dabei nach dem demonstrierten Prinzip vor: Fangen Sie allgemein an und feilen Sie dann an Ihren Ideen, bis Sie auf den Punkt kommen. Eine gute Titelzeile erfüllt zwei Bedingungen: Als Autor müssen Sie sich wohl damit fühlen (denn es ist Ihr Baby!) – und viele Leser sollten davon angesprochen werden.

Nachdem seine Titelzeile gefunden war, entwarf Harry Schlau in den nächsten Tagen das Konzept für sein Buch. Derweil informierte er sich im Internet, was er als Autor nun zu berücksichtigen hatte. Dabei stieß er auf folgende acht Tipps:

1. Hier läuft das Programm

Der häufigste Fehler bei der Verlagssuche: Der Autor spricht wahllos Verlage an – als wäre sein Werk überall dort, wo man Bücher verkauft, gut aufgehoben. Dem ist nicht so. Verlage sind wie Menschen: Jeder hat seine Eigenarten, seine Vorlieben, seine Schrullen.

Ein angehender Autor tut gut daran, diesen Charakter der Verlage zu studieren – durch Lektüre der Programme. Dort können Sie sehen, welche Buchtypen, welche Themen, welche Meinungen und welche Titelzeilen bei einem Verlagshaus gefragt sind. Ihr Buch hat doppelte Chancen, wenn es in eine Reihe des Verlages passt oder inhaltlich an erfolgreiche Themen anknüpft.

Zum Beispiel würde ein reißerisches Buch mit Kapitalismus-Kritik („Geldgeier statt Bundesadler") vom F.A.Z.-Verlag wahrscheinlich sofort abgelehnt, während Kiepenheuer & Witsch dasselbe Werk wohlwollend prüfte.

2. Exposé als gute Fee

Bei Sachbüchern gilt: Schicken Sie niemals Ihr ganzes Manuskript an den Verlag. Die Lektoren werden mit solchen Einsendungen überhäuft, ihre typische Handbewegung ist das Abwinken.

Statt dem Lektor einen ganzen Topf voller Suppe zu servieren, sollten Sie ihn erst einmal am Brühwürfel schlecken lassen – schreiben Sie ein Exposé. Das ist ein Konzentrat, ein knackiger Text, der Ihr Buch schmackhaft macht und vor allem vier Fragen beantwortet:

- Was wird in Ihrem Buch stehen?
- Warum dieses Thema gerade jetzt?
- Was spricht für Sie als Autor?
- Welche Zielgruppe soll es lesen?

Ebenso geben Sie an, welchen Umfang Ihr Manuskript haben wird und bis wann Sie es liefern könnten. Das alles auf zwei bis drei Seiten – länger sollte Ihr Exposé nicht sein.

3. Kostprobe

Wenn Sie noch nie ein Buch veröffentlicht haben, fragt sich der Lektor: Kann dieser Autor überhaupt schreiben? Darauf können Sie zweifach antworten. Erstens, indem Ihr Exposé in flottem Stil daherkommt – es ist die erste Arbeitsprobe. Und zweitens, indem Sie ein paar Auszüge aus Ihrem Buch beifügen (maximal 15 Manuskriptseiten, also 30 Zeilen á 60 Anschläge), um einen Fingerabdruck als Autor zu hinterlassen.

4. Agent ermittelt

Es gibt zwei Wege zu einem professionellen Verlag: Entweder gehen Sie direkt auf die Lektoren oder Programmleiter zu – am besten, indem Sie telefonisch einen Ansprechpartner herausfinden, das Interesse an Ihrem Thema prüfen und Ihr Exposé avisieren und losschicken.

Oder Sie suchen nicht selbst nach einem Verlag, sondern lassen suchen: von einem Literaturagenten. Er ist ein Profi, kennt den Buchmarkt und verfügt über Kontakte in viele Verlagshäuser. Er kann einschätzen, wo Ihr Thema willkommen ist, und Ihnen Tipps geben, wie Sie Ihr Exposé und Ihre Leseprobe verbessern können. Auch wenn sein Erfolgshonorar meist bei 15 Prozent der Bucheinnahmen liegt, rechnet sich seine Arbeit: In der Regel holt er ein Garantiehonorar für Sie heraus, das über dem Standard liegt.

5. Vertragswerk

Ein Punkt ist im Verlagsvertrag besonders wichtig: Ihr Honorar. Wenn Sie ohne Agent agieren, müssen Sie auf der Hut sein: Als Grundlage sollte der „Nettoladenpreis" des Buches genannt sein, nicht der „Nettoverlagsumsatz". Was in der Formulierung nur ein kleiner Unterschied ist, ist bei der Vergütung ein großer: Der „Verlagsumsatz" liegt rund 40 Prozent unter dem Ladenpreis. Die Spanne des Honorars liegt – je nach Verlag und Buchformat – zwischen 5 % (Taschenbuch) und 13 % (Hardcover). Meist ist das Honorar gestaffelt: Je mehr Bücher der Verlag verkauft, desto höher Ihr Honorar. Je gefragter Ihr Thema am Markt ist, desto intensiver können Sie mit dem Verlag verhandeln.

Aber machen Sie sich keine Illusionen hinsichtlich der Auflage: Nur wenige Bücher kommen über 10.000 Exemplare hinaus. Mit einem Buch können Sie dennoch viel, viel Geld verdienen – aber nicht übers Honorar, sondern weil Ihr Marktwert als Coach und Vortragsredner erheblich steigt.

6. Schreiben in Schritten

Wenn Sie Ihren Vertrag unterschrieben und einen Abgabetermin vereinbart haben, steht die eigentliche Arbeit an: das Schreiben. Wie schaffen Sie es, 200 oder gar 300 Seiten aufs Papier zu bringen? Ganz einfach: Schreiben Sie jeden Tag ein wenig. Wer täglich nur eine halbe A4-Seite schreibt – die etwa einer Buchseite entspricht –, hat nach einem guten halben Jahr ein Buch fertig.

Wer dagegen lange Schreibpausen einlegt oder erst in letzter Sekunde mit der Niederschrift anfängt, muss mit Schreibblockaden rechnen.

7. Lektorat bei der Tat

Das fertige Manuskript geht ans Lektorat. Dort bekommt Ihr Text den letzten Schliff: Der Lektor korrigiert Tippfehler, feilt an Ihren Formulierungen und prüft hier und dort die Inhalte. Das Ergebnis seiner Arbeit, die endgültige Buchfassung, schickt er Ihnen zur Abnahme zu. Lesen Sie noch einmal gründlich drüber (manchmal schleichen sich auch Fehler ein), ehe Sie das gesetzte Manuskript zum Druck freigeben.

8. Trommeln der PR

Sicher ist es Ihnen schon aufgefallen: Jeder zweite Talkshow-Teilnehmer hält ein Buch in die Kamera. Ein Buch wird nur dann gekauft, wenn die Öffentlichkeit davon erfährt. Wer sich als Autor die große Mühe macht, ein Buch-Baby in die Welt zu setzen, sollte sich auch die Zeit nehmen, diesem Baby durch Medienarbeit zu einer nennenswerten Auflagengröße zu verhelfen.

Wenn ein Buch sich gut verkauft, fließt das Honorar, und der Verlag wird bald nach dem nächsten Werk fragen. Verkauft es sich dagegen nicht, wird das Buch eines nicht allzu fernen Tages zum Billigpreis verramscht – was keine gute Werbung für Sie wäre ...

Nun wusste Harry Schlau, wie der Büchermarkt tickte. Drei Tage später griff er zum Telefon, sprach mit dem Lektor eines großen Verlagshauses – der war sehr interessiert! – und brachte sein Exposé auf den Weg. Acht Wochen danach – Verlagsmühlen mahlen langsam – kam die Zusage. Das Buch wurde für den übernächsten Herbst eingeplant – genug Zeit, es in Ruhe zu schreiben.

Harry Schlau war auf dem besten Weg, mit „Nummer zwei" einen Bucherfolg zu landen – und seine Position als Coach Nummer eins für das Thema „Stellvertreter" auszubauen. Vielleicht würde sein Name demnächst in der Liste der bekanntesten Coachs des Landes stehen. Mit einem eigenen Buch war alles möglich. Auch das!

Weiterführende Literatur

Asgodom, S.: *So coache ich*. Kösel, 2012.

Beaulieu, D.: *Impact-Techniken für die Psychotherapie*. Carl-Auer, 2005.
Brecht, B.: *Schriften zum Theater.* Suhrkamp, 2000.

Caby, F. u. A.: *Die kleine Psychotherapeutische Schatzkiste*. Verlag Modernes Lernen, 2011.
Cohn, R. C.: *Von der Psychoanalyse zur themenzentrierten Interaktion*. Klett-Cotta, 2000.
Culley, S.: *Beratung als Prozess*. Beltz, 1996.

Daimler, R.; Varga, M.: *Basics der Systemischen Strukturaufstellungen*. Kösel, 2008.

Englert, S.: *Autoren-Handbuch*. Autorenhaus, 2012.
Erickson, M.; Rossi, E.: *Hypnotherapie*. Klett-Cotta, 2007.

Farrelly, F.: *Provokante Therapie*. Springer, 1986.
Fischer-Epe, M.: *Coaching: Miteinander Ziele erreichen*. Rowohlt, 2002.
Foerster H.: *KybernEthik*. Merve, 1993.

Haberleitner, E.; Deistler, E.; Ungvari, R.: *Führen, Fördern, Coachen*. Piper, 2003.
Hargens, J. (Hrsg.): *Werkstattbuch Systemisches Coaching*. Borgmann, 2007.
Heragon, C.: *Bildimpulse kompakt* (50 Bildkarten). Heragon Verlag, 2010.
Hermanns, S.: *Coaching und Kunst*. Ibidem Verlag, 2001.

Jung, C. G.: *Der Mensch und seine Symbole*. Patmos, 2009.

Kindl-Beilfuß, C.: *Fragen können wie Küsse schmecken*. Carl-Auer, 2011.
Klein, Z. M.: *Kreative Seminarmethoden*. Gabal, 2003.

Lahninger, P.: *Reise zur Lösung*. managerSeminare, 2010.
Lindemann, H.; Rosenbohm C.: *Die Metaphern-Schatzkiste*. Vandenhoeck & Ruprecht, 2012.

Mahlmann, R.: *Sprachbilder, Metaphern & Co*. Beltz, 2010.
Migge, B.: *Handbuch Business-Coaching*. Beltz, 2011.

Nöllke, M.: *Kreativitätstechniken*. Haufe, 2010.
Noyon, A.; Heidenreich, T.: *Schwierige Situationen in Therapie und Beratung*. Beltz, 2009.

Orban, P.: *Kursbuch Aufstellungsarbeit*. Kösel, 2008.

Prior, M.: *MiniMax-Interventionen*. Carl-Auer, 2002.
Puttenat, D.: *Praxishandbuch Presse- und Öffentlichkeitsarbeit*. Springer, 2012.

Radatz, S.: *Beratung ohne Ratschlag*. Verlag Systemisches Management, 2001.
Rauen, C. (Hrsg.): *Coaching-Tools*. managerSeminare, 2008.
Rauen, C. (Hrsg.): *Coaching-Tools II*. managerSeminare, 2009.
Rauen, C. (Hrsg.): *Coaching-Tools III*. managerSeminare, 2012.
Reichel, R.; Rabenstein, R.: *Kreativ beraten*. Ökotopia, 2001.
Reiners, L.: *Stilkunst*. C. H. Beck, 2004.
Rogers, C.: *Die nicht-direktive Beratung*. Fischer, 1985.
Rückert, T.: *Coaching mit NLP-Werkzeugen*. Wiley, 2008.

Schaller, R.: *Das große Rollenspiel-Buch*. Beltz, 2001.
Schlippe, A. v.; Schweitzer, J.: *Systemische Interventionen*. UTB, 2010.
Schmidt, G.: *Liebesaffären zwischen Problem und Lösung*. Carl-Auer, 2013.
Schmidt-Tanger, M.: *Gekonnt coachen*. Junfermann, 2009.
Schmidt-Tanger, M.: *Veränderungs-Coaching*. Junfermann, 1998.
Schopenhauer, A.: *Über Schriftstellerei und Stil*. Alexander Verlag, 2003.
Schreyögg, A.: *Coaching*. Campus, 2003.
Schulz von Thun, F.: *Miteinander reden, Band 3*. Rowohlt, 2010.
Shazer, de S.: *Mehr als ein Wunder*. Carl-Auer, 2011.
Simon, F. B.; Rech-Simon, C.: *Zirkuläres Fragen*. Carl Auer, 1998.
Stavemann, H. H.: *Sokratische Gesprächsführung in Therapie und Beratung*. Beltz, 2007.
Szabó, P.; Berg, I. K.: *Kurz(zeit)coaching mit Langzeitwirkung*. Borgmann, 2006.

Thomann, C.: *Klärungshilfe: Konflikte im Beruf*. Rowohlt, 2002.
Thoreau, H. D.: *Walden oder Leben in den Wäldern*. Anaconda, 2009.

Watzlawick, P.: *Menschliche Kommunikation*. Hans Huber, 1969.
Wehrle, M.: *Bin ich hier der Depp?* Mosaik, 2013.
Wehrle, M.: *Die 100 besten Coaching-Übungen*. managerSeminare, 2013.
Wehrle, M.: *Die 500 besten Coaching-Fragen*. managerSeminare 2012.
Wehrle, M.: *Handbuch Fantasiereisen*. Beltz, 2011.
Wehrle, M.: *Herr Müller, Sie sind doch nicht schwanger?!* Mosaik, 2014.
Wehrle, M.: *Karriereberatung*. Beltz, 2007.
Weidenmann, B.: *Handbuch Kreativität*. Beltz, 2010.
Whitmore, J.: *Coaching für die Praxis*. Heyne, 2000.